U0263402

国家重大科技专项资助（2016ZX05051004-007）

裂谷盆地动力学

侯贵廷　闵　阁　陈小龙　著

科学出版社
北　京

内 容 简 介

世界上形成大型油气田的盆地主要有三大类：裂谷盆地、被动陆缘盆地和前陆盆地，其中裂谷盆地是形成大型油气田概率最大的盆地，另外两种盆地的下面也会下伏裂谷盆地，所以裂谷盆地是世界上最重要的含油气盆地。国内外对裂谷盆地的分类、构造地质、沉积地质和油气地质的研究积累了大量的成果，但对裂谷成因演化的盆地动力学研究较少。本书以非洲中新生代裂谷群为例，基于板块构造理论的多期次叠合裂谷盆地思维，以大地构造背景分析和裂谷盆地构造分析为基础，利用弹性力学有限元数值模拟方法，通过各地质历史时期裂谷盆地所处地块的构造应力场模拟分析，提出非洲裂谷群的盆地动力学成因与板块周缘动力源、板块非均质性和地幔柱作用密切相关，是三种因素共同耦合作用的结果。最后总结提出主动裂谷和被动裂谷成因的盆地动力学模式，认为主动裂谷与地幔柱作用有直接的成因联系，而被动裂谷是区域伸展作用的结果。特别是对东非裂谷系的地球动力学成因从裂谷性质、构造演化和动力学成因机制做了较系统的研究，认为东非裂谷系是典型的主动裂谷，其形成演化是在东非高原非均质基底基础上双地幔柱活动与来自印度洋和大西洋的扩张作用力共同耦合作用的结果。

本书适合地质类高校教师和研究生及石油地质研究院的科研人员阅读。

图书在版编目(CIP)数据

裂谷盆地动力学 / 侯贵廷，闵阁，陈小龙著．—北京：科学出版社，2023．1

ISBN 978-7-03-073719-9

Ⅰ．①裂…　Ⅱ．①侯…　②闵…　③陈…　Ⅲ．①裂谷盆地-构造动力学-研究　Ⅳ．①P544

中国版本图书馆 CIP 数据核字（2022）第 208253 号

责任编辑：王　运　柴良木 / 责任校对：胡小洁

责任印制：吴兆东 / 封面设计：图阅盛世

科学出版社 出版

北京东黄城根北街 16 号

邮政编码：100717

http://www.sciencep.com

北京中科印刷有限公司 印刷

科学出版社发行　各地新华书店经销

*

2023 年 1 月第　一　版　开本：787×1092　1/16

2023 年 1 月第一次印刷　印张：10 1/2

字数：249 000

定价：149.00 元

（如有印装质量问题，我社负责调换）

前　　言

自从 1993 年中国成为石油净进口国，近年来我国的海外石油依存度达到 70%，国家日益重视海外的油气勘探开发。近十年来，我国在海外尤其在非洲的油气勘探开发取得了可喜的收获。本书主要依托“十二五”和“十三五”国家重大科技专项课题“主动裂谷形成机制研究”和“被动裂谷形成机制研究”的最新研究成果，对全球尤其是非洲大陆的裂谷构造、沉积和油气特征开展分析，提出了裂谷盆地的叠合分类及其动力学成因模式，以及一些新认识，对海外裂谷盆地的油气勘探开发具有重要的理论和实践意义。

本书的主要特点是基于叠合裂谷盆地的理念，以各盆地的构造、沉积和油气特征综合分析为基础，结合非洲板块的大地构造背景分析，通过弹性力学有限元数值模拟方法，半定量地开展主动裂谷和被动裂谷成因机制的动力学研究，最后提出不同类型裂谷的动力学成因模式。

本书主要包括了 6 个方面的内容：①主动裂谷与被动裂谷的识别；②被动裂谷与叠合裂谷盆地分类；③中西非裂谷系特征及演化；④东非裂谷系特征及演化；⑤被动裂谷动力学；⑥主动裂谷动力学。

本书针对以上 6 个方面的研究内容，从大地构造背景分析出发，以中西非裂谷系和东非裂谷系的盆地构造地质、沉积地质和油气地质特征分析为基础，运用叠合裂谷盆地分类和分析方法，针对主动裂谷和被动裂谷的成因构造背景不同，利用有限元数值模拟方法，设置不同的动力学模型，考虑多种影响因素，通过应力场计算和分析，探讨主动裂谷和被动裂谷不同的动力学成因机制。

本书的前言、第 1 ~ 4 章由侯贵廷编写，第 5 ~ 7 章由闵阁和侯贵廷编写，陈小龙统稿并编制部分图件，张庆莲、张鹏和鞠玮参与了部分编写和图件清绘工作。

本书获得“十二五”和“十三五”国家重大科技专项的资助。在研究过程中，得到中国石油天然气股份有限公司勘探开发研究院各级领导和专家的支持。特别感谢中国石油天然气股份有限公司勘探开发研究院潘校华教授级高级工程师和王建君教授级高级工程师的支持和帮助。

目　　录

第1章 绪 论

裂谷是地球深层作用的地表断陷构造，是以高角度断层为边界所形成的长条状的地壳下陷区域。裂谷代表了威尔逊旋回的初始阶段，是板块构造运动过程中，大陆崩裂至大洋开启的初始阶段岩石圈板块生长边界的构造类型，在大洋中脊与陆壳区域均有发育（侯贵廷，2014）。

在非洲大陆中，太古宙克拉通之间的泛非造山带中分布有三个典型裂谷系，分别是西非裂谷系、中非裂谷系和东非裂谷系[①]。其中，西非裂谷系和中非裂谷系初始形成于早白垩世，常被共同称作中西非裂谷系，属于被动型的大陆裂谷。东非裂谷系位于非洲大陆的东南部，是从渐新世活动至今的裂谷系，属于主动型的拗拉谷（Guiraud et al.，2005）。这些裂谷盆地有着不同的地质特征和形成机制，周缘板块构造格局相对简单，裂谷演化背景相对清晰，是开展裂谷盆地动力学定量分析研究的较好对象（Guiraud and Maurin，1992；Fairhead et al.，2013）。非洲裂谷群为裂谷盆地动力学定量分析提供了良好条件，因此，本书以非洲的中新生代裂谷群为例，开展裂谷盆地动力学的定量分析和研究。

1.1 国内外研究现状

Suess（1891）最初将“地堑”（graben）一词应用于构造地质学中，对红海和莱茵裂谷进行描述，但未对其构造成因进行详尽的解释。Gregory（1896）在研究东非裂谷时，首次使用了“裂谷”（rift valley），用于描述东非具火山与地震、狭长而深陷的大型断陷带。Cloos（1937，1939）把地堑这种地貌的构造成因解释为地壳上拱的结果，并运用构造地质学和大地构造学解释裂谷的成因。到了20世纪60年代，裂谷成因的认识有了较大发展。Shatsky（1964）首次从东欧地台上识别出了埋葬的古裂谷，赋予其“拗拉谷”（aulacogen）的名称。Khain（1976）提出裂谷作用与造山作用具有同等的重要作用，是地壳分裂与大陆裂解的重要地质作用。从70年代开始，裂谷成因的研究日益受到重视。

Burke（1980）首次对裂谷给予了较为准确的定义，即整个岩石圈厚度在伸展减薄过程中破裂，而在狭窄区域中形成的狭长凹陷。这个定义第一次将裂谷与地壳的伸展减薄联

---

① 东非裂谷实际上是一个裂谷系，即东非裂谷系。

系在一起，赋予了地球动力学内涵。

进入 20 世纪 90 年代以来，裂谷的成盆机理和动力学研究集中在裂谷的大陆裂解、深部地质研究和流变学研究领域，如 Ziegler（1988）、Fairhead 和 Binks（1991）提出三联支裂谷为超大陆裂解初期的产物，拗拉谷实质上是三联支的一个消亡支。Razvalyaev（1991）认为若同红海和东非裂谷一样，在前裂谷期以岩浆活动为主，出现大量的碱性火成岩，存在大火成岩省，则该裂谷为主动裂谷，反之则为被动裂谷。

1.1.1 裂谷动力学机制研究现状

裂谷盆地的动力学机制研究近三十年来具有较大的进展。Kusznir 等（1991）提出了有关岩石圈的几何形态、热作用和挠曲均衡特征、上地壳的伸展断裂（简单剪切）和下地壳-岩石圈的塑性变形（纯剪切）关系的动力学模型。Kusznir 和 Ziegler（1992）又进一步提出了裂谷动力学机制的力学公式和假设条件。在裂谷动力学演化阶段的力学模拟方面，Marsden 等（1990）正演模拟了同裂谷期的力学机制。Kusznir 和 Egan（1989）给出了同裂谷期由于上地壳断裂作用和下地壳及岩石圈地幔的纯剪切产生的岩石圈热扰动的力学公式。Yielding 和 Roberts（1992）详细研究了裂谷盆地的控盆断裂上下盘相对隆升和侵蚀作用。Ziegler 和 Cloetingh（2004）认为被动裂谷是重要的裂谷类型，但是否所有的裂谷都是被动的，或某些裂谷是否需要一个局部的主动作用，如地幔柱来提供局部驱动力，都有待深入研究。

被动裂谷的成因机制是裂谷动力学机制研究的前沿科学问题。Baker 等（1972）最早提出了被动裂谷的定义，认为被动裂谷盆地是非地幔上拱导致地壳拉张、沉降而形成的裂谷盆地。对被动裂谷动力学机制的分类，分为三种动力学模式：纯剪切模式（McKenzie，1978），简单剪切模式（Wernicke，1981）及简单剪切-拆离模式（Lister et al.，1986），混合模式（Barbier et al.，1986）。大多数裂谷都可以从地球动力学方面归属到这三种模式。

随着国内外被动裂谷盆地油气的勘探开发，积累了越来越多的实际资料，为裂谷的动力学机制的详细分类和研究提供了研究基础。近些年来国内外学者开展了对裂谷的动力学机制研究，包括定性的大地构造研究和数值模拟研究工作。Liao 和 Gerya（2015）模拟了海底扩张对于大陆裂谷的继承的动力学过程，反映了正交的伸展环境对大陆裂谷形成的作用。Brune 和 Austin（2013）模拟了亚丁湾的扩张过程，认为亚丁湾的扩张是源于斜向的伸展环境对于裂谷的动力学作用。Allken 等（2012）模拟研究了单个断裂和裂谷系链接的动力学过程。Koopmann 等（2014）模拟了裂谷分段伸展的动力学模型，认为裂谷的分段伸展与平行于裂谷走向的地幔岩浆活动相关。Ulvrova 等（2019）对裂谷的发育过程进行了模拟，认识到裂谷的伸展速率历经了先增加再减少的过程，其中在最初的阶段具有最大拉应力和较慢的伸展速度。Shen 和 Zhang（2019）定量分析了不同边界条件下大陆岩石圈在不同阶段的扩张和破裂过程，认识到伸展速率在大陆裂谷演化中的重要作用，更快速的伸展速率会导致岩石圈的破裂。Ellis 等（2011）模拟了超高压岩石在裂谷作用中上升至地表的动力学过程。Bertotti 等（2000）研究了内克拉通伸展盆地控盆断裂伸展和岩石圈减薄的关系。

Starostenko 等（1996）通过数值模拟研究了控盆断裂对成盆构造应力场影响的动力学机制。一般认为裂谷盆地的发育分为两类：第一类是岩石圈的伸展并伴随着之后的热沉降，第二类是在地质应力作用下岩石圈的弯曲（Allen and Allen，2005）。Holt 等（2010）认为在一些盆地中，增生地壳的热沉降可以解释一些盆地的形成机制。Sachau 和 Koehn（2010）通过数值模拟认识到了裂谷两翼的隆起程度与先存断裂和岩石圈弹性厚度的影响相关。Hou 等（2010a）通过数值模拟方法，研究了加拿大地区岩墙群，对岩石圈的初始破裂进行了分析。Hou 和 Hari（2014）通过对盆地生长断层的生长因子与伸展因子的计算统计，识别了华北克拉通破坏而形成裂谷的核心区域。Brune 等（2017）通过运动学和动力学数值模拟研究方法，分别探究了伸展型岩石圈裂谷盆地的演化发育。Naliboff 和 Buiter（2015）模拟了在伸展环境中断层的初始形成与相互作用并最终形成裂谷区域的动力学过程。Koehn 等（2019）通过数值模拟方法研究了伸展型裂谷的成核和发展的动力学过程。Naliboff 和 Buiter（2015）通过数值模拟认识到，相比于岩石圈的整体强度，裂谷区域与周边区域强度的差异是导致裂谷活化和迁移的重要因素。Balázs 等（2018）采用数值模拟手段研究了伸展环境下先存缝合带重新激活的动力学过程。Brune（2017）通过数值模拟认识到，东非肯尼亚、埃塞俄比亚区域的裂谷演化与岩石圈的非均质性相关。Patricia 和 Gabriela（2017）对比斯开地区的裂谷进行研究时认识到，该地区裂谷作用的形成与脆性地壳底部的剪切作用密不可分，同时和边界的远场作用力相关。Cai 等（2015）在对红海地区的数值模拟研究中认识到，远场作用力对裂谷的初始形成至关重要，地幔作用和先存薄弱带也是影响裂谷形成的重要因素。Sun 等（2017）通过数值模拟研究中条拗拉谷，认为裂谷的形成与地幔柱、边界远场作用力和岩石圈的非均质性相关。Polyansky 等（2018）对主动裂谷作用进行研究，模拟了地幔的底辟作用并认识到岩石圈下的地幔柱对于裂谷作用的重要意义。Mondy 等（2018）指出在被动裂谷中，软流圈的上升对于裂谷的发展也有着积极的作用。Sun 等（2014）指出重力是后裂谷阶段的主要作用力。Sacek（2017）通过数值模拟指出了地幔作用不是后裂谷阶段地形变化的主要影响因素。

1.1.2　国内裂谷盆地研究现状

国内对裂谷盆地的研究主要开始于 20 世纪八九十年代。张文佑（1984）提出亚洲大陆向太平洋蠕散，大陆地壳上部的边界条件相对自由而形成拉张断陷，中国东部发育大量的中新生代裂谷盆地。马杏垣等（1983）认为中国东部中新生代地堑系是地壳沿岩石圈薄弱地区拉张减薄形成的裂陷构造。李德生（1982）、李德生和薛叔浩（1983）认为中国东部板内与板缘的一系列断陷-拗陷所形成的地壳增生，具有陆内增生和陆缘增生的双重动力学演化过程。田在艺和张庆春（1996）认为，由于太平洋板块俯冲方式的改变，在不同时期和不同地区发生上地幔对流调整，岩石圈拉张减薄，地壳断裂，形成裂谷盆地。

渤海湾盆地是中国东部地区具代表性的裂谷盆地，侯贵廷（2014）、侯贵廷等（2000，2001，2003）对渤海湾盆地进行了研究，认为其是继承型与相干型并存的中新生代叠合裂谷盆地。漆家福和陈发景（1995）、漆家福等（2003）对渤海湾中生代盆地的演化识别出5期不同期次，认识到构造应力场的变化影响了盆地多期次的演化。李三忠等（2004，2010）认识到北北东向走滑断裂对渤海湾盆地具有控制作用。周立宏等（2003）结合深层地震勘探解释的成果，认识到渤海湾裂谷盆地在燕山期的构造演化是在太平洋大陆边缘弧挤压的构造背景下形成的。戴黎明等（2013）通过有限元数值模拟了渤海湾盆地黄骅拗陷的现今应力场特征，认识到拗陷内构造样式和应力场方向差异与地形、断层和滑脱面的变化相关。许立青等（2015）认为渤海湾盆地内部存在的受走滑作用影响而形成的板内拉分盆地的动力学背景是印度板块向北的俯冲与太平洋板块向东的俯冲。

近20年来，我国的裂谷盆地研究开始向海外扩展，主要集中在非洲和中亚地区，并取得重要成果，尤其在非洲裂谷盆地研究方面取得突出成果（童晓光等，2004；窦立荣等，2006；张亚敏和陈发景，2006；刘为付，2016；张燕等，2017；张光亚等，2018；张庆莲等，2013a，2013b，2018；贾屾等，2018）。

1.1.3 东非裂谷系动力学机制的研究现状

非洲拥有包括中西非裂谷系与东非裂谷系在内的诸多裂谷盆地，对其形成的动力学机制的研究一直是热点话题。

东非裂谷系形成的动力学机制存在很多争议。一般认为，东非裂谷系的形成与东非地区局部的拉张环境相关。Richardson（1992）认为大洋中脊扩张的作用力引发了板块内部应力场的变化，对裂谷的形成起到关键作用。Pavoni（1993）指出，非洲板块周围85%被活动洋中脊所包围，对非洲板块的应力环境起到了重要作用。Delvaux（2001）认为，大洋中脊的扩张所产生的远场压力，可能是引发第四纪之后裂谷形成的重要机制，考虑到印度洋洋中脊形成于38Ma前（Patriat et al.，1982，1997），而大西洋洋中脊形成时间更早，探讨两次洋中脊扩张的远程挤压作用对研究东非裂谷系形成的动力学机制不容忽视。McClusky等（2003）认为，东非地区地块的位移在新生代发生了分异，因此导致了拉张型裂谷的形成，但考虑到非洲板块的刚性性质，应力释放的发生不应当如此容易。Chorowicz认为东非裂谷两侧的地块在裂谷初始形成前就发生了相对位移的看法过于简单。

板块的密度差异可能导致全球尺度上的不平衡，在区域尺度上可能会更加显著。东非裂谷的形成可能与岩石圈内重力潜能（GPE）导致的浮力的侧向作用有关（Stamps et al.，2010，2014；Ghosh et al.，2013；Medvedev，2016；Kendall and Lithgow-Bertelloni，2016）。重力潜能所引起的应力，在维持现今的东非裂谷伸展中比较显著，但是在东非裂谷初始形成时，其强度不足以支持岩石圈的初始破裂（Stamps et al.，2014）。

全球范围内，地幔柱对于主动裂谷的形成都具有重要作用（Nikishin et al.，2002；张进江和黄天立，2019）。Zeyen等（1997）认为东非裂谷系的形成和阿尔法三联支处的地幔柱对岩石圈的削弱相关。东非裂谷区域，地壳都有相对于周边区域明显的提升（Baker and Wohlenberg，1971），形成了东非高原在内的一系列高地。Ebinger和Sleep（1998）提出了一个在埃塞俄比亚高原下的单地幔柱模式；George等（1998）和Montelli等（2006）提出了在埃塞俄比亚高原和坦桑尼亚克拉通下的双地幔柱模式。Chang和Van der Lee（2011）提出了在埃塞俄比亚高原、坦桑尼亚克拉通以及阿拉伯北部的三地幔柱模式。Koptev等（2015）通过数值模拟研究了东非地区的软流圈作用，认为坦桑尼亚克拉通下部的地幔柱上涌对于东非裂谷系东西分支有着重要作用。同时，在泛非期冈瓦纳大陆的形成中，非洲大陆形成了太古宙克拉通与泛非期造山带的二元结构（Alkmim et al.，2001）。Lemna等（2019）指出，东非裂谷盆地与前寒武纪的先存薄弱构造紧密相关。新生代形成的地幔柱作用在先成的泛非期造山带上，可能是东非裂谷系初始形成的原因（Andrew，2002；Wolfenden et al.，2004）。Koptev等（2018）通过数值模拟认识到，地幔柱作用在先前的岩石圈薄弱带上，形成了肯尼亚地区的狭窄的裂谷作用。

1.1.4 中西非裂谷系动力学机制的研究现状

相比于新生代形成的东非裂谷系，中西非裂谷系一般被认为是被动裂谷，形成过程中不受到地幔柱的影响（潘校华，2019）。它有着更加宽缓的重力异常带（Fairhead，1988；Fairhead and Green，1989）。测井数据也表明，在中西非裂谷系的发展中，经历了更多的快速沉降作用和较少的岩浆作用（Fairhead and Green，1989）。但是在几内亚三联支处存在St. Helena地幔柱（Wilson and Guiraud，1992），且与位于喀麦隆地区的火山链HIMU值相似，指示了地幔柱对于尼日利亚、喀麦隆地区的影响（Kamgang et al.，2013；Loule and Pospisil，2013）。

Daly等（1989）认为，中非剪切带（Central African Shear Zone）地理位置与南大西洋的转换断层St. Pauls Fracure Zone吻合，是转换断层延伸至非洲大陆内部的产物。Ammann

等（2018）通过数值模拟手段研究了海洋转换断层的动力学，并认识到相关的正断层可以指示该转换断层的运动。黄超等（2012）认为南大西洋的张开以“三岔裂谷”方式进行，其中一支深入非洲大陆，成为中非剪切带，并影响了中西非裂谷系盆地的形成。张艺琼等（2015）认为正断层控盆的中西非裂谷系各盆地沿着中非剪切带分布，其产生的动力学机制源于中非剪切带的右旋走滑作用。Fairhead 等（2013）通过高分辨率的自由空气重力异常图像识别出南大西洋的四条主要断层，并统计其方位角随时间的变化，识别出 5 次突变。这 5 次突变和中西非裂谷系的不整合精确对应，由此得出了中西非裂谷系的形成和演化来源于南大西洋的扩张影响。张庆莲等（2013a）对 Termit 盆地进行了数值模拟分析，厘清了两期裂谷作用对应的应力环境。张庆莲等（2013b）对 Muglad 盆地进行了数值模拟分析，认识到其成因与拉张环境息息相关，并受到了走滑作用的影响。吕彩丽和赵阳（2018）指出中西非裂谷系形成的构造动力来自板块周缘的构造作用力。张庆莲等（2018）通过有限元数值模拟探讨了中西非裂谷系形成的动力学机制，认为非洲板块的拉张环境是中西非裂谷系形成的重要动力学机制。张庆莲等（2018）认为中非剪切带和中西非裂谷系是在中生代晚期泛大陆裂解过程中非洲大陆统一的构造应力场环境下产生和发育的，该时期非洲大陆内部走滑和伸展作用并存。

非洲大陆上有三个重要的中新生代裂谷系，分别是西非裂谷系、中非裂谷系和东非裂谷系，都是中国在海外重要的油气勘探基地或远景探区。中西非裂谷系盆地与东非裂谷系盆地发育于同一非洲大陆板块，具有完全不同的成因模式（被动裂谷和主动裂谷），在不同地质时期处于不同的构造环境之中，产生了一系列具有不同构造特征和发育特点的裂谷盆地（潘校华，2019）。对其动力学机制的研究，有利于厘清裂谷盆地成因、发育演化的影响机制，对于裂谷盆地的油气勘探开发具有重要的理论和实际意义。

1.2 存在的科学问题

前人的成果给对非洲大陆中新生代裂谷系形成和演化动力学机制研究积累了丰富的资料，也提出了值得借鉴的思路。对非洲裂谷系形成的力学机制也提出了诸多影响因素（如非洲大陆的非均质性、大西洋的扩张、印度洋的扩张、地幔柱的上涌等）。但遗憾的是，大多数研究只研究了其中的一个或者两个因素，并未综合考虑所有的影响因素，也没有对比分析其中每一个因素对于非洲裂谷系形成动力学过程的影响方式和影响程度。另外，中生代形成的中西非裂谷系有明显的多期次发育的特征，前人的研究没有探讨各种影响因素的变化对于非洲裂谷系多期次发育的影响方式，在数值模拟方面的研究工作亦有待加强。

通过上述分析，在非洲裂谷盆地动力学研究区域尚存在如下重要的科学问题：

（1）以中西非裂谷系为代表的被动裂谷动力学成因机制尚不明确，即控制中西非裂谷系形成和演化的动力学因素需要深入研究。

（2）以东非裂谷系为代表的主动裂谷动力学成因机制也尚不明确，即控制东非裂谷系形成和演化的动力学因素也需要深入研究。

第2章　裂谷的分类

目前公认的大陆裂谷概念指整个岩石圈伸展减薄，受伸展断裂控制的狭长凹地，常形成地堑或半地堑，如东非裂谷和美国盆岭省等。大陆裂谷多为二元结构：早期为断陷期，即同裂谷阶段，对应裂谷下部构造层——断陷；晚期为拗陷期，即后裂谷阶段，对应裂谷上部构造层——拗陷（图2.1）。

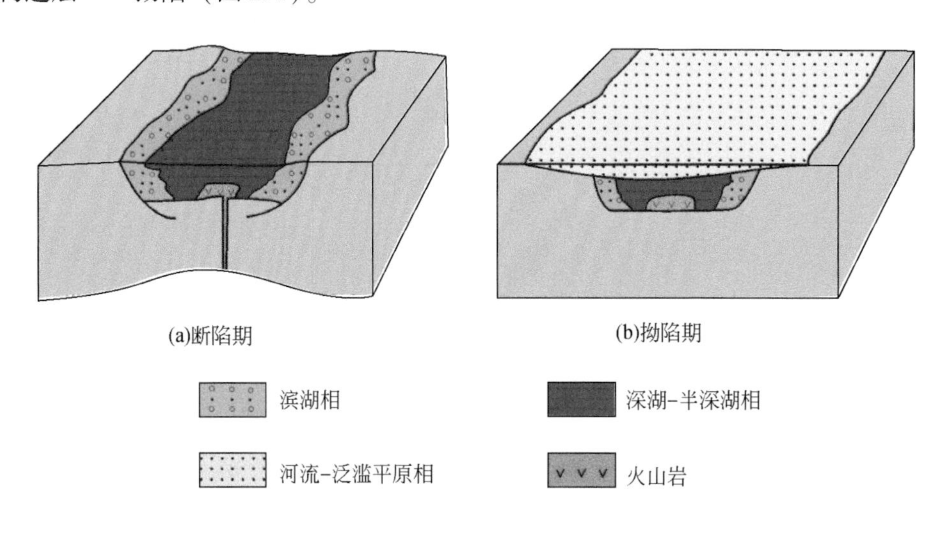

图2.1　裂谷的演化阶段与构造层划分（刘和甫等，2005）

2.1　大陆裂谷的形态分类

按照大陆裂谷的剖面形态划分，可以分为三种：①非旋转平面正断层控制的（对称的）地堑和地垒［图2.2（a）］；②由旋转平面式正断层控制的（多米诺式）掀斜半地堑［图2.2（b）］；③由铲式正断层控制的（滚动的）半地堑［图2.2（c）］。

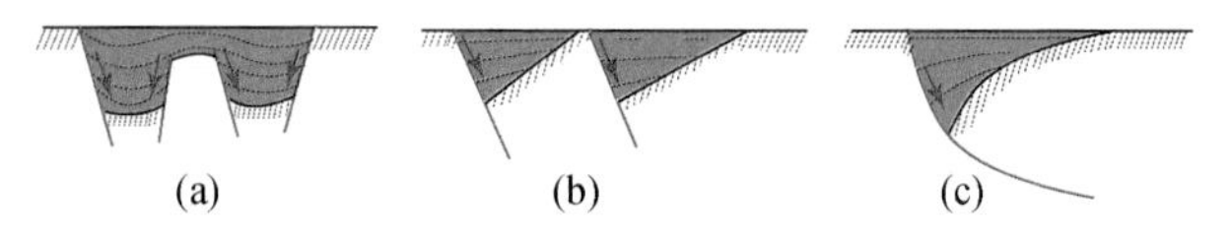

图2.2　裂谷的剖面形态分类（改自李思田等，2004）

按照大陆裂谷控盆断裂的平面形态划分，可以分为六种形态（图 2. 3）。

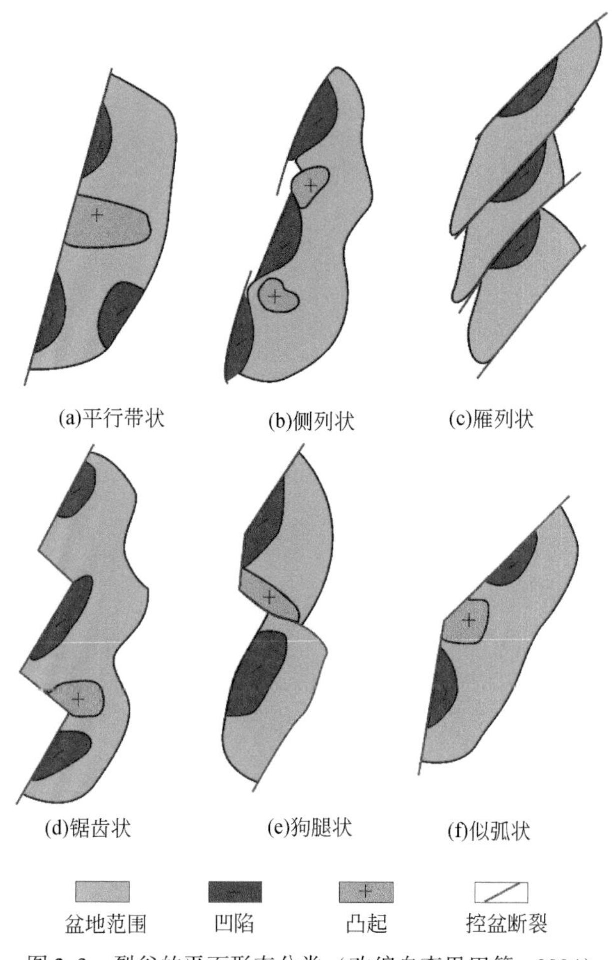

图 2. 3　裂谷的平面形态分类（改编自李思田等，2004）

（1）平行带状：常常是由一些平行的半地堑及它们之间的横向凸起组成。

（2）侧列状：由平行不连续的侧列叠覆构造单元组成。

（3）雁列状：在走滑断层构造中常见，近似直立断层，伴生正或负花状构造，为走滑断层活动剪切作用的产物。

（4）锯齿状：常常为两条平行的接近型边界正断层和其间相接的横向凸起及分支正断层组成。

（5）狗腿状：除侧列并置的边界正断层，还有与之相连并呈 30°相交的另一分支断层，组成狗腿状断层形状。

（6）似弧状：两条不同方向的边界正断层及其控制的伸展断块常呈似弧状分布。

在两个相邻的裂谷系中会存在过渡带，可以称为裂谷调节带。裂谷调节带的类型对盆地的沉积充填和沉积相都会带来影响。裂谷调节带可以分为高地势调节带（不发育调节断层）和低地势调节带（发育调节断层）（图 2.4）。

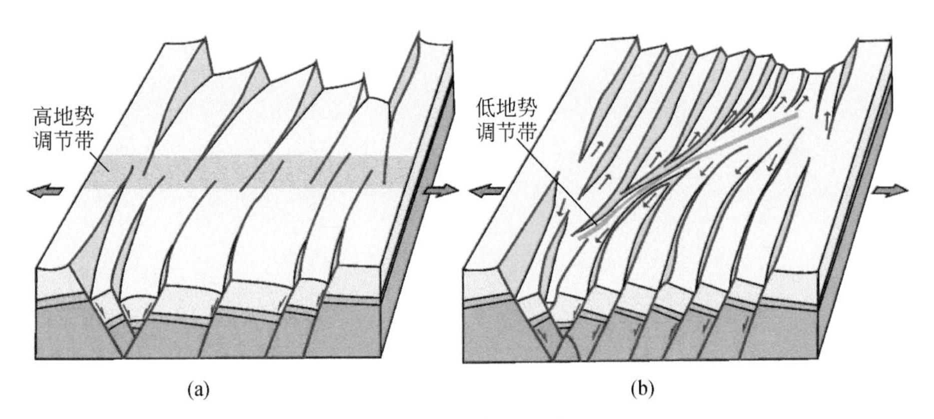

图 2.4　裂谷调节带类型分类（改自 Ebinger，2001）

2.1.1　裂谷的动力学分类

裂谷的动力学分类是以裂谷的构造地质特征、构造应力场和深部地质特征综合对比提出的反映裂谷形成机制的分类。裂谷动力学分类主要成果发表在 20 世纪 80 年代，代表人物包括：McKenzie、Wernicke、Lister、Barbier 等，这些学者先后提出了裂谷的三大类动力学模式，包括：①纯剪切模式（McKenzie，1978）；②简单剪切模式（Wernicke，1981）及简单剪切-拆离模式（Lister et al.，1986）；③混合模式（Barbier et al.，1986）。

1）纯剪切模式

McKenzie（1978）提出了纯剪切模式，该模式很好地解释了对称形态的地堑地垒。断陷与拗陷中沉积厚度最大的区域与地幔上涌的最高区域均呈现镜像对称，且相对应［图 2.5（a）］。

2）简单剪切模式及简单剪切-拆离模式

纯剪切模式虽然很好地解释了镜像对称裂谷的类型，但无法解释最大沉积中心与地幔上拱区不一致的裂谷。Wernicke（1981）提出了简单剪切模式，很好地解释了铲型控盆断裂的形成，也很好地解释了沉降中心与地幔上拱区域不对应的地球动力学机制。Lister 根据深部地震剖面解释成果提出在中下地壳存在近水平的拆离面，提出了简单剪切-拆离模式的裂谷动力学的新模式［图 2.5（b）］。

3）混合模式

在现实地质世界中，裂谷的形成机制十分复杂，一种模式也许不能全面解释裂谷的地球动力学成因机制。Barbier 等（1986）提出了混合模式，即多数裂谷常常在浅部为简单

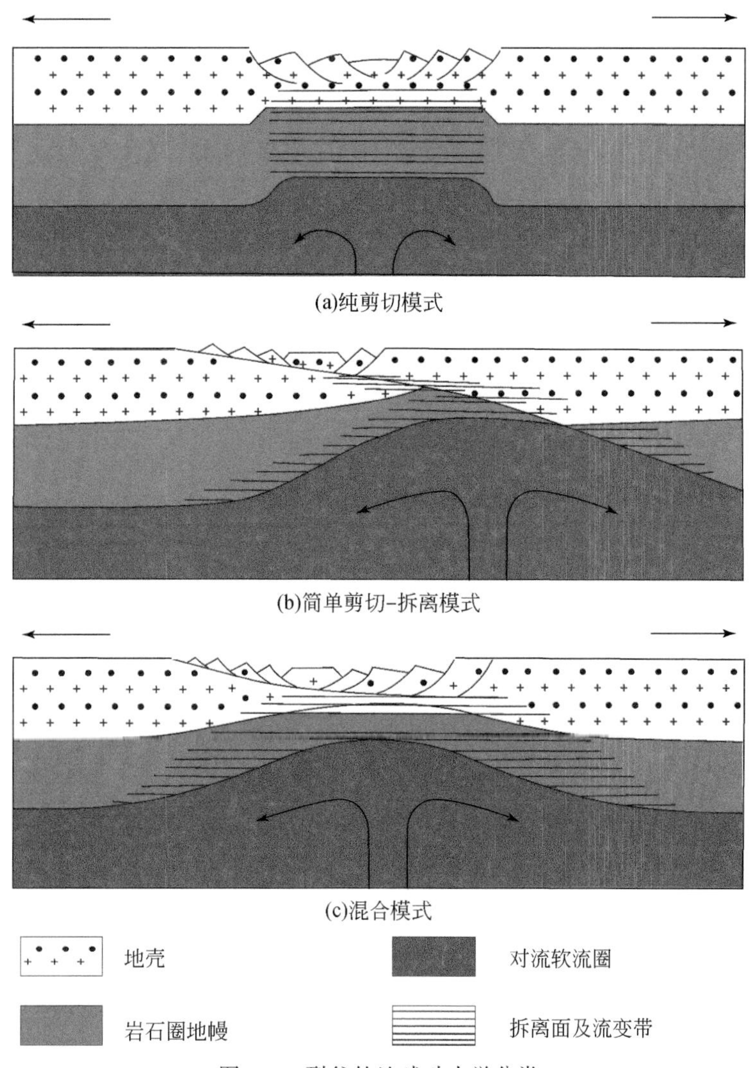

图2.5　裂谷的地球动力学分类

剪切作用的结果，而在深部为纯剪切作用结果，中部为拆离作用结果［图2.5（c）］。

2.1.2　主动裂谷与被动裂谷

Sengör和Burke（1978）在美国地球物理学会年会上将裂谷盆地分成主动裂谷和被动裂谷两类。Ziegler和Cloetingh（2004）进一步从地球动力学机制对主动裂谷和被动裂谷的成因进行了分析（图2.6）。

控制裂谷演化的地球动力是认识裂谷成因的关键（Khain，1992）。大陆裂谷是超大陆裂解初期或裂解过程中的产物，是岩石圈拉张裂解的产物。超大陆是大型低热导率的岩石

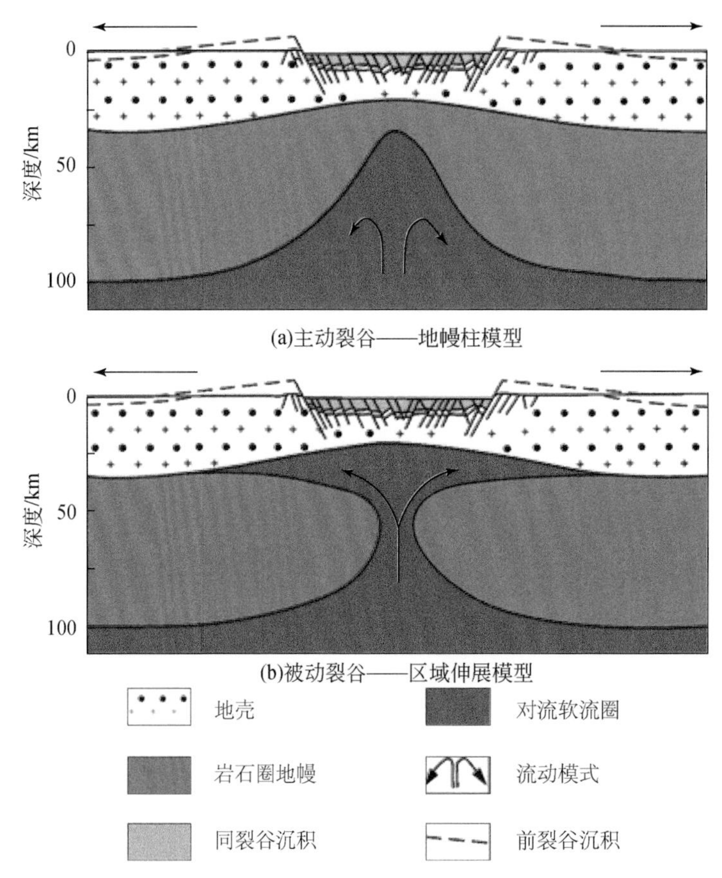

图 2.6　主动裂谷与被动裂谷的动力学模式（Ziegler and Cloetingh，2004）

圈板块，它们的拼合对岩石圈下地幔起到隔热的作用，导致热流值聚集上升，因此在超大陆下方可以形成上升的地幔对流系统。这些拖曳力作用于岩石圈底部和软流圈熔融空间的增大同时进行，在软流圈-岩石圈边界的热作用逐渐上移使得大陆表面大规模隆起，随着浅部构造应力场作用，岩石圈减薄，使软流圈-岩石圈边界进一步上升，这是岩石圈伸展和下地幔热作用对岩石圈共同作用的结果。这两种作用在不同的裂谷中各自占主导地位，当岩石圈伸展占主导作用时，我们称该裂谷为“被动裂谷”，而当地幔上涌的热作用占主导作用时，我们称该裂谷为“主动裂谷”。

在地壳和岩石圈地幔的非均质性条件下，岩石圈的减薄在时空上受热作用或伸展作用的控制。沿早期存在的岩石圈薄弱带，如残留的缝合带，导致地壳分离，在岩石圈薄弱带上首先产生软流圈隆起，最初形成一个相当宽的薄弱带。通常来说，被动裂谷作用受远源区域构造应力场控制，应变集中在岩石圈的薄弱带；而主动裂谷作用主要受岩石圈下地幔热异常控制，一般与地幔柱活动密切相关，早期存在较强烈的火山活动，如大火成岩省。因此，后期的热沉降量很大［图 2.6（a）］。

被动裂谷作用的证据是岩石圈的伸展和减薄、逐渐被软流圈的被动上升所代替以及上软流圈和下岩石圈物质的局部熔融。因此，岩石圈伸展和减压作用以及上软流圈-下岩石圈的局部熔融使早期的软流圈凸起发育较窄的底辟，进一步发展为地壳-地幔边界下方的蘑菇状板底垫托［图 2.6（b）］。

从地球动力学角度分析，主动裂谷的驱动力是主动的地幔柱活动，而被动裂谷的驱动力是区域伸展应力作用，地壳与地幔之间不存在地幔柱，仅存在被动的板底垫托作用（图 2.6）。

2.2　主动裂谷与被动裂谷的识别

主动裂谷具有较缓的边界断层、沉降速率大、火山活动频繁、地热梯度高，地壳厚度一般为 25 ~ 30km。在发育的早期，主动裂谷有大规模的岩浆活动。在主动裂谷盆地中，地幔上隆和火山作用是盆地形成的第一阶段，岩石圈伸展减薄和均衡上隆是第二阶段。

被动裂谷通常具有较缓的边界断层，沉降速率小、火山活动不发育、地热梯度低，地壳厚度一般为 35 ~ 40km。被动裂谷在发育的早期缺少大规模的岩浆活动，伴随着地壳的减薄，中期和后期地幔物质上涌，可以有较小规模的岩浆活动。被动裂谷发育过程中，第一阶段为张裂下陷，第二阶段为火山作用。

根据前人的研究成果，对全球 124 个主要裂谷盆地的地质资料进行对比分析，主动裂谷与被动裂谷具有六条典型特征差异（潘校华，2019）（表 2.1）。

表 2.1　主动裂谷与被动裂谷的典型特征差异对比表

裂谷类型	控盆断裂构造	断陷内局部构造	拗陷构造层	岩性组合、沉积相序与火山岩发育	沉降曲线	地热史
主动裂谷	铲型断裂	发育滚动背斜	沉降幅度大，沉积厚度大	大套湖相泥岩、早期发育火山岩	持续沉降、沉降速率大、沉降曲线平直	地温高峰期早，冷却速率大
被动裂谷	断裂陡立	滚动背斜少	沉降幅度小，沉积厚度小	短暂湖相泥岩和短暂河流相砂岩互层，早期不发育火山岩，中晚期可能发育火山岩	脉冲式沉降，沉降曲线较波折	地温高峰期较晚，冷却速率小

1. 控盆断裂构造差异

主动裂谷盆地形成的前提是地幔上拱、地壳弯曲。由于地壳呈层状结构，弯曲过程中层间滑动，形成易滑面，控盆断裂在发育过程中随着易滑面的滑脱而形成铲式结构（图2.7）。

被动裂谷盆地在形成前无地壳弯曲，层间无滑动，控盆主断裂相对陡立，无深层滑脱（图2.7）。

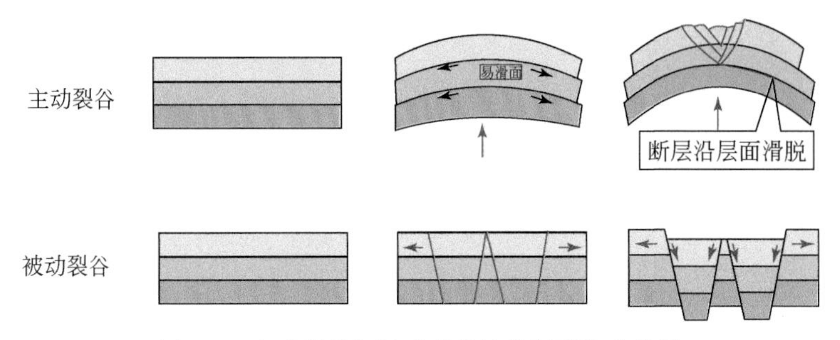

图2.7　主动裂谷与被动裂谷控盆断裂构造差异

2. 断陷内局部构造差异

被动裂谷局部构造以反（顺）向断块、断垒为主，少见与铲式断层伴生的滚动背斜（图2.8）。

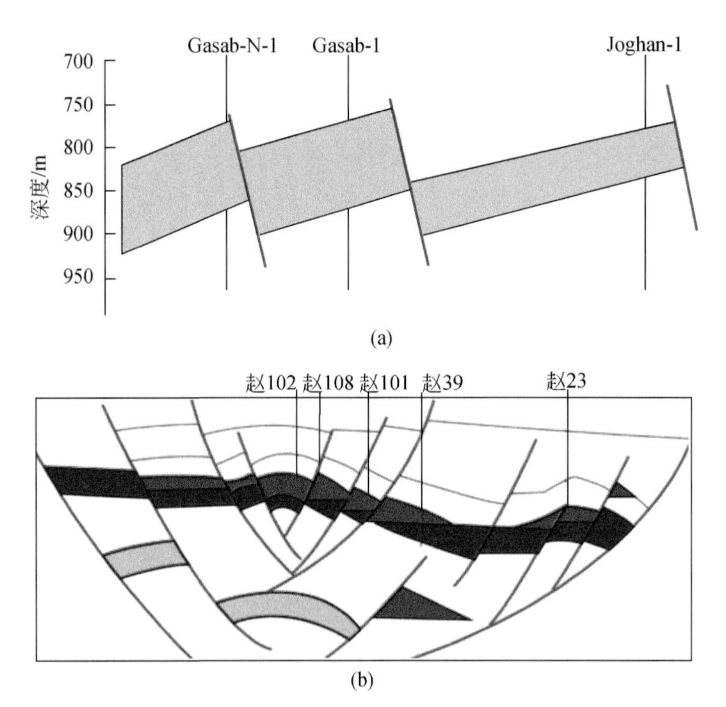

图2.8　主动裂谷与被动裂谷断陷内局部构造差异（IHS，2009）

（a）Melut盆地反向断块；（b）冀中拗陷的滚动背斜和断背斜，红线为断层；绿色层为烃源岩；黑色层为储层；红色层为含油层

主动裂谷的局部构造类型中，滚动背斜、断背斜和断块都比较发育（图2.8），沉积物在断块的沉降和旋转中填补了构造作用引发的空隙，发育相应的同沉积构造。

3. 坳陷构造层差异

被动裂谷发育前期无火山活动，其岩石圈地幔收缩量=地壳均衡上拱量；主动裂谷发育过程受火山活动的影响，岩石圈地幔收缩量=热沉降量+地壳均衡上拱量。主动裂谷坳陷构造层持续时间长，沉积厚度大；而被动裂谷坳陷构造层持续时间短，沉积厚度不大（潘校华，2009）（图2.9）。

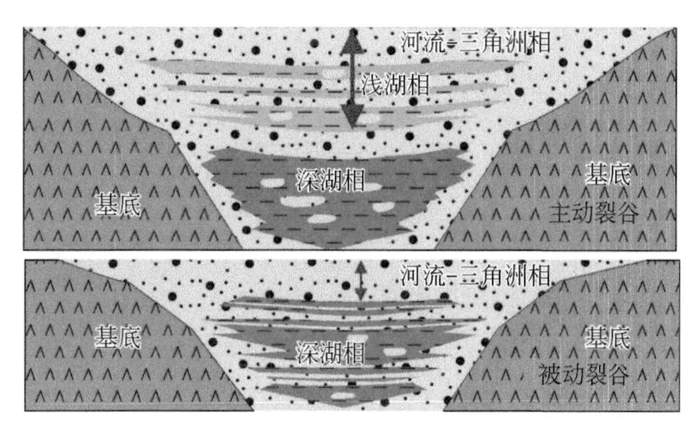

图2.9　主动裂谷与被动裂谷坳陷构造层差异

其中红色箭头代表坳陷的最大深度（即岩石圈地幔收缩量）

4. 岩性组合、沉积相序与火山岩发育差异

1）岩性组合差异

主动裂谷断陷期湖盆区由大套厚层泥岩构成，被动裂谷盆地断陷期岩性组合为砂泥互层，断陷间隔期砂岩厚度稳定，可连续追踪。

2）沉积相序差异

主动裂谷湖盆区为完整湖盆相序，被动裂谷为短暂湖盆相序和短暂河流相序间互叠置。

3）火山岩发育差异

主动裂谷早期火山岩发育良好，被动裂谷早期一般不发育火山岩，中晚期有少量火山岩发育（潘校华，2019）（图2.10）。

5. 沉降曲线差异

主动裂谷盆地坳陷期热沉降作用大，因此表现为快速、持续地沉降，沉降速率大，沉降曲线较平直。被动裂谷表现为间歇地多期次地沉降，沉降曲线表现为周期性的锯齿形（潘校华，2019）（图2.11）。

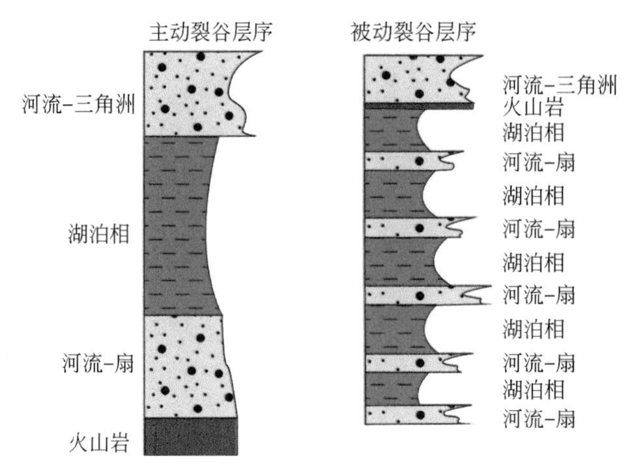

图 2.10　主动裂谷与被动裂谷岩性组合、沉积相序与火山岩发育差异

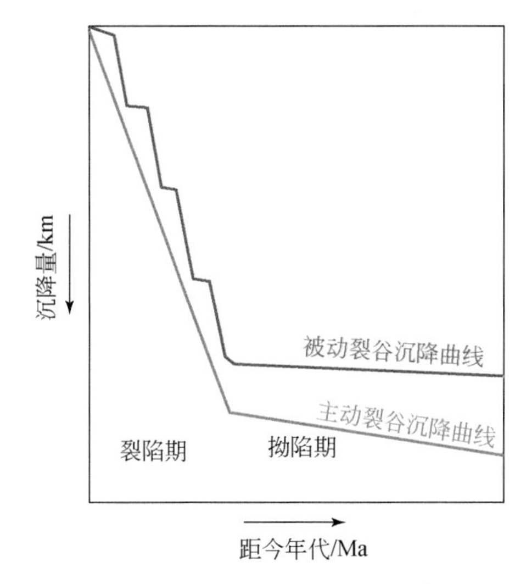

图 2.11　主动裂谷与被动裂谷沉降曲线差异

6. 地热史差异

主动裂谷盆地形成之前地幔上拱，初期地温高，裂谷高峰期地壳均衡地幔再上拱，地温进一步升高，后期冷却收缩导致热沉降较大，冷却速率较大（图 2.12）。

被动裂谷盆地初期无地幔上拱，地温低，裂谷高峰期的到来比主动裂谷要晚，由于地壳均衡地幔小幅上拱，地温有所增高，后期冷却收缩较慢，冷却速率较小（潘校华，2019）（图 2.12）。

根据信息处理服务公司（Information Handing Service，IHS）数据库对全球 945 个大型油气田盆地类型的统计与分析，裂谷盆地所含的大型油气田有 283 个，约占全球大型油气

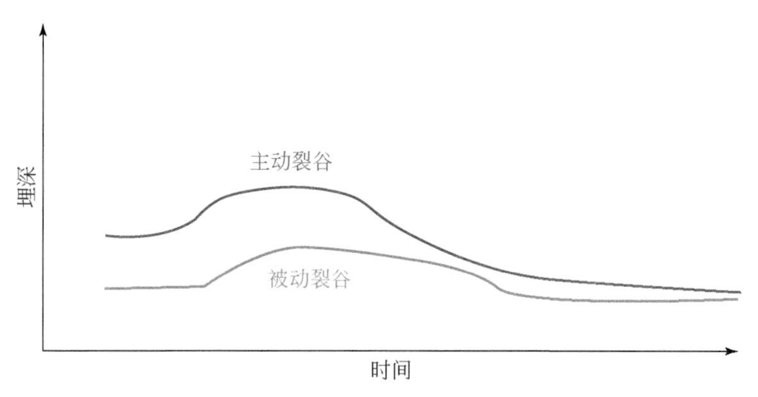

图2.12　主动裂谷与被动裂谷地热史差异

田的30%（图2.13），可见裂谷盆地是重要的含油气盆地类型，并且分布广泛，是海外油气勘探的重点。

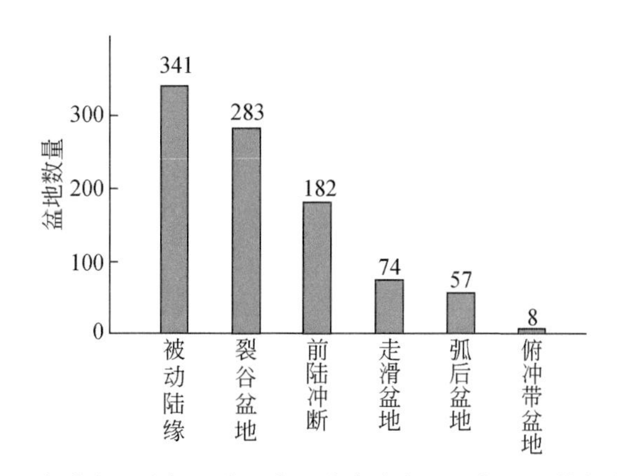

图2.13　全球大型油气田盆地类型分布直方图（据IHS数据库统计）

本书重点研究的裂谷盆地主要分布在非洲大陆，非洲大陆的中西部主要发育被动裂谷，东部地区主要发育主动裂谷。

2.3　被动裂谷分类

国际上对裂谷盆地的分类主要集中在对裂谷的形态学和动力学方面的分类，而不是在主动裂谷与被动裂谷分类基础上的亚类划分。也就是说，目前还没有对被动裂谷进行详细的亚类划分。近年来，我国在海外被动裂谷盆地中陆续发现了油气资源，并在油气勘探开发方面有重大突破，亟须对被动裂谷进行详细的亚类划分，以满足海外裂谷盆地的油气勘探开发需要。

按构造层分类，被动裂谷盆地可以划分为：①两层结构；②多层结构（多期叠合的被动裂谷盆地)。

以上分类方案并不是针对被动裂谷的亚类划分方案，对被动裂谷盆地的油气勘探没有针对性和实用价值。根据被动裂谷的概念，被动裂谷是岩石圈在伸展构造作用下伸展减薄的产物，我们根据伸展作用的类型，及裂谷所处板块的部位和成因提出了被动裂谷的亚类划分方案——大地构造成因分类方案。

根据构造成因，我们的分类方案如下：

(1) 内克拉通伸展裂谷盆地；

(2) 造山后伸展裂谷盆地；

(3) 走滑断裂相关裂谷盆地；

(4) 碰撞诱导型伸展裂谷盆地；

(5) 冲断带后缘伸展裂谷盆地。

1. 内克拉通伸展裂谷盆地

内克拉通伸展裂谷盆地位于克拉通内部，是远源区域伸展构造应力场作用下岩石圈减薄的产物。盆地的基底为克拉通结晶基底，裂谷走向垂直于区域伸展方向，多为双层结构，发育断陷和拗陷，断陷期控盆断裂为生长断层（图 2. 14）。

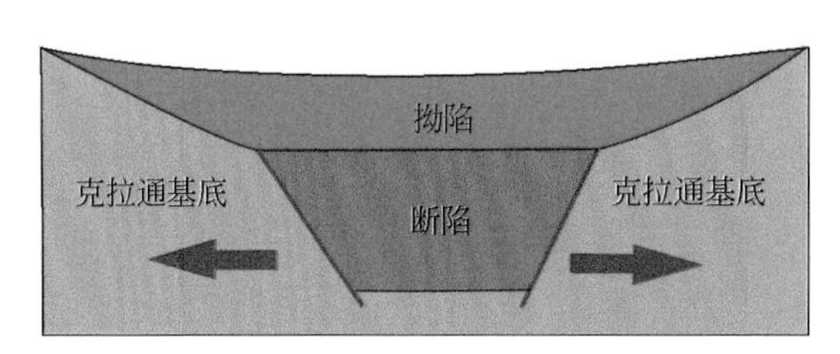

图 2. 14 内克拉通伸展裂谷盆地模式图

红色箭头代表伸展方向

内克拉通伸展裂谷盆地分布比较广泛，如东设得兰盆地（East Shetland Basin），根据东设得兰盆地的地质平面图和剖面图分析，东设得兰盆地的基底主要为波罗的地台，包括前寒武纪结晶基底和早古生代沉积，断陷期主要是泥盆纪—二叠纪—三叠纪和侏罗纪，进入白垩纪为拗陷期（图 2. 15）。进入古近纪和新近纪，东设得兰盆地进入大西洋漂移期的被动陆缘阶段，叠加了被动陆缘盆地沉积。

2. 造山后伸展裂谷盆地

造山后伸展裂谷盆地一般位于造山带内，多为山间盆地，盆地基底为造山带，断陷期与裂谷前的造山时期间隔较短，为造山后伸展作用的产物，也可分为断陷期和拗陷期（图 2. 16）。与年轻克拉通内的裂谷盆地不同的是同裂谷阶段与前裂谷阶段的时间间隔：年轻克拉通内裂谷盆地的同裂谷阶段与前裂谷阶段的时间间隔长，而造山后伸展裂谷盆地的同

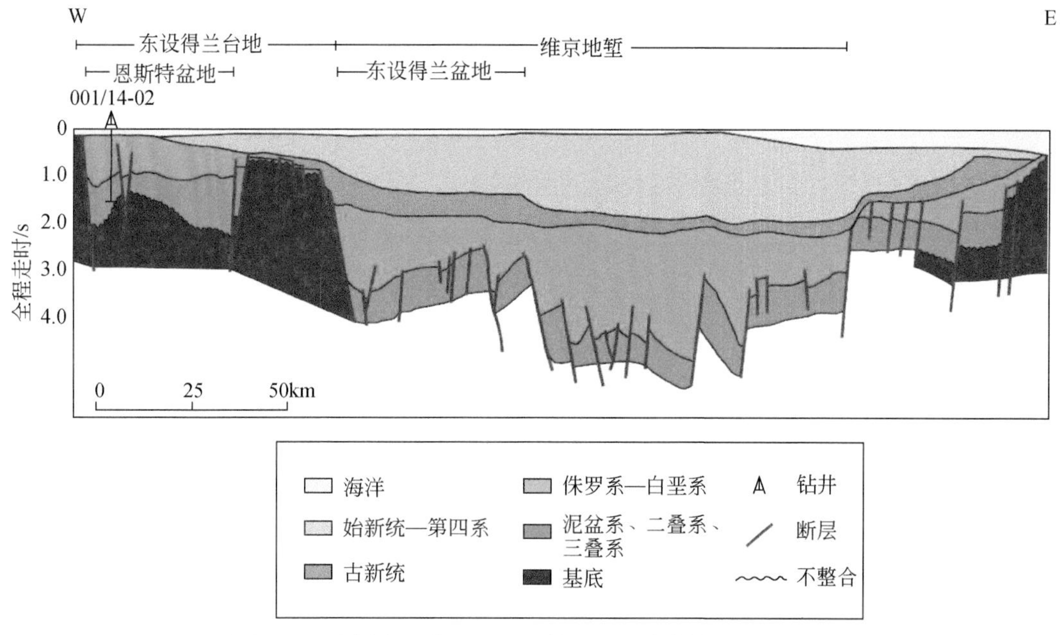

图2.15　东设得兰盆地的地质剖面图（改编自IHS，2009）

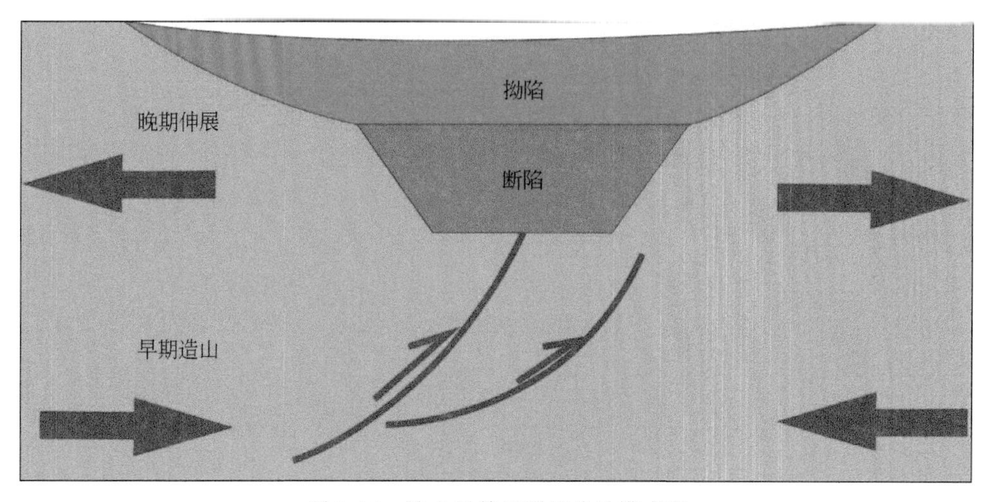

图2.16　造山后伸展裂谷盆地模式图

红色箭头代表区域主应力方向

裂谷阶段与前裂谷阶段的时间间隔很短。

造山后伸展裂谷盆地的典型实例是位于中亚地区哈萨克斯坦的南图尔盖盆地，是在海西期乌拉尔造山带基础上发育的早中生代造山后伸展的被动裂谷盆地。

南图尔盖地区的区域基底构造层为前古生代—志留纪（570～408.5Ma）；古生代被动陆缘盆地构造层为早泥盆世—早石炭世（408.5～311.3Ma）；盆地的基底为海西期乌拉尔

造山带构造层，即晚石炭世—早三叠世（311.3～245Ma）碰撞褶皱基底构造层；造山后伸展盆地的断陷构造层，即中三叠世—中侏罗世（241.1～163.3Ma）下中生界同裂谷构造层（图2.17）；拗陷构造层为中侏罗世—晚白垩世（161.3～65Ma）后裂谷构造层（图2.17）；始新世—渐新世（56.5～23Ma）为喜马拉雅期挤压构造反转阶段。造山后伸展型裂谷盆地在造山后期，有的会伴随盐构造等的充填，这些盐构造可以作为大型油气田的圈闭构造和盖层。

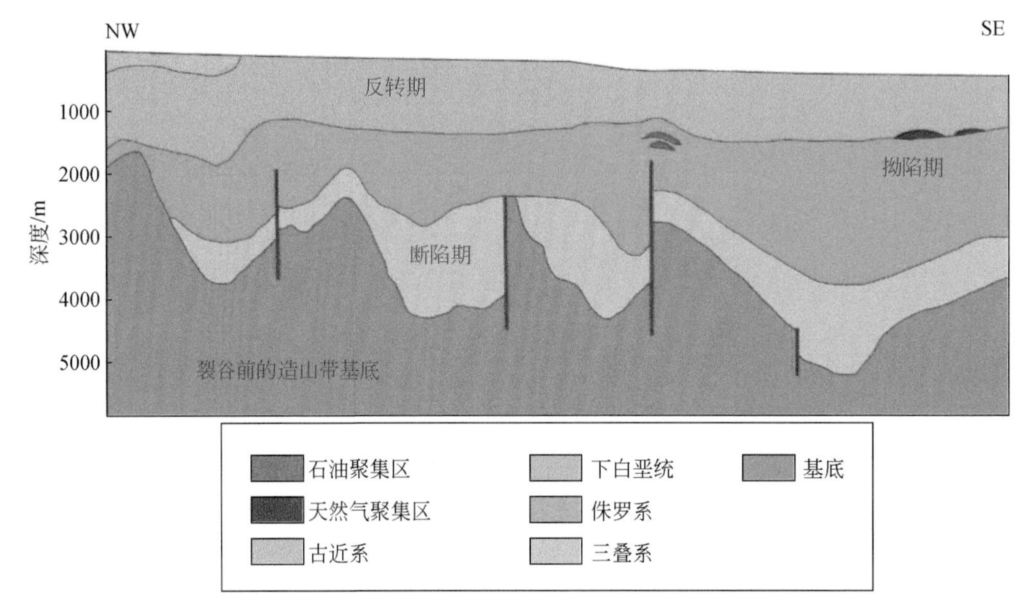

图2.17　南图尔盖盆地构造剖面图（改编自IHS，2009）

3. 走滑断裂相关裂谷盆地

走滑断裂相关裂谷盆地位于走滑断层上或附近，多发育为张扭性盆地或拉分盆地，是由走滑断层活动过程中派生的张扭性应力场形成的裂谷盆地（图2.18）。裂谷成盆期与走滑断层活动时期基本一致。

走滑断裂相关裂谷盆地全球分布相对集中，与走滑断层密切相关，主要集中在非洲的中非走滑断层附近和北美洲的圣安德列斯转换断层附近。中非的Muglad盆地是典型的与走滑断层活动相关的被动裂谷盆地（图2.19）。裂谷的同裂谷期与中非走滑断裂带的活动时代一致，并处于统一的构造应力场中。Muglad盆地的主成盆期为早白垩世，正是中非走滑断裂带的活动高峰期，控盆断裂陡立，表现为张扭性质（图2.19）。

4. 碰撞诱导型伸展裂谷盆地

碰撞诱导型伸展裂谷盆地位于碰撞造山带的附近或碰撞造山作用的应力场影响到的地

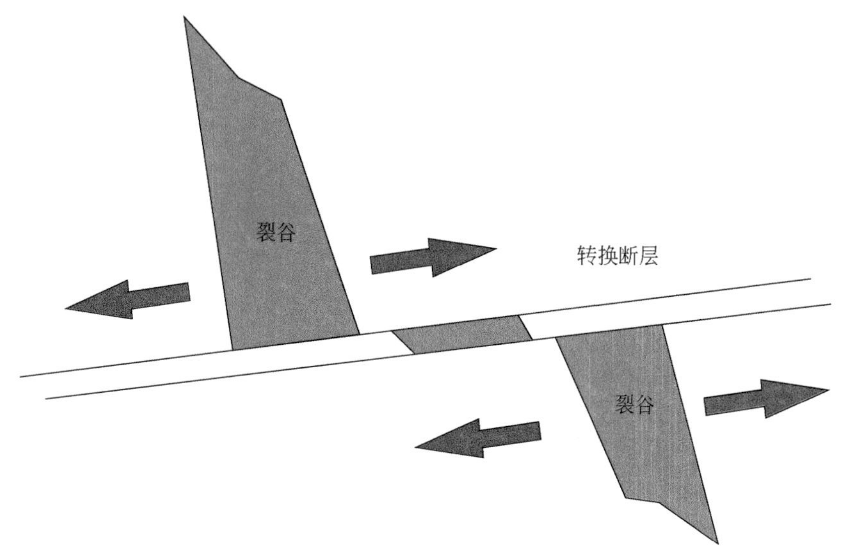

图2.18　走滑断裂相关的被动裂谷盆地模式图

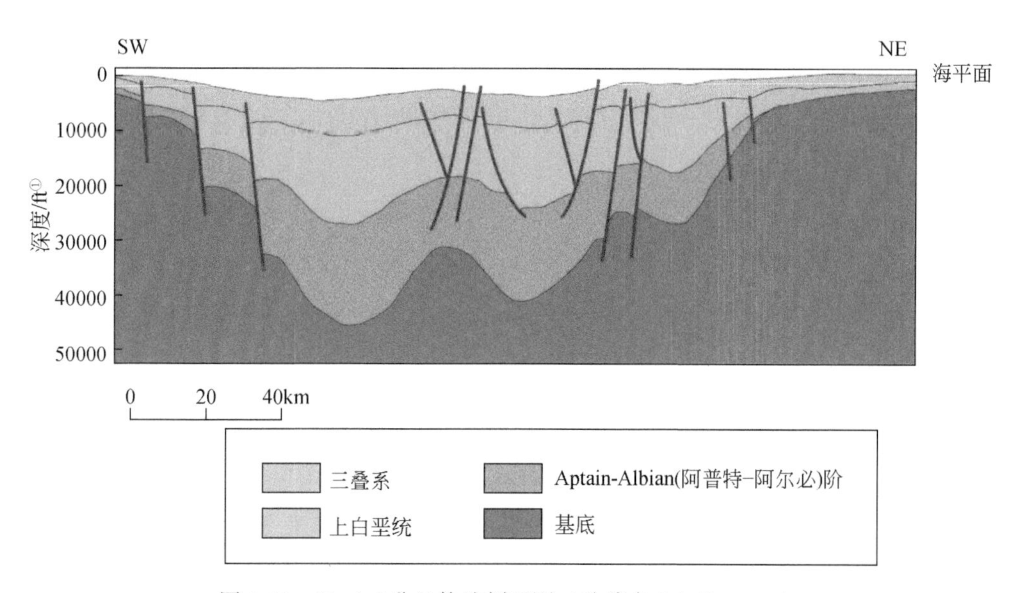

图2.19　Muglad盆地构造剖面图（改编自Schull，1988）

区。裂谷的走向与造山带走向垂直，与区域挤压方向一致。裂谷的成盆期与造山期基本一致（图2.20）。

碰撞诱导型伸展裂谷盆地通常规模比较小，多分布在造山带附近，与造山带垂直。例如，在特提斯带附近，青藏高原上一些近南北向的新生代裂谷盆地，阿尔卑斯山脉北侧的

① 1ft=0.3048m。

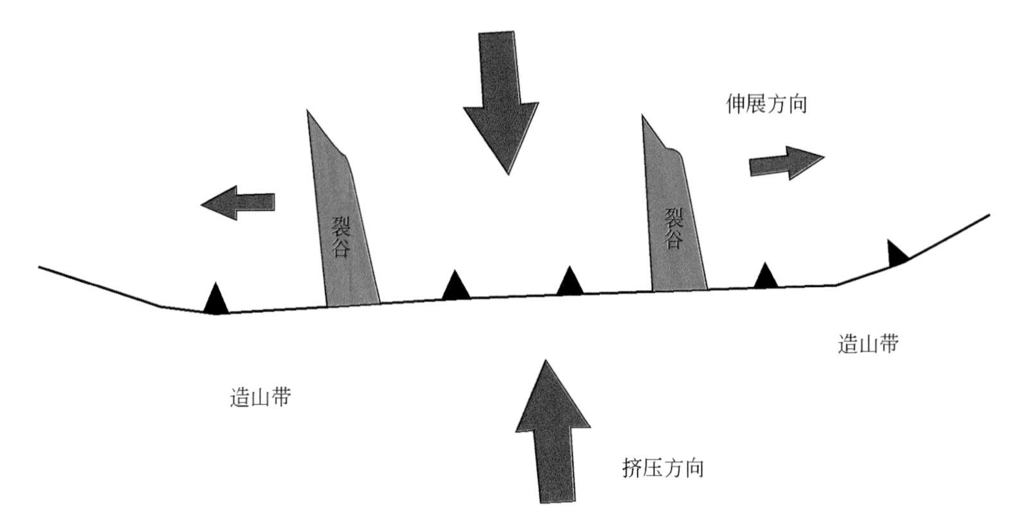

图 2.20　碰撞诱导型伸展裂谷盆地模式图

裂谷盆地。其中最典型的是莱茵地堑，莱茵地堑的走向与阿尔卑斯造山带的走向大体垂直，为新生代碰撞诱导型伸展裂谷盆地（图 2.21、图 2.22）。

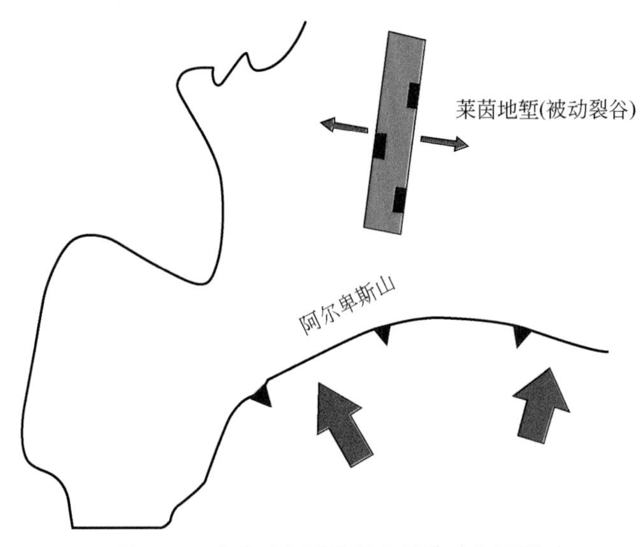

图 2.21　莱茵地堑裂谷的大地构造位置图

5. 冲断带后缘伸展裂谷盆地

冲断带后缘伸展裂谷盆地位于造山带或冲断带的后缘，盆地的走向与冲断带走向一致，盆地的成盆期与冲断带活动期基本一致，是冲断带后缘局部伸展环境下形成的盆地。盆地主成盆期的沉积物主要来自附近的冲断带（图 2.23）。

冲断带后缘伸展裂谷盆地比较少见。在冲断带的前缘常常会发育前陆盆地，但由于仰

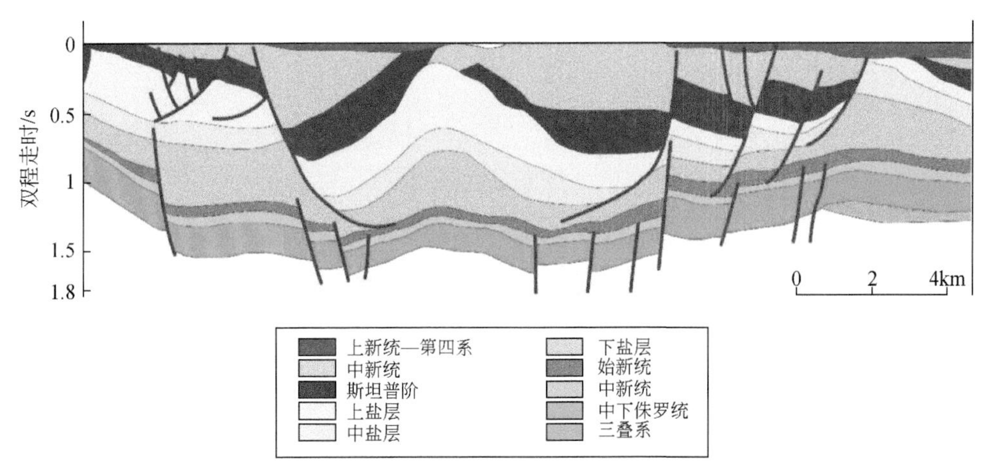

图2.22　莱茵地堑的构造剖面图（改编自IHS，2009）

图2.23　冲断带后缘伸展裂谷盆地模式图

冲或逆冲过程中，冲断带后缘地块对冲断带的拉扯作用，会在冲断带后缘形成局部的拉张环境，形成冲断带后缘伸展裂谷，典型实例是北非的切里夫盆地（Cheliff Basin）（图2.24）。切里夫盆地处于被动大陆边缘的拉张构造环境，属于海相盆地；到新生代，

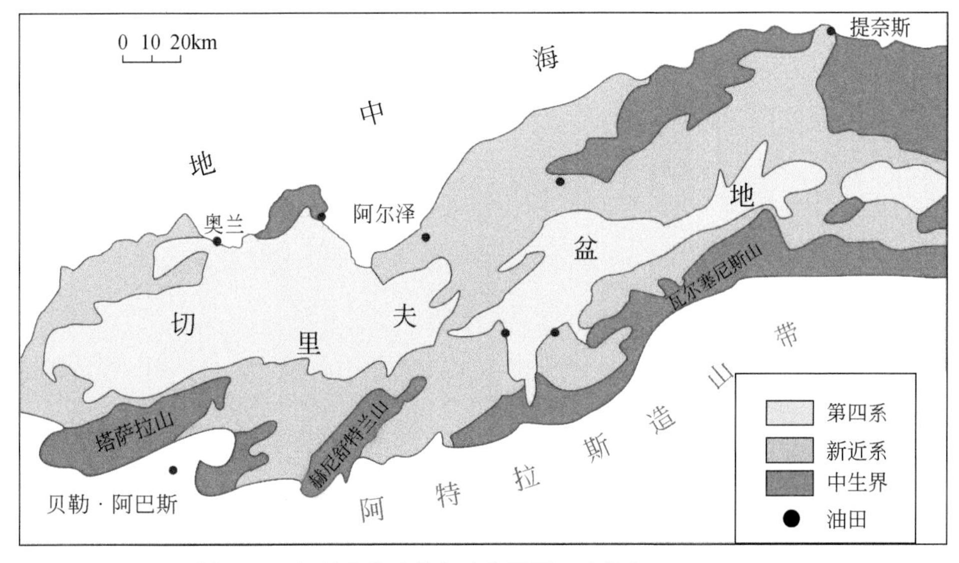

图2.24　切里夫盆地的构造位置图（改编自IHS，2009）

盆地演变为山间盆地，经历断拗演化过程，形成了快速充填的沉积特征，是盆地南缘的阿特拉斯造山带后缘伸展的裂谷盆地。

切里夫盆地的冲断带位于盆地的南缘，是阿特拉斯造山带的一部分，由于北非向南东方向的陆内仰冲作用（可能与阿尔卑斯造山运动的远程效应有关），在冲断带的后缘形成了局部拉张应力，形成了新生代切里夫盆地（图 2. 25）。

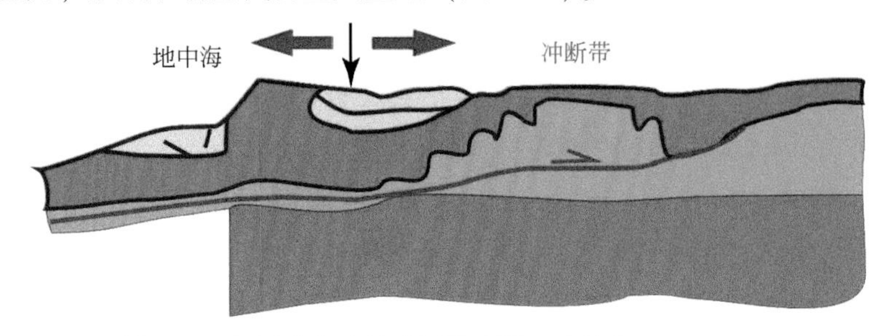

图 2. 25　切里夫盆地的成因模式图（改编自 IHS，2009）

根据 IHS 数据库的盆地资料综合对比分析，本书对全球 93 个主要被动裂谷盆地进行了构造成因亚分类，其中，42 个内克拉通伸展裂谷盆地主要分布在克拉通内部；18 个造山后伸展裂谷盆地主要分布在中亚造山带、特提斯造山带和科迪勒拉造山带内；13 个走滑断裂相关裂谷盆地主要分布在中非转换断层和北美的圣安德列斯转换断层附近；10 个碰撞诱导型伸展裂谷盆地主要分布在特提斯带及周边；10 个冲断带后缘伸展裂谷盆地主要分布在特提斯带内或南北两侧（图 2. 26）。

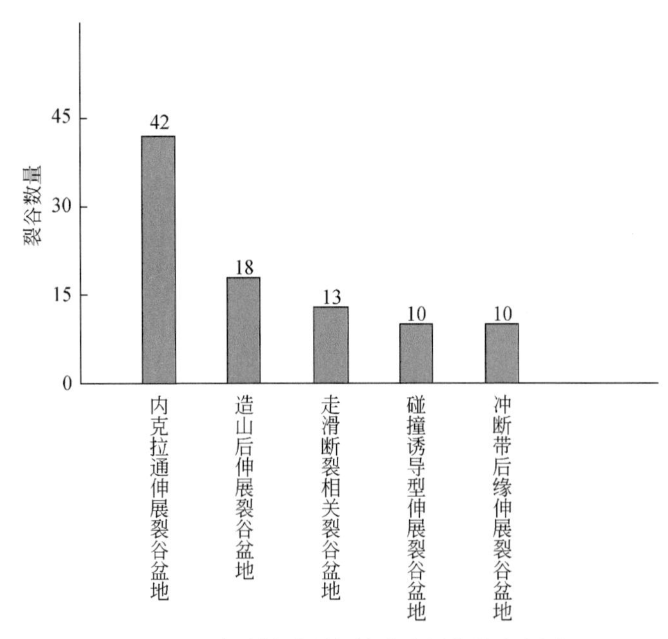

图 2. 26　全球被动裂谷构造成因分类直方图

2.4　叠合裂谷盆地分类

早在20世纪80年代，朱夏在黄汲清的多旋回大地构造学说基础上提出“盆地运动体制”的概念，奠定了“多旋回盆地”或“叠合盆地”概念的理论基础（朱夏，1984）。朱夏指出不同阶段之间的盆地在纵向上的组合关系称为盆地的叠合，它的发生完全是由于盆地的热构造体制发生了根本性变化。盆地的叠合界面常是区域性不整合面，代表着大区域范围内的伸展体制与挤压体制或剪切体制之间的转换。贾东等（2011）根据盆地内正反转、负反转和继承性等构造特征划分出三类叠合盆地。然而，上述这些叠合盆地分类方案，多停留在构造运动机制转换的研究上，并未考虑盆地的构造属性特征，难以全面地反映叠合盆地的成盆演化机制。

本书在叠合盆地已有研究成果上，通过叠合裂谷盆地分类，对叠合裂谷盆地特征进行研究分析。

叠合裂谷盆地是指经历了包括裂谷阶段的多期构造变革，并由多个单型盆地经多方位叠加复合而形成的、具有复杂结构的盆地。对裂谷盆地的勘探已为全球油气工业提供了近1/3的油气发现，盆地内生成的油气在具备良好的生储盖条件下运移并保存在背斜、断块、不整合及岩性等圈闭中，形成油气藏，是世界上重要的含油气盆地之一。在长期的发展演化过程中，叠合裂谷盆地具有多期成盆、多期成烃和多期成藏的特征，决定了这类盆地具有复杂的油气运聚模式。

Ziegler和Cloelingh（2004）对裂谷盆地进行了系统的综述，主要总结了各类裂谷盆地的成盆动力学机制，但仍未从盆地的叠合特征进行分类。大量反映叠合裂谷盆地的文献都以裂谷构造演化的文章出现。虽然没有特意地提到叠合，但从裂谷的构造演化多阶段分析，实际上就是在谈叠合裂谷盆地。但是以往文献均未对叠合裂谷盆地进行详细分类研究，对叠合裂谷盆地的油气地质特征总结不够系统全面。

考虑到叠合裂谷盆地是不同类型的原型盆地叠合的结果，在对叠合裂谷盆地分类时首先根据目前常用的根据板块构造理论建立起来的盆地大地构造属性分类方法进行原型盆地分类的组合。通过对IHS盆地资料库的研究，原型盆地构造类型主要有以下四种：裂谷盆地、被动陆缘盆地、克拉通盆地、前陆盆地。在此基础上，本书提出了叠合裂谷盆地的分类方案，即按照下伏、上叠阶段的构造特征进行分类，分出7个亚类，提出了叠合裂谷盆地各亚类的叠合模式示意图（图2.27）。

这7类叠合裂谷盆地包括：

（1）多次断拗叠合的裂谷盆地（以中西非裂谷系盆地群为例）；

（2）下伏裂谷上叠被动陆缘的盆地（以墨西哥湾盆地为例）；

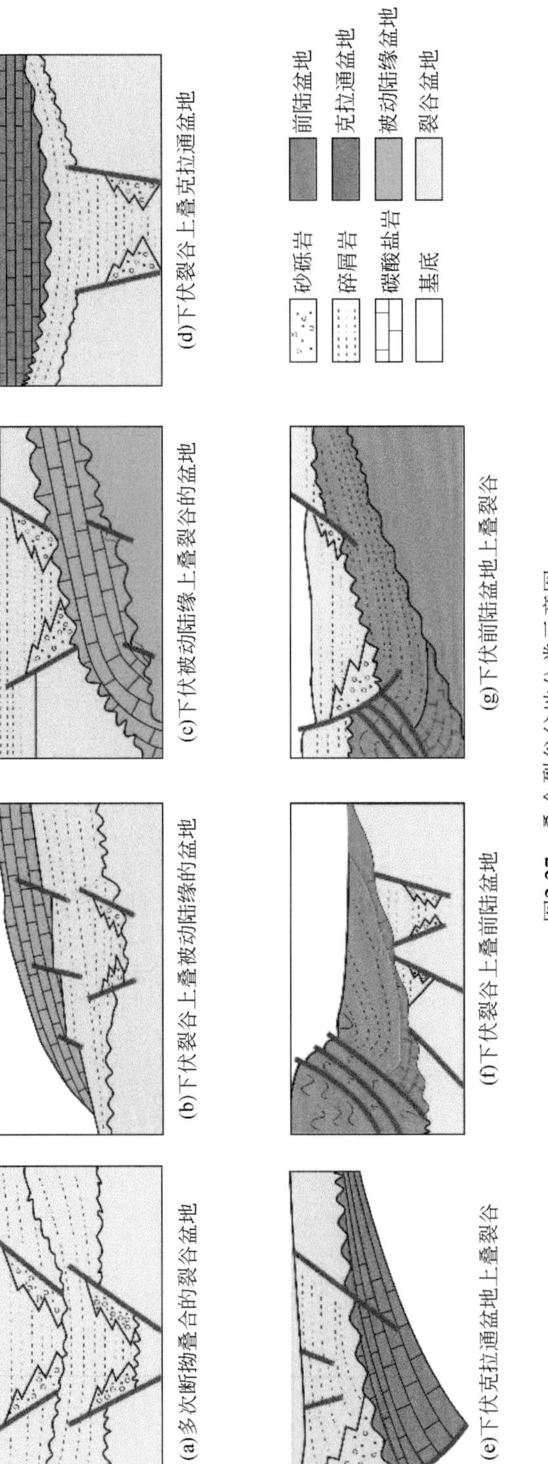

图2.27　叠合裂谷盆地分类示意图

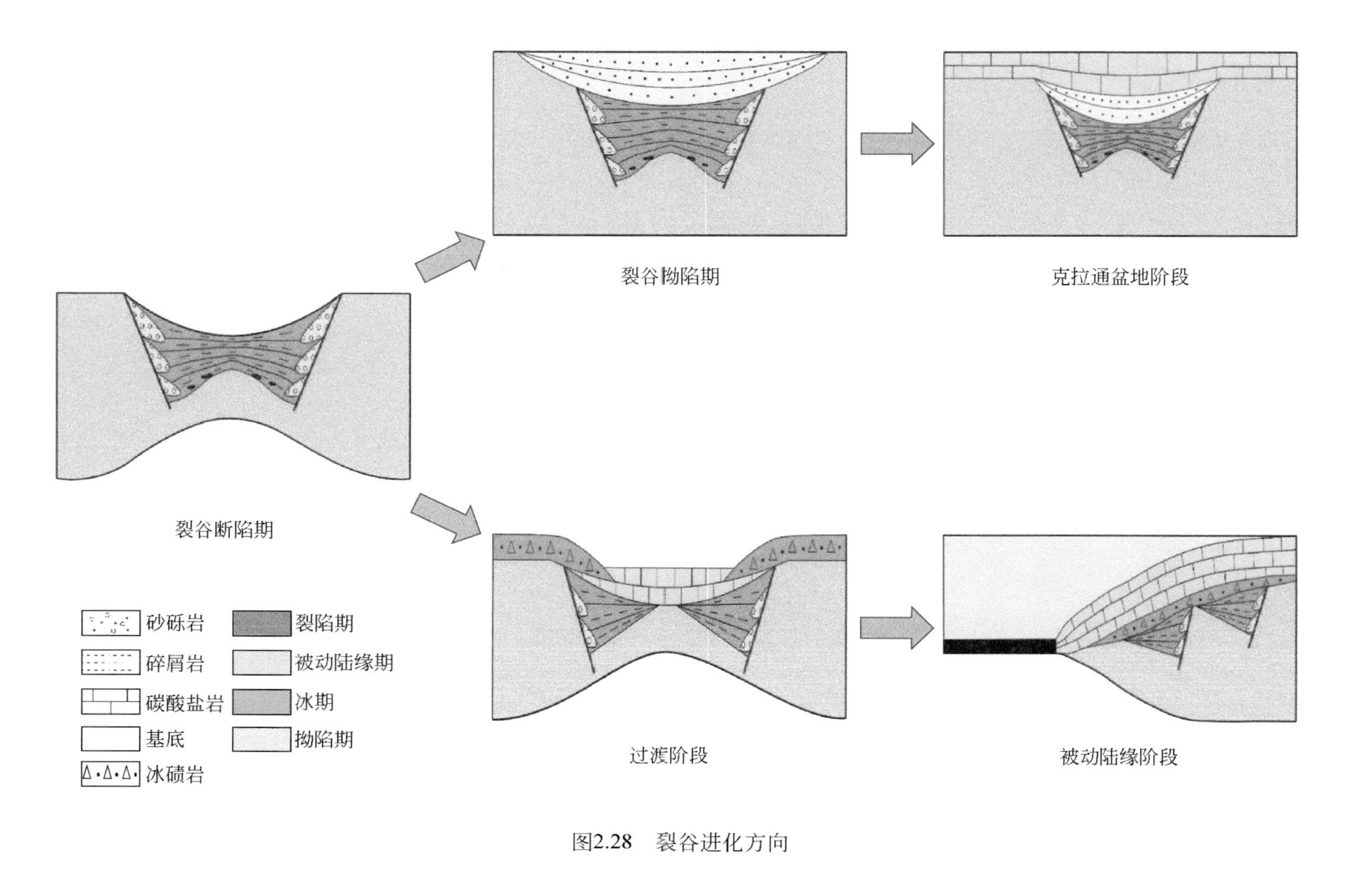
裂谷拗陷期
克拉通盆地阶段
裂谷断陷期
过渡阶段
被动陆缘阶段
砂砾岩
碎屑岩
碳酸盐岩
基底
冰碛岩
裂陷期
被动陆缘期
冰期
拗陷期

图2.28　裂谷进化方向

(3) 下伏被动陆缘上叠裂谷的盆地（以印度东部盆地为例）；

(4) 下伏裂谷上叠克拉通盆地（以西西伯利亚盆地为例）；

(5) 下伏克拉通盆地上叠裂谷（以渤海湾盆地为例）；

(6) 下伏裂谷上叠前陆盆地（以阿巴拉契亚盆地为例）；

(7) 下伏前陆盆地上叠裂谷（以内华达盆地群为例）。

裂谷是超大陆裂解初期的产物，多数都是伸展作用形成的盆地。裂谷的进一步演化有两个方向，一是进一步扩张，岩石圈进一步减薄，出现洋壳，进化为红海型陆间大洋裂谷盆地，再进化就发展为大西洋型被动陆缘盆地和洋盆；另一个演化方向是裂谷消亡后，由于热冷却沉降，裂谷塌陷，形成拗陷盆地或克拉通盆地（图 2.28）。

根据上述有关裂谷进化的分析，裂谷盆地也可以划分为大陆裂谷、拗拉谷和陆缘裂谷（表 2.2）三类。大陆裂谷是陆相的，发育于大陆内部；陆缘裂谷是被动陆缘下伏的早期裂谷盆地；而拗拉谷早期是陆相的，晚期可以转为海相的，从被动大陆边缘向陆内延伸呈楔形。

表 2.2 裂谷的分类及构造-岩相特征表

分类	模式	构造特征	岩相特征	举例
大陆裂谷		造山后伸展（陆陆碰撞后）或陆内克拉通破坏。可进一步演化为内克拉通盆地	断陷期： 欠补偿盆地相、冲洪积扇相、火山岩相、深湖相、滨浅湖相 拗陷期： 泛滥平原相、河流相、冰浅海相、滨浅海相 克拉通盆地阶段： 深水陆棚相、潮坪相、局限台地相、碳酸盐台地相	南华裂谷、四川盆地内裂谷系
拗拉谷		三联支的一个由陆缘向陆内延伸的消亡支，进一步可以由裂谷发展为内克拉通盆地	断陷期： 冲洪积扇相、火山岩相、深湖相、滨浅湖相、深水浊积扇相、半深海相、大陆斜坡相 拗陷期： 泛滥平原相、河流相、冰浅海相、滨浅海相、冰川相、局限台地相、开阔台地相、碳酸盐台地相 克拉通盆地阶段： 潮坪相、陆棚相、碳酸盐台地相	燕辽拗拉谷、中条拗拉谷、满加尔拗拉谷、乌什拗拉谷

续表

分类	模式	构造特征	岩相特征	举例
陆缘裂谷		位于大陆边缘平行于克拉通边缘的裂谷，是三联支中可以发展成大洋的两支，因此进一步可以由裂谷演化为局限海盆地，最终成为被动陆缘盆地	裂谷阶段： 冲洪积扇相、火山岩相、深湖相、滨浅湖相 过渡阶段： 冰湖相、冰浅海相、冰海潮坪相、大陆冰川相 被动陆缘阶段： 滨浅海相、碳酸盐台地相、深水陆棚相、大陆斜坡相、深海相、半深海相	康滇裂谷、扬子西北缘裂谷

注：模式列图例同图 2.28。

第3章　被动裂谷的特征及演化——以中西非裂谷系为例

自古生代晚期以来，大陆裂谷作用已经成为非洲重要的构造过程，根据不同时代的地质环境，形成了不同时期的断裂（Skobelev et al., 2004），也产生了很多由边界断层限定的盆地。对不同盆地的构造研究表明，这些裂谷作用并非连续的过程，而是一系列离散的、相对短暂的构造环境作用所引发（Lambiase，1989）。

非洲大陆太古宙克拉通之间的泛非造山带中，分布有三个裂谷系，分别是西非裂谷系、中非裂谷系和东非裂谷系。其中，东非裂谷系位于非洲大陆的东南部，是新生代的主动裂谷系（Guiraud et al., 2005），而西非裂谷系和中非裂谷系常被共同称作中西非裂谷系，属于中新生代裂谷。除了贝努埃（Benue）裂谷外，中西非裂谷系大多数裂谷与地幔柱活动无关，是区域应力场作用下岩石圈伸展的结果，属于被动裂谷系（潘校华，2019）。

3.1　中西非裂谷盆地构造演化

3.1.1　中西非裂谷盆地构造演化特征

中西非裂谷系是指苏丹、乍得和尼日尔境内沿中非剪切带发育的一系列中生代裂谷盆地，是在冈瓦纳大陆解体过程中形成的。在侏罗纪末，冈瓦纳大陆解体，南大西洋和印度洋开始张开，其中南大西洋的张开以“三叉裂谷”的形式进行，“三叉裂谷”中的两支最终拉开形成南大西洋洋壳，而剩下的一支深入非洲大陆，形成拗拉谷——贝努埃裂谷（张光亚等，2018；潘校华，2019）。

中非剪切带（CASZ）位于非洲中部，是非洲刚果克拉通与努比亚克拉通之间的泛非活动带，是一个巨型的岩石圈断裂带。它和巴西的 Pernambuco 右旋剪切断裂系属同一条断裂带，继承了泛非造山期形成的右旋剪切带，是非洲大陆内部重要的陆块界线（图 3.1）。

早白垩世，非洲大陆的西北部仍处于稳固状态，东北部和南部继续向东漂移，并沿着中非剪切带分布有 Doba 盆地、Bongor 盆地、Doseo 盆地、Muglad 盆地、Melut 盆地、White Nile 盆地、Blue Nile 盆地等裂谷盆地群（图 3.1）。

中西非裂谷系的盆地有三组主要分布走向，第一组分布于中非剪切带内部，主要为沿

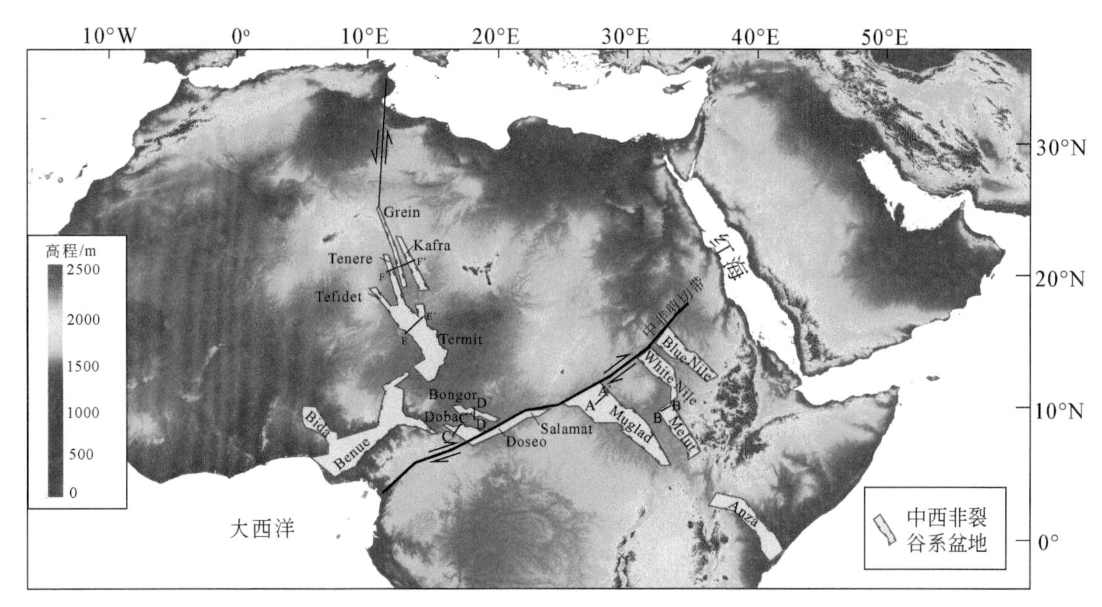

图3.1 中西非裂谷系盆地群分布图（改自张庆莲等，2018）

着ENE—WSW走滑方向分布，代表盆地为Doba盆地、Doseo盆地、Bongor盆地；第二组位于苏丹境内，主要分布走向为NW—SE方向，代表盆地为Melut盆地、Muglad盆地；第三组分布于乍得境内，主要分布走向为NNW—SSE方向，代表盆地为包括Termit盆地、Tenere盆地等次级盆地的乍得（Chad）盆地。

3.1.1.1 Melut盆地构造演化特征

1. 区域构造位置

Melut盆地位于苏丹南部，中非剪切带东端南侧，与NW—SE向Muglad盆地平行（图3.2），是在张性区域应力场背景下发育起来的中新生代大陆裂谷盆地，其形成和演化与大西洋、非洲板块、中非剪切带的演化密切相关。

Melut盆地面积近3.3万km^2，盆地内断裂非常发育（图3.2）。内部包括多个构造单元，地质条件非常复杂。构造单元以箕状凹陷为主，多个箕状凹陷在平面上呈NW—SE/NNW—SSE向雁行排列（叶先灯，2006）。

2. 盆地地层划分

Melut盆地可划分为基底和盖层两个构造层。基底构造层由前中生界组成，主要是前寒武系，岩性为石英岩、花岗闪长岩及片麻岩等。盖层构造层包括中新生界，自白垩系到第四系，总地层厚度达12km以上，进一步分为4个亚层：下白垩统、上白垩统、古新统—渐新统和中新统—第四系。①下白垩统岩性基本是砂泥岩互层，中下段为中细粒砂岩与

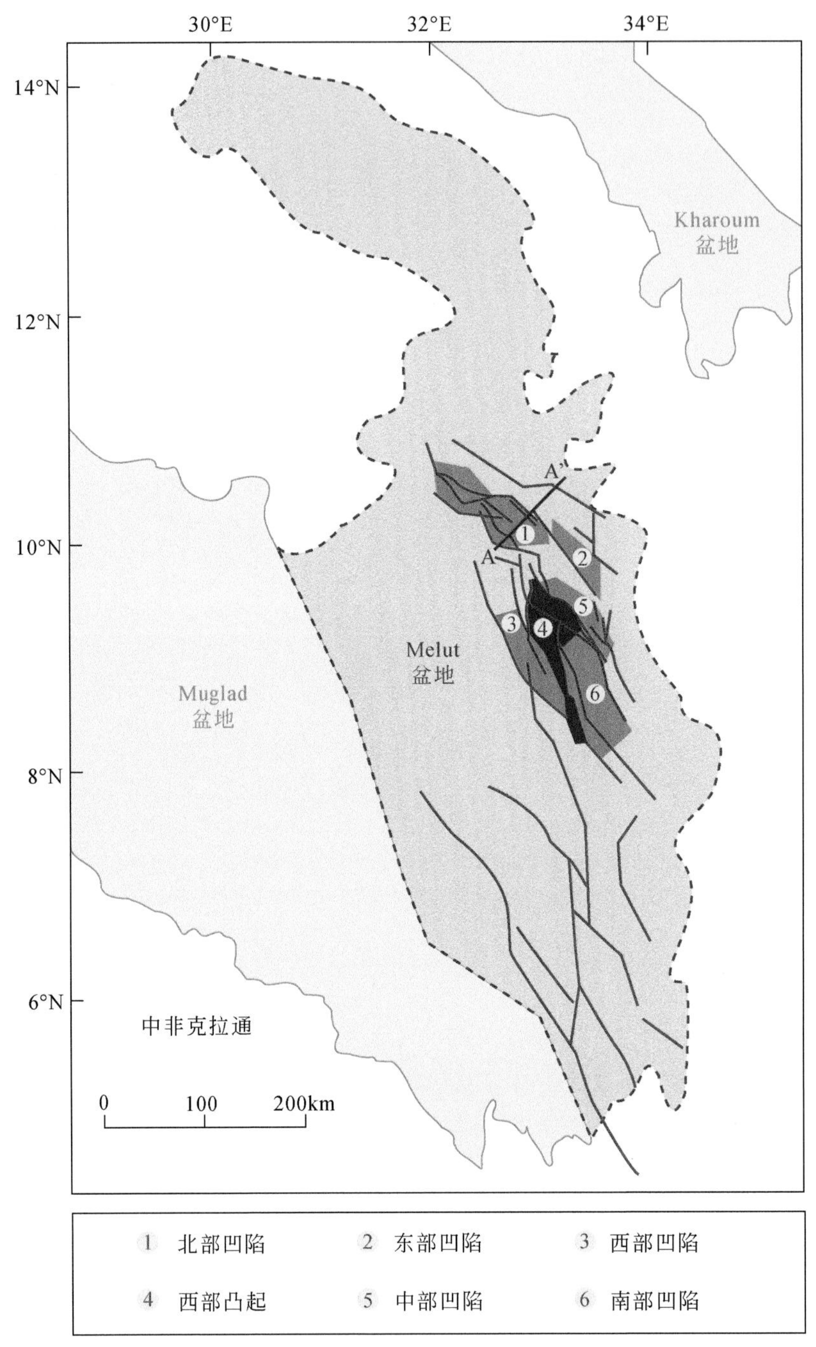

图 3.2　Melut 盆地示意图（改编自 Dou et al.，2007，2008）
图中不同颜色用于区分不同盆地和不同凹陷及凸起范围

泥岩的互层，上段为灰色泥页岩夹浅灰色砂岩。②上白垩统为一套厚层砂岩和泥岩互层。局部夹杂有火成岩，上段为夹杂泥岩的厚层砂岩。③古新统—渐新统，下部以厚层砂岩夹泥岩为主，上部以厚层泥岩夹砂岩为主，局部发育火成岩。④中新统—第四系，上部和下部岩性以砂岩为主，中部为厚层块状泥岩夹砂岩，顶部为松散砂岩和泥岩（叶先灯，2006；Dou et al.，2007）。

3. 盆地构造单元划分

Melut 盆地构造单元可划分为五凹一凸的构造格局——北部凹陷、东部凹陷、中部凹陷、南部凹陷、西部凹陷和西部凸起，这一格局在早白垩世形成，从北往南呈 NW—SE 到 NNW—SSE 向斜列组合（图 3.2）。裂陷作用的非对称性导致伸展构造的非对称性，基本构造单元为半地堑，裂陷作用表现为一侧强、另一侧弱的不对称特点。Melut 盆地至少存在 4 个区域性的变换构造带。主干正断层之间的变换构造主要有走向斜坡、地垒式凸起、低幅度宽缓背斜等。NW 向次级断陷构造明显，基底断面山发育，把凹陷分割成多个沉积中心。后期的沉积作用在断面山基底隆起的背景上形成了大型披覆背斜构造带，为油气聚集提供了十分有利的场所（叶先灯，2006）。

4. 盆地剖面地质特征

Melut 盆地内断层形成于晚侏罗—早白垩世，是白垩纪时期的同沉积断层，对白垩系有明显的控制作用。断层绝大部分为基底卷入型断层，断面陡，多数断层倾向 NE，大的控盆断裂可以深入中地壳达到 12 ~ 18km（Guiraud and Maurin，1992）。绝大部分断层呈 NW 向或 NNW 走向，少量断层走向为 NE。从断层剖面形态来看，主要表现为板式和铲式两种，剖面上组合方式包括：顺向断阶式、反向断阶式、地堑式、Y 型组合等（图 3.3、图 3.4）。

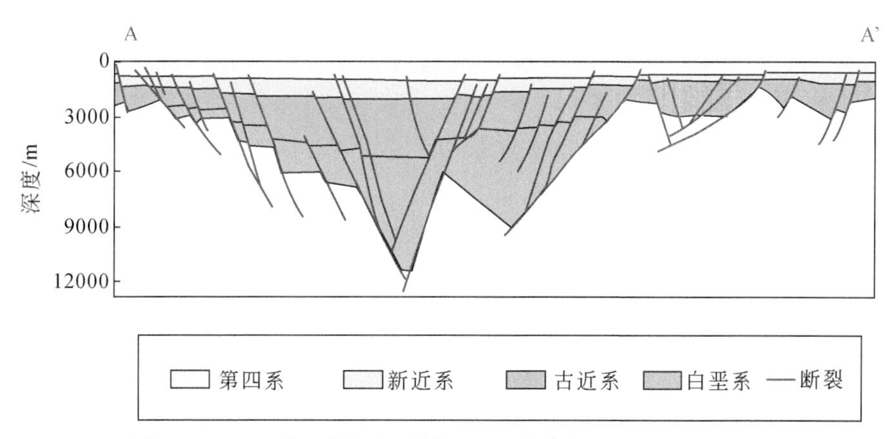

图 3.3　Melut 盆地内部断裂剖面图（改编自 Dou et al.，2007）

5. 盆地的构造演化

盆地构造演化经历了前裂谷阶段、同裂谷阶段和后裂谷阶段。前裂谷阶段（550 ~

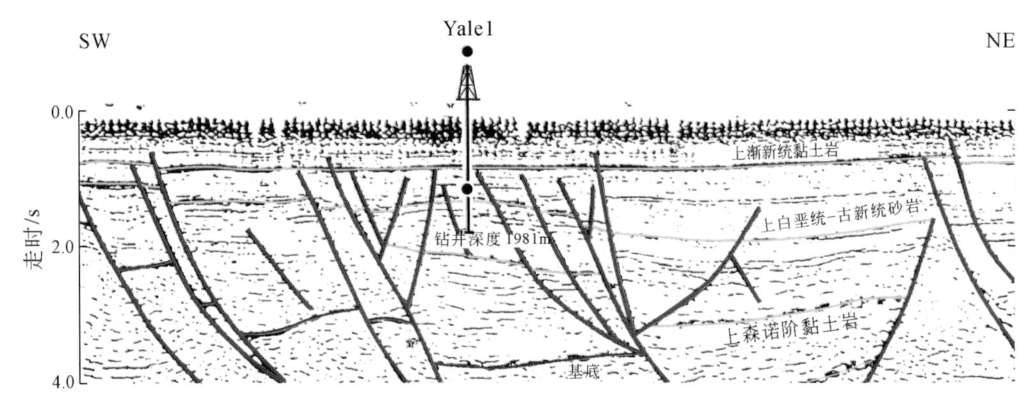

图 3. 4　Melut 盆地地震剖面图及解释分析

140Ma）断裂活动不发育，沉积岩基本不发育。同裂谷阶段（140～20Ma）是断裂活动发育和沉降、沉积作用发育的主要阶段，在盆地中心沉积了上万米的地层。后裂谷阶段（20Ma 以后）断裂活动不发育，为拗陷阶段，新近纪—第四纪沉积地层 2000m 左右，全盆地厚度分布比较稳定。

Melut 盆地的同裂谷阶段又分为早期、中期和晚期（图 3. 5）。早期同裂谷阶段开始于早白垩世，与南大西洋的张开有关，主要为陆相碎屑沉积。中期同裂谷阶段从土伦阶开始持续到晚白垩世，其间有少量的火山活动，沉积相仍然以陆相沉积为主，存在河流相、湖泊相等。晚期同裂谷阶段开始于晚始新世，结束于中中新世，高角度断层在这一时期出现，并有一些大型的背斜出现。沉积相为湖相漫滩页岩、粉砂岩和砂岩。在早中新世，进入后裂谷阶段，呈现陆相河流和湖泊碎屑沉积。

Melut 盆地的构造演化分为三个裂陷阶段（早白垩世、晚白垩世、中新世）和一个拗陷阶段（上新世—第四纪）。早白垩世代表裂谷的初始阶段，为强裂陷阶段，断陷活动形成多个沉积沉降中心，盆地五凹一凸的构造格局基本形成。在这个阶段呈现出典型的被动裂谷盆地特征，没有显著的火山岩发育（窦立荣等，2006）。晚白垩世为弱裂陷阶段，断陷活动弱，沉积沉降中心集中在盆地中心地带的北部凹陷、中部凹陷和南部凹陷，各构造单元之间的地层厚度差异逐渐缩小。中新世为强裂陷阶段，断陷活动再次加强，块断作用造成地层厚度差异很大，盆地再次呈现五凹一凸的构造格局。上新世—第四纪为拗陷阶段，断陷活动微弱，断层活动不明显，沉积沉降中心集中到北部凹陷，全盆地沉积厚度稳定（叶先灯，2006）。

3. 1. 1. 2　Muglad 盆地构造演化特征

1. 区域构造位置

Muglad 盆地位于中非剪切带的东南侧，苏丹的西南部。盆地平面上呈 NW—SE 向延

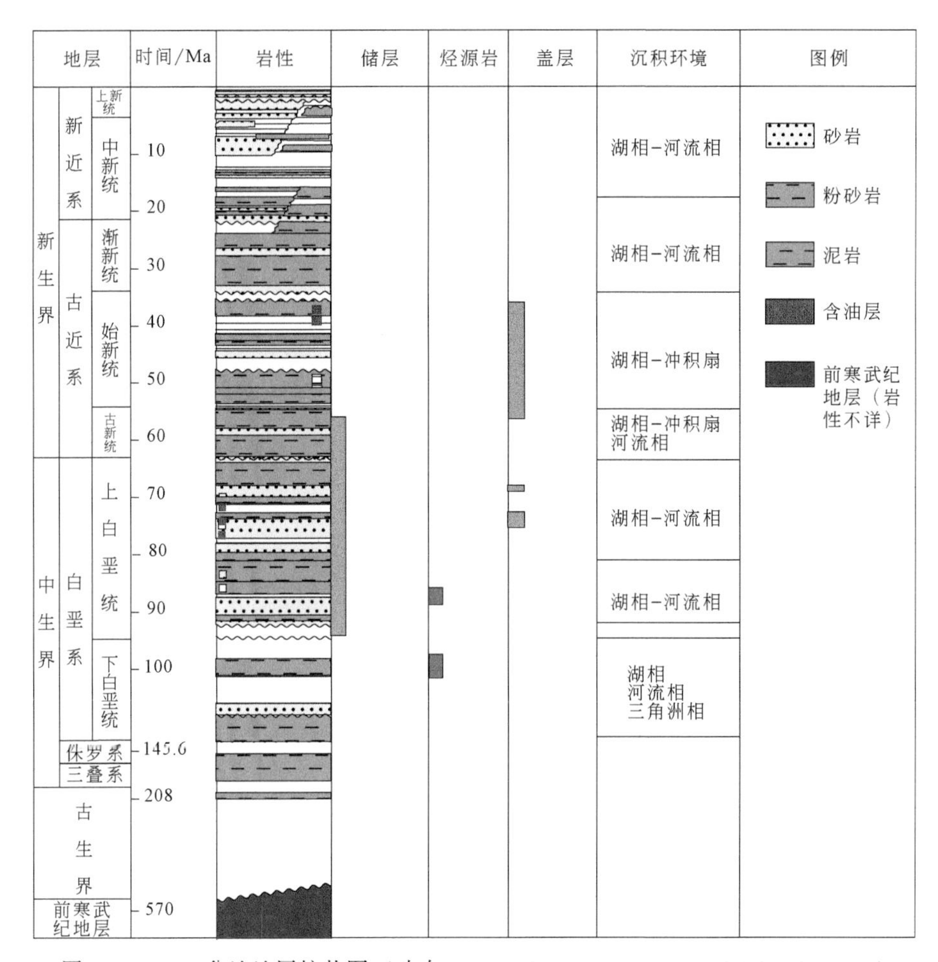

图 3.5 Melut 盆地地层柱状图（改自 Dou et al.，2007；Eisawi and Schrank，2008）

伸，宽约300km，长约1000km（图3.6）。内部由大量正断层控制的地堑、半地堑构成，北部终止于中非剪切带，盆地的形成和演化与中非剪切带的演化密切相关（Guiraud and Maurin，1992）。Muglad 盆地北部为努巴地块，南部为中非地盾，东部与 Melut 盆地相邻，盆地内部北北西向次级断陷构造明显（图3.6）。

2. 盆地地层划分

Muglad 盆地由基底和盖层两套大构造层组成，基底构造层由前中生界组成，主要是寒武系，岩性为石英岩、花岗闪长岩和片麻岩，地层厚度大于6000m。盖层构造层包括中新生界，自白垩系到第四系，总地层厚度超过15000m，岩性多为非海相碎屑岩（张亚敏和漆家福，2007）。

Muglad 盆地经历了多幕断-拗旋回。每期旋回的早期均表现为细粒的深湖相和湖相沉积，晚期为粗粒的河流相沉积。其中，第一沉积旋回是盆地主要充填时期。

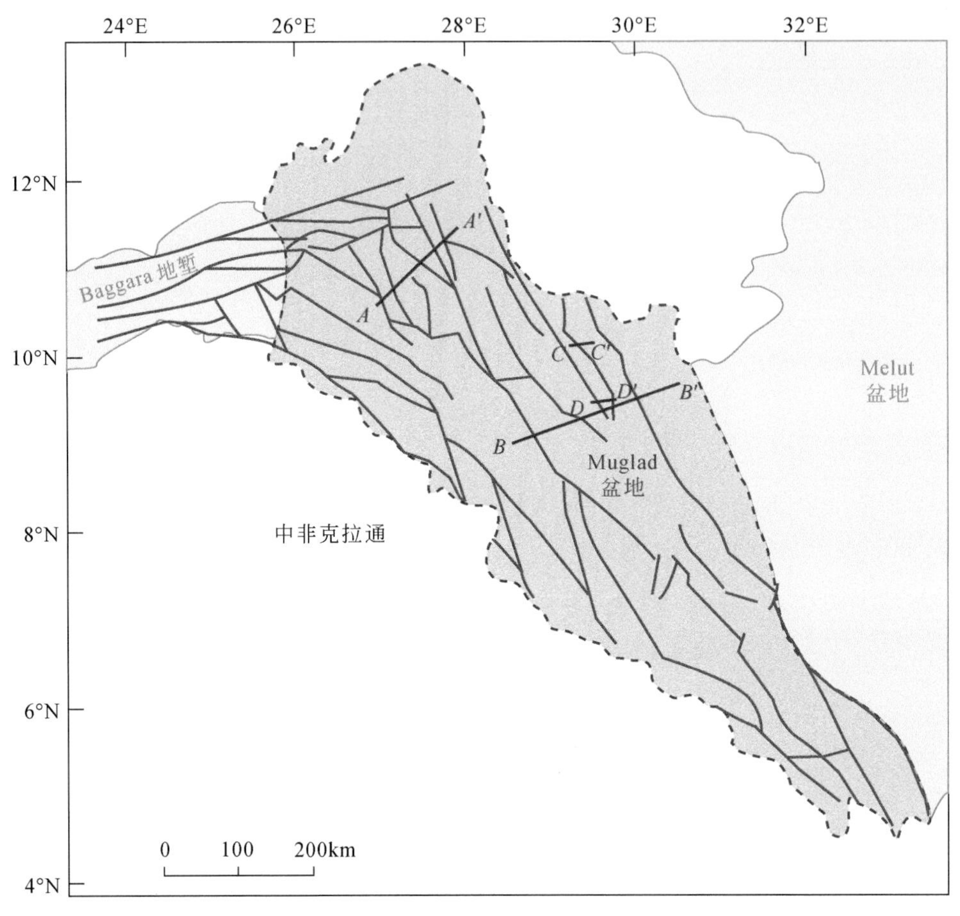

图 3.6　Muglad 盆地示意图（IHS，2009）

断裂对沉积相的控制明显，控盆断裂的下降盘为深湖相，上升盘很快转变为滨浅湖及三角洲相的沉积。具有复杂的相带关系。

盆地同裂谷阶段早期（140～90Ma），盆地沉积相以湖相、河流相和冲积相为主，无火山活动。

盆地同裂谷阶段中期（90～60Ma），发育少量岩床侵入，沉积以湖相、冲积相和河流相为主。

盆地同裂谷阶段后期（60～20Ma），沉积以湖相和河流相为主，无火山活动。

盆地后裂谷期（20Ma 以来），盆地进入拗陷阶段，发育少量火山活动，以河流相和冲积相为主。

3. 盆地构造单元划分

Muglad 盆地可划分出四个拗陷带。拗陷带与隆起相间排列，具有东西分带的特点，同时在拗陷带与隆起内部又可细分出次级构造单元（图 3.7）。其中四个拗陷带分别为北部坳陷带、东部坳陷带、西部坳陷带和凯康坳陷带。

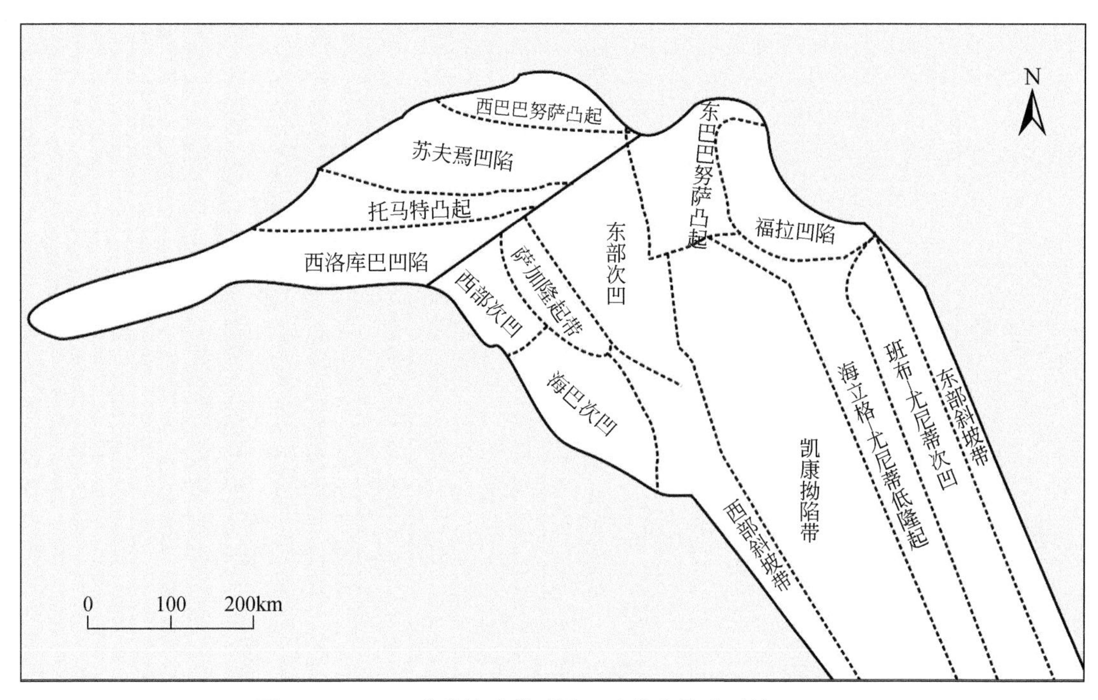

图 3.7 Muglad 盆地构造单元图（改编自范乐元等，2013）

北部坳陷带：北部坳陷带是中非剪切带的一部分，发育一系列断陷，控制断陷的断裂呈左行雁列，是中非剪切带右行走滑作用的结果。其中苏夫焉凹陷已证实是一个含油气盆地（赵艳军等，2008）。构造断裂主要形成于早白垩世，并在晚白垩世、古近纪被多次改造。

东部坳陷带：包括福拉凹陷和班布-尤尼蒂次凹，由盆地边界断层带向外延伸，是该盆地的油气富集区。东部坳陷带由3个富油凹陷组成，其中福拉凹陷内部的断层走向与凹陷边界断层斜交，是典型的张扭性凹陷。

西部坳陷带：西部坳陷带目前勘探程度较低，由一系列雁列的断陷组成，被小型凸起分割，也是张扭性应力场作用的结果。

凯康坳陷带：凯康坳陷带是一个白垩纪裂谷和古近纪裂谷叠加的结果（范乐元等，2013），由南北两个雁列式排列的凹陷组成，也是张扭性应力场作用下形成的次级盆地。

4. 盆地的剖面地质特征

盆地的控盆断裂都很陡立（图 3.8）。从被动裂谷分裂及其特征分析，该区域为张扭性的被动裂谷盆地。盆地可以分为陡坡带、构造带和缓坡带三个部分，其中陡坡带沉积粗颗粒砂岩，可成为良好的储层。

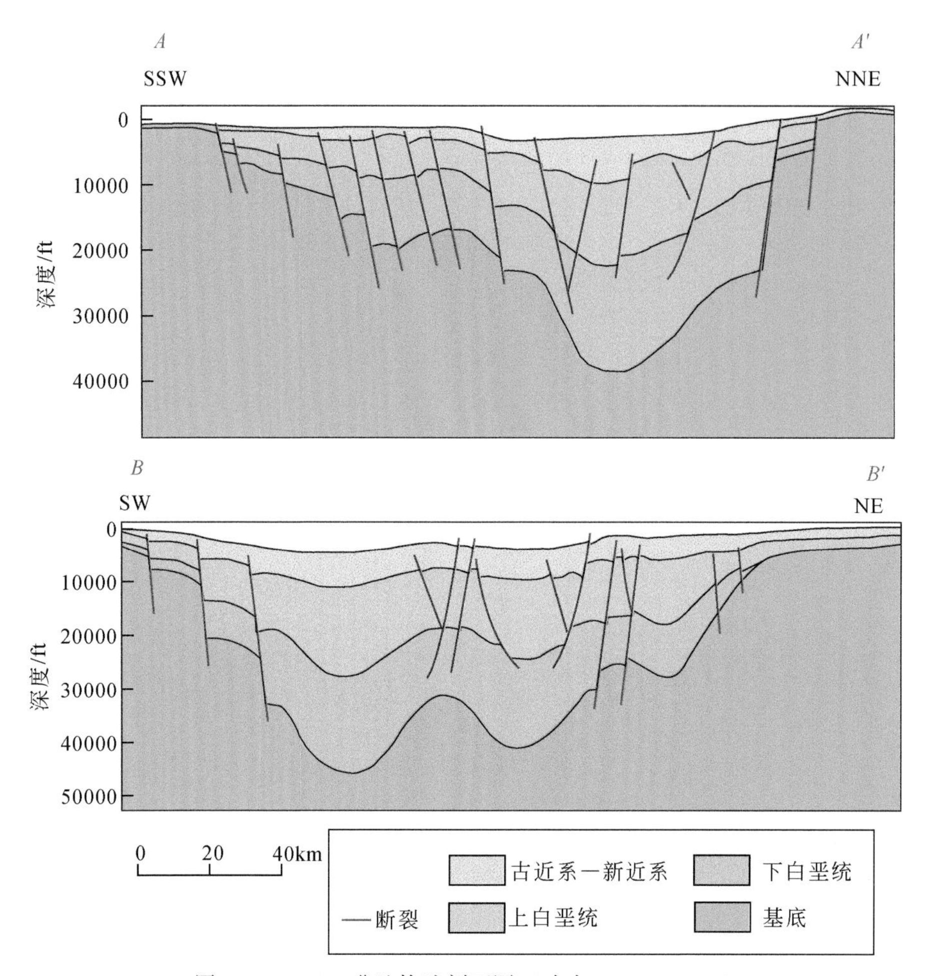

图 3.8　Muglad 盆地构造剖面图（改自 Schull，1988）

盆地在同裂谷阶段以同沉积断层的伸展构造为主，控盆断裂发育花状构造，体现了盆地的张扭性特征。Muglad 盆地的控盆断裂（主断层）多下切到基底，上切至新近系，断层的垂直断距大。断层在剖面上组合类型丰富，以 Y 型组合、地堑、阶梯式组合为主（图 3.9～图 3.11）。

陡坡带由边界控盆断层控制，陡坡带具有坡度陡、近物源、古地形起伏较大和构造活动强烈等特点。在断层上盘可形成一些规模小且沿断层分布的扇体或扇体群。沉积的砂体可形成良好的储层。

陡坡带多为阶梯式和板式陡坡带（图 3.9、图 3.10）。

5. 盆地的构造演化

Muglad 盆地的构造演化可分为前裂谷、同裂谷和后裂谷三个阶段。

（1）前裂谷阶段：550～140Ma，是稳定地台沉积阶段，断裂活动不发育。在裂谷盆

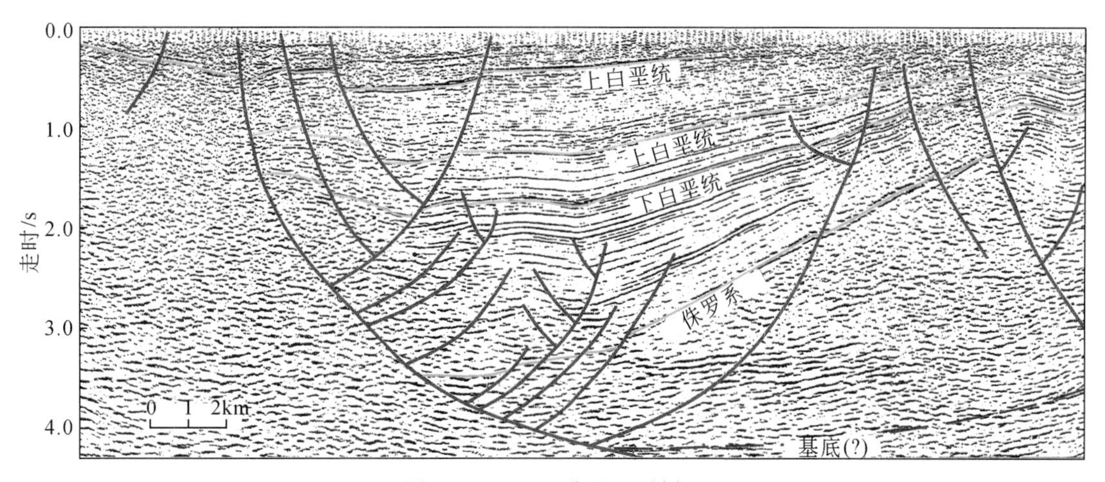

图 3.9　Muglad 盆地地震剖面

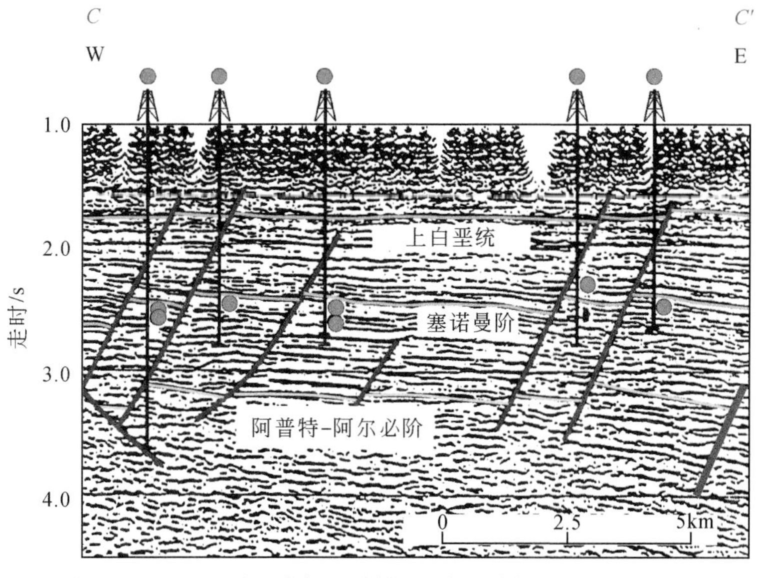

图 3.10　Muglad 盆地中部地震剖面及解释分析（Schull，1988）

地内，目前钻遇的最老地层是下白垩统，其下是前寒武纪地层的结晶基底。

（2）同裂谷阶段：140 ~ 20Ma，可分为早白垩世、晚白垩世和古近纪三个裂陷期。

早白垩世强烈裂陷期：该区域的断裂剧烈活动，沉积了厚度大于 6000m 的下白垩统（张亚敏和漆家福，2007），但岩浆活动并不明显，形成了 Muglad 盆地北西向的构造系统。

晚白垩世弱裂陷期：中非剪切带走滑作用强度由西向东变弱，东部盆地的沉积厚度明显比西部盆地薄。上白垩统阿拉德巴组的湖相泥岩是 Muglad 盆地最重要的区域盖层（张亚敏和陈发景，2006）。

古近纪热沉降阶段：中非剪切带活动停止，Muglad 盆地进入热沉降阶段，为拗陷

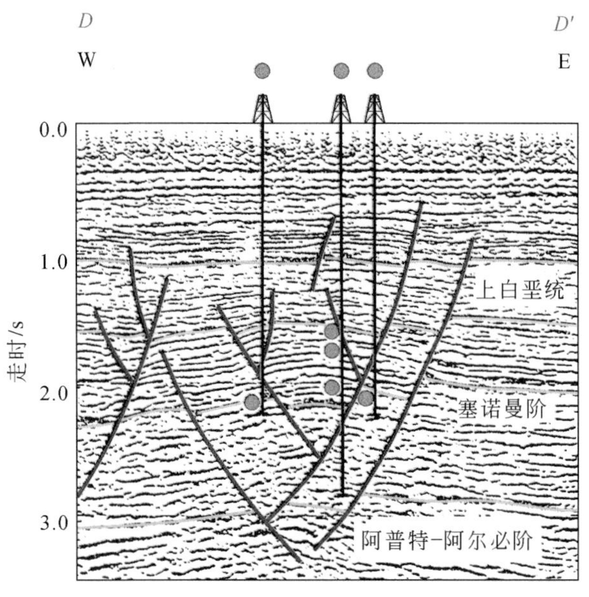

图 3.11　Muglad 盆地区域地震剖面及解释分析（Schull，1988）

阶段。

（3）后裂谷阶段：20Ma 以后，中非剪切带活动停止。红海的裂谷化和亚丁湾发育，对已进入拗陷阶段的 Muglad 盆地进行改造。

总之，在晚中生代大西洋开启与随之派生的中非剪切带作用下产生张扭应力场，发育裂谷盆地群。裂谷多期断拗旋回明显，纵向上三期裂谷作用表现为强—弱—强，盆地中主要为白垩系、古近系、新近系和第四系的陆源碎屑沉积，最大地层厚度 15000m，其中白垩纪沉积地层占据主导地位（欧阳文生等，2004）。其盆地地温梯度比主动裂谷盆地低，比克拉通盆地高。早白垩世、晚白垩世和古近纪的三期裂谷垂向叠置，早白垩世裂谷具有典型的被动裂谷盆地性质。盆地结构以半地堑为主，但边界断层一般较陡，以多米诺式断层为主，伸展量较小。裂陷早期几乎没有火山活动。Muglad 盆地地层柱状图如图 3.12 所示。

3.1.1.3　Doseo 盆地构造演化特征

1. 区域构造位置

Doseo 盆地位于乍得和中非，面积约 5 万 km^2。盆地为 SWW—NEE 向裂谷，是一个非对称的裂谷盆地，是走滑成因的典型板内被动裂谷盆地。Doseo 盆地向北终止于 Borogop 断裂带，该断裂带错距 45km，右旋位移量 40～45km。盆地向西与 Doba 盆地相邻，北东与 Salamat 盆地相邻，盆地南部超覆在泛非结晶基底之上。盆地内发育 NEE—SWW 向断层

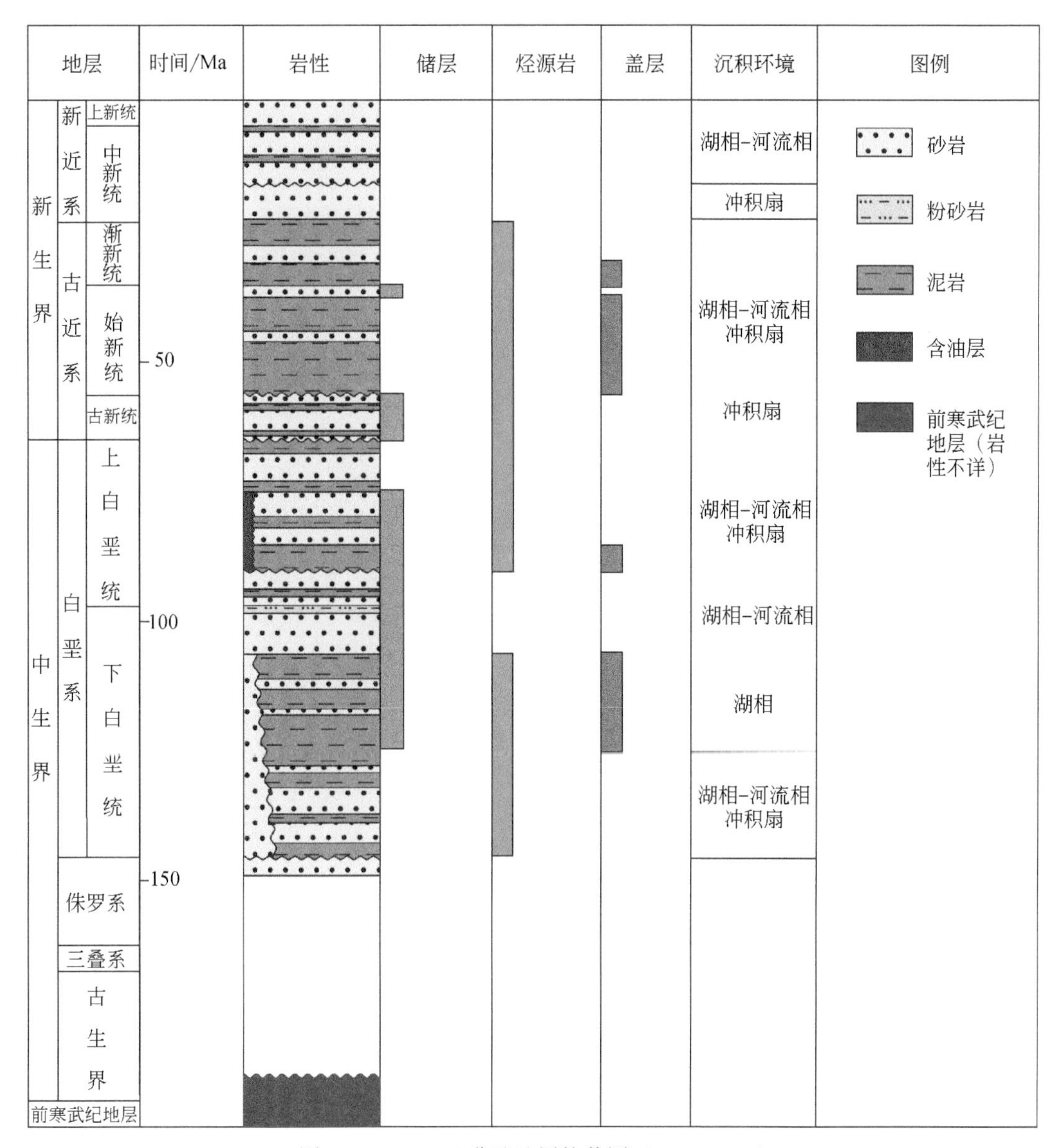

图 3.12 Muglad 盆地地层柱状图（IHS，2009）

(Genik，1993)（图 3.13)。

2. 盆地构造演化

Doseo 盆地经历了前裂谷阶段、同裂谷阶段和后裂谷阶段（图 3.14)。

前裂谷阶段：208～130Ma。该阶段为稳定地台沉积阶段，断裂活动不发育，沉积岩基本不发育。在裂谷盆地内，目前钻遇的最老地层是下白垩统，其下是前寒武纪地层的结晶基底，前裂谷阶段的沉积物主要是陆相砂岩和少见的薄层页岩层，可能有潜在的储层(Genik，1993)。

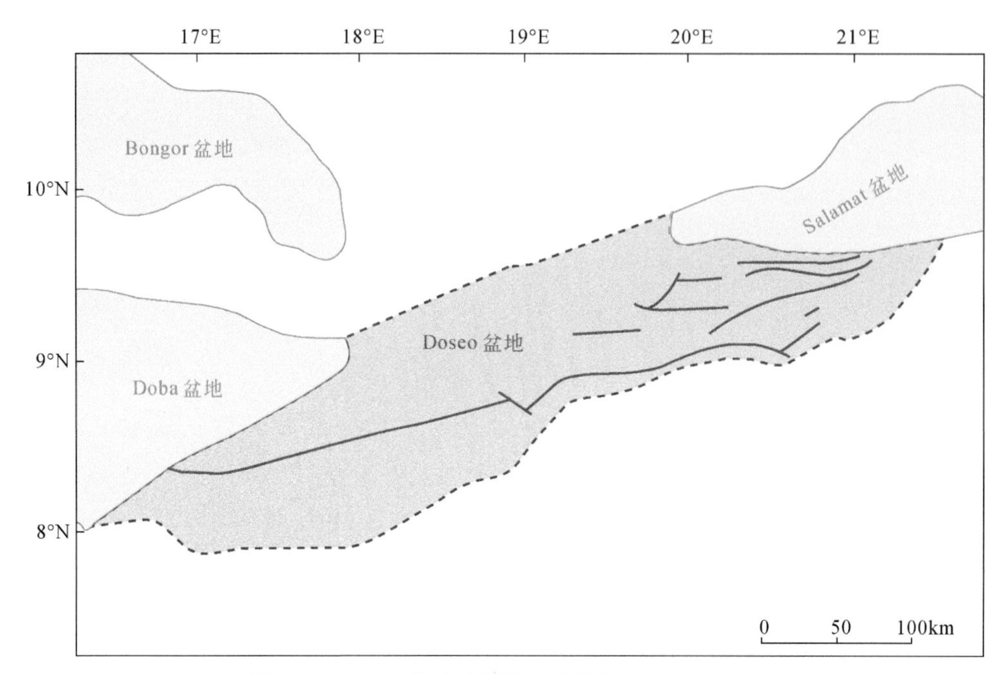

图 3.13　Doseo 盆地示意图（改编自 Genik, 1993）

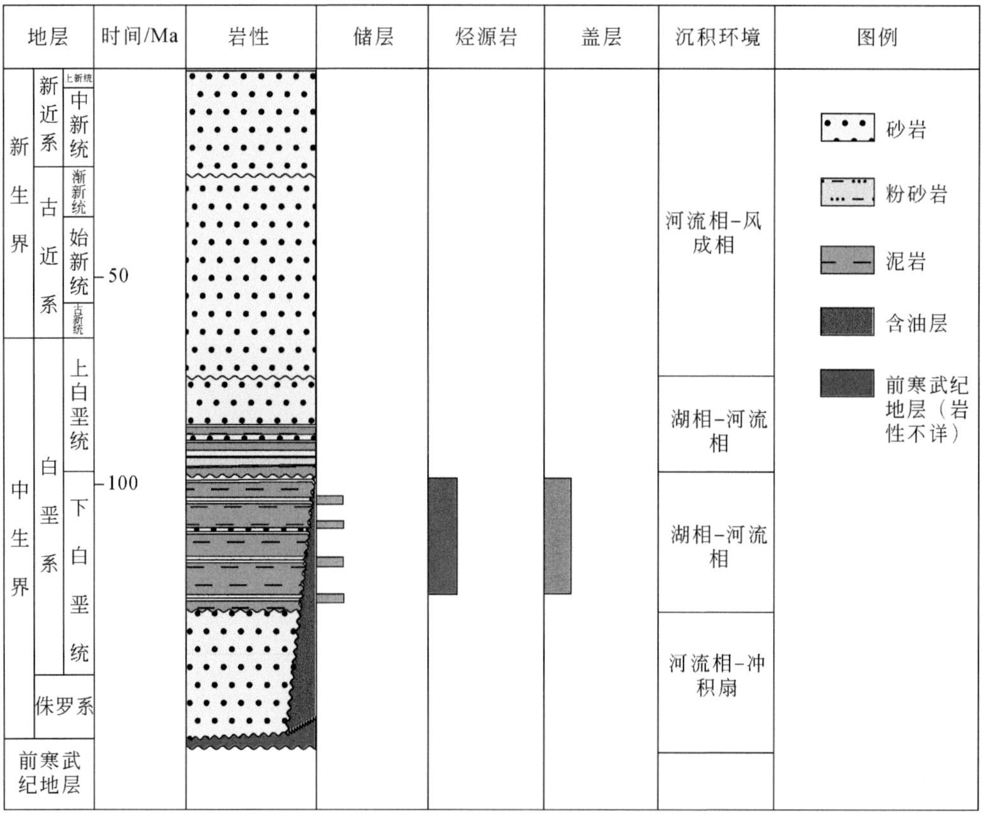

地层			时间/Ma	岩性	储层	烃源岩	盖层	沉积环境	图例
新生界	新近系	上新统						河流相-风成相	砂岩
		中新统							粉砂岩
	古近系	渐新统							泥岩
		始新统	50						含油层
		古新统							前寒武纪地层（岩性不详）
中生界	白垩系	上白垩统						湖相-河流相	
		下白垩统	100					湖相-河流相	
								河流相-冲积扇	
	侏罗系								
前寒武纪地层									

图 3.14　Doseo 盆地地层柱状图（改编自 IHS, 2009）

同裂谷阶段：130～74Ma。同裂谷阶段又可分为早期同裂谷阶段和晚期同裂谷阶段。在片麻岩基底上沉积了一套河流—三角洲—湖泊相组成的白垩系和古近系碎屑岩地层，可以分为三套沉积地层旋回序列。其中早白垩世与晚白垩世分别为第一和第二个沉积地层旋回序列（刘为付，2016）。

（1）早期同裂谷阶段为130～97Ma。该区域的断裂剧烈活动，沉积了3600m厚下白垩统，但岩浆活动并不明显。受先存断裂体系方向的影响，盆地以走滑拉分盆地为特征，发育高角度正断层、非对称半地堑及负花状构造（图3.15）。

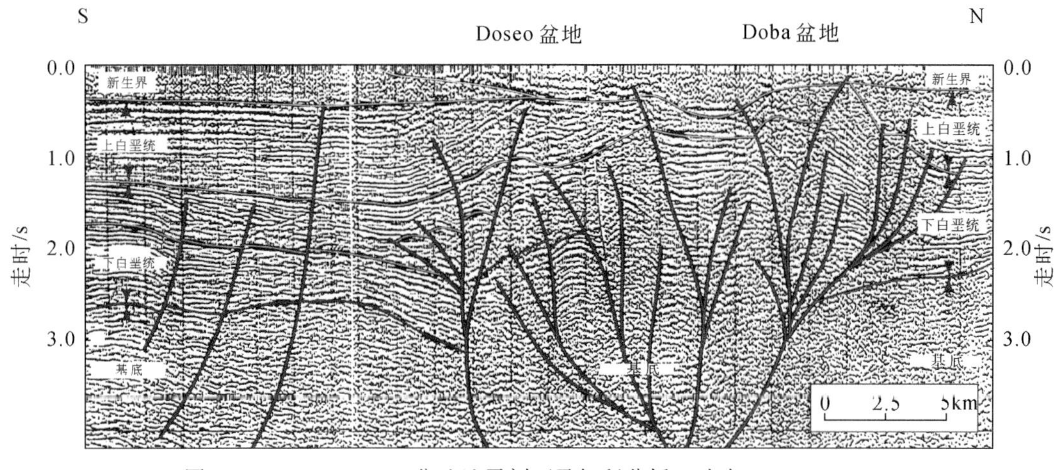

图3.15　Doseo、Doba盆地地震剖面及解释分析（改自Genik，1993）

（2）晚期同裂谷阶段为97～74Ma。此阶段盆地沉积了2500m的地层，主要为陆源碎屑沉积。盆地主要处于张扭环境；84Ma盆地应力场反转，处于压扭环境，发育正花状构造。

（3）后裂谷阶段为74Ma以后。由于重力作用盆地进入沉降阶段，这个区域在该时段构造活动停滞，古近纪和新近纪的沉积物仅仅不到200m。

3.1.1.4　Doba盆地构造演化特征

1. 区域构造位置

Doba盆地位于乍得境内，很小部分位于喀麦隆。盆地呈倒置的三角形，东西长约300km，南北宽约150km（图3.16）。盆地为非对称裂谷，是典型的张扭性被动裂谷盆地。

2. 盆地构造演化

盆地构造演化可划分为前裂谷阶段、同裂谷阶段和后裂谷阶段。前裂谷阶段（570～130Ma）主要沉积侏罗系—巴雷姆（Barremian）阶海相薄层页岩。同裂谷阶段（130～97Ma）裂谷盆地开始发育，可分为早期同裂谷阶段和晚期同裂谷阶段，发育正断层、半

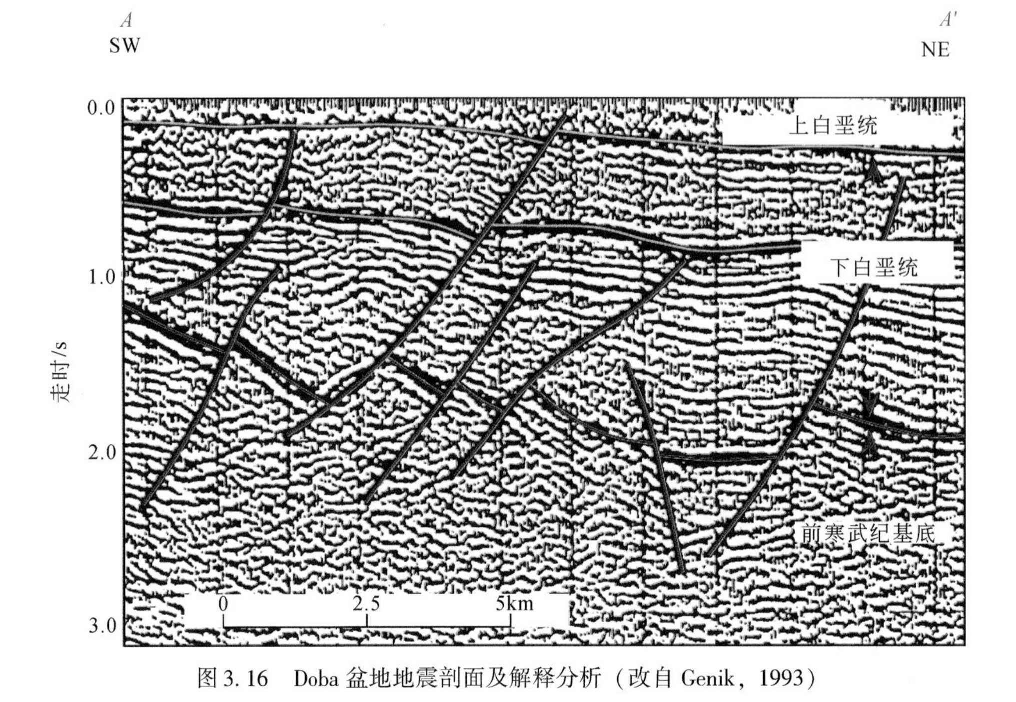

图 3.16　Doba 盆地地震剖面及解释分析（改自 Genik，1993）

地堑等构造，沉积湖相页岩、泥岩，河流相砂岩等。后裂谷阶段（74 ~ 0Ma）盆地主要经历了热沉降、区域抬升和剥蚀等作用。热沉降后在约 30Ma 开始区域抬升，之后剥蚀 2500m 厚的古近系—新近系。古新世，沉积相也是以河流相砂岩为主（图 3.17）。

前裂谷阶段：570 ~ 130Ma。盆地处于稳定地台沉积阶段，断裂活动不发育。在裂谷盆地内，前裂谷阶段发育的地层为侏罗系—巴列姆阶海相薄层页岩，其下是结晶基底，岩性为花岗岩、花岗闪长岩或石英岩。

同裂谷阶段包括早期同裂谷阶段和后期同裂谷阶段。

早期同裂谷阶段：130 ~ 97Ma。该区域的断裂剧烈活动，沉积了 3000m 下白垩统。受大西洋扩张作用，先存薄弱带开始产生早期张性断裂。扩张作用到现今尼日尔三角洲处停止，开始内陆变形，NEE—SWW 方向中非剪切带开始活动，持续拉张作用产生了非对称的走滑拉分盆地。130 ~ 102Ma，盆地处于拉张环境，发育正断层、高角度正断层和地堑等构造；102 ~ 97Ma，盆地处于张扭环境，发育高角度正断层、负花状构造。

晚期同裂谷阶段：97 ~ 74Ma。此阶段盆地沉积了 3000m 的地层，主要为陆源碎屑沉积。盆地主要处于张扭环境。84Ma 盆地应力场反转，处于压扭环境，中非剪切带断裂的左旋运动，使得 Doba 和 Doseo 盆地分离，盆地内发育 NE—SW 向背斜、正花状构造等。

后裂谷阶段：74 ~ 0Ma。盆地经历了热沉降、区域抬升、剥蚀等作用。30Ma 开始区域抬升，之后剥蚀了 2500m 厚的古近系—新近系。

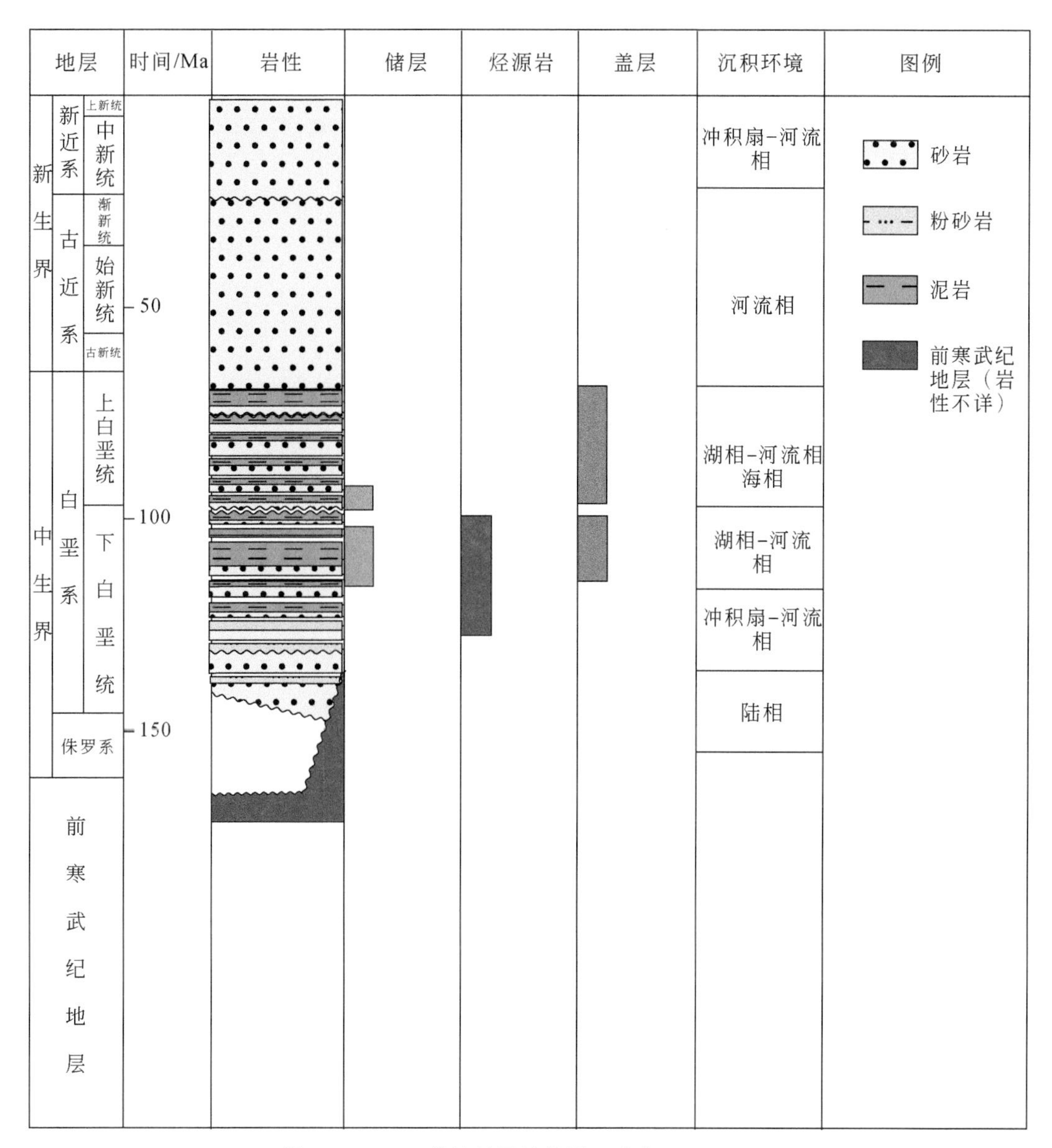

图 3.17 Doba 盆地地层柱状图（改自 IHS，2009）

3.1.1.5 Bongor 盆地构造演化特征

1. 区域构造位置

Bongor 盆地位于乍得西南部，是一个菱形的裂谷盆地（图 3.18）。盆地面积约为 2.3 万 km^2，东西长 300km，南北宽 40～70km，盆底面积 18000km^2。盆地是中西非裂谷系的一部分，为典型被动裂谷盆地（陈晓娜，2012）。

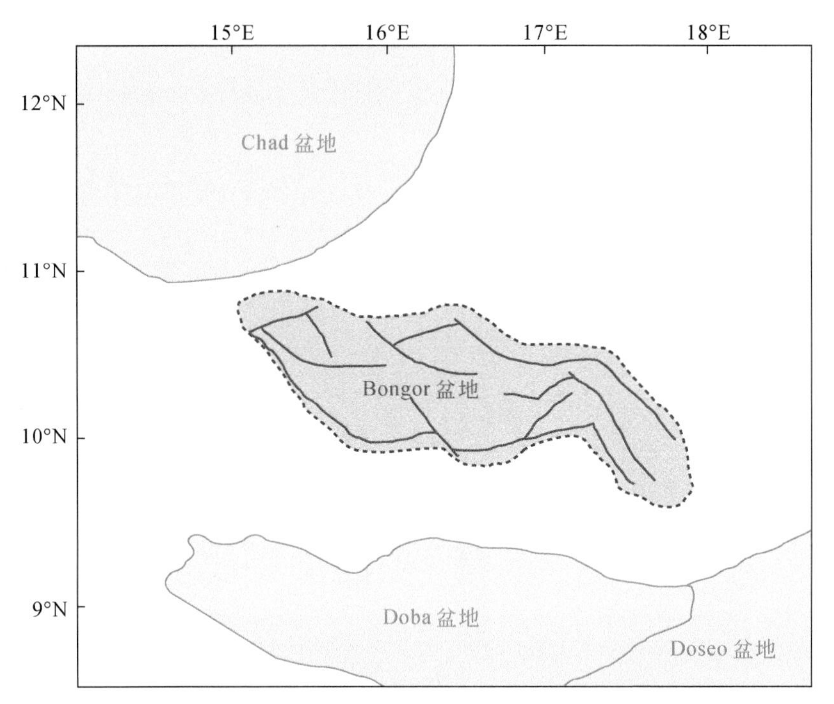

图 3. 18　Bongor 盆地示意图（改自 IHS，2009）

2. 盆地构造演化

在早白垩世，冈瓦纳大陆解体、大西洋初始扩张诱发非洲内部沿先存中非剪切薄弱带拉张，形成包括 Bongor 盆地在内的一系列裂谷盆地。

Bongor 盆地可划分三个构造层：基底、同裂谷阶段和后裂谷阶段（图 3. 19）。基底为泛非结晶基底，以火成岩为主。同裂谷阶段（130 ~ 74Ma）开始于白垩纪，裂谷的形成与冈瓦纳古陆解体和大西洋张开有关，这时以河流相沉积为主，也有湖相沉积的存在。后裂谷阶段（74 ~ 0Ma）主要为热沉降作用。在 56 ~ 52Ma 有火山活动，盆地挤压抬升遭受剥蚀。晚白垩世—古近纪，2500m 地层被剥蚀。新近纪—第四纪沉积了 500m 厚的陆相砂岩沉积序列。

Bongor 盆地的同裂谷阶段可以分成两个部分，早期同裂谷阶段（130 ~ 97Ma）开始于白垩纪，裂谷的形成与冈瓦纳古陆解体和大西洋张开有关。此时盆地发育一个向上变细层序，主要为河流相粉砂质砂岩，也发育湖相页岩和泥岩。盆地处于拉张环境，主要发育正断层、凹陷-地堑和断块等构造。晚期同裂谷阶段（97 ~ 74Ma）盆地主要处于张扭环境，发育斜向滑动断层，存在裂谷作用，主要沉积河流相砂岩，在阿尔必期（Albian）—塞诺曼期（Cenomanian）有浅海相的砂岩沉积。84Ma 存在应力场反转，盆地处于压扭环境，发育斜向滑动断层、背斜等构造。

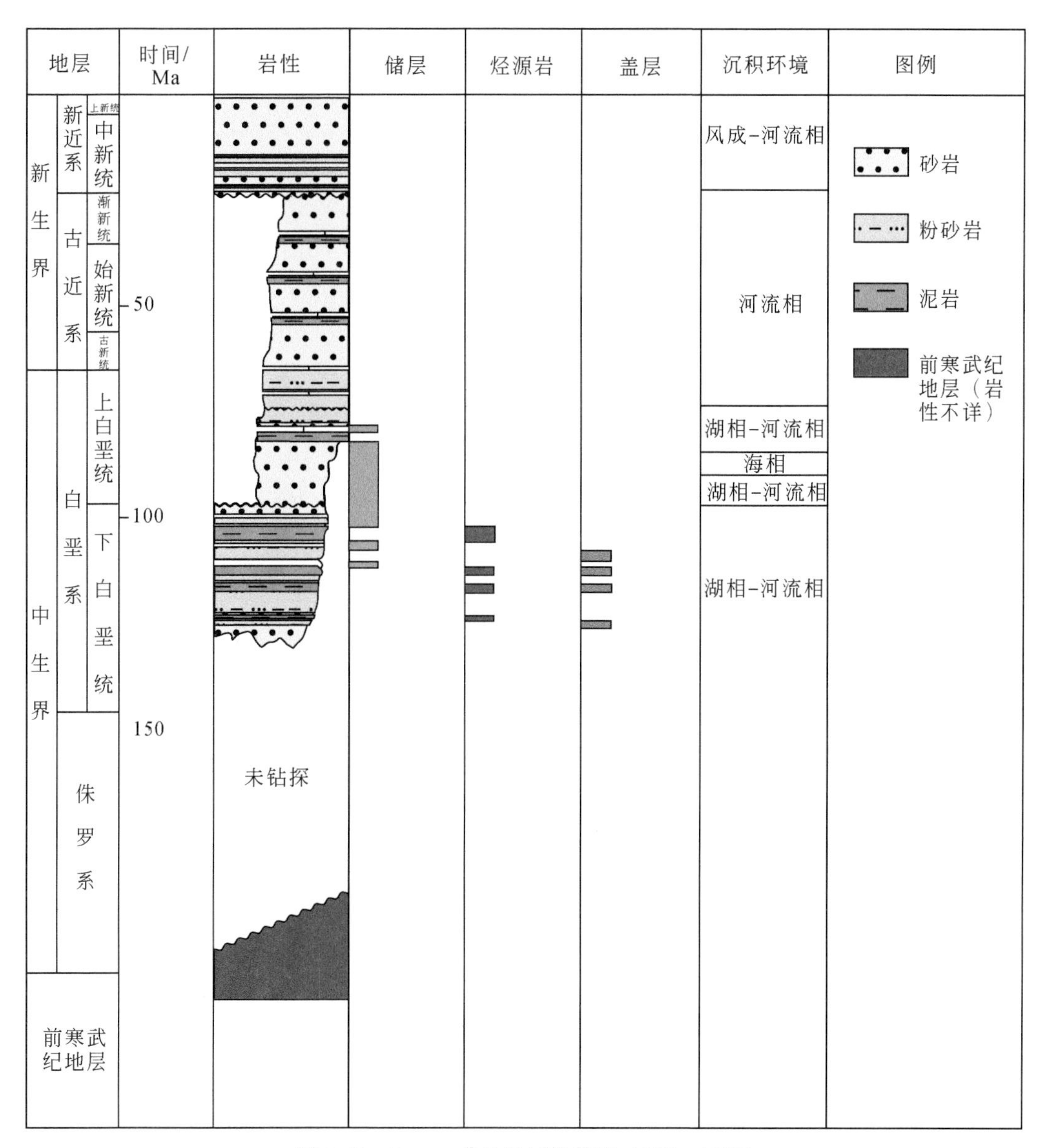

图 3.19　Bongor 盆地地层柱状图（IHS，2009）

3.1.1.6　Chad 盆地构造演化特征

1. 区域构造位置

Chad 盆地位于北非大陆中部，11°N～22°N，9°E～21°E，盆地面积约 103 万 km^2。西北部位于尼日尔境内，东北部位于乍得境内，小部分西北延伸至阿尔及利亚，西南延伸至尼日利亚，南部延伸至喀麦隆。盆地西部和南部由许多裂谷组成（图 3.20），通过重力异常监测可以发现存在有一个广泛的盆地复合体，其沉积部分的深度大于 7km（Fairhead and Green，1989）。

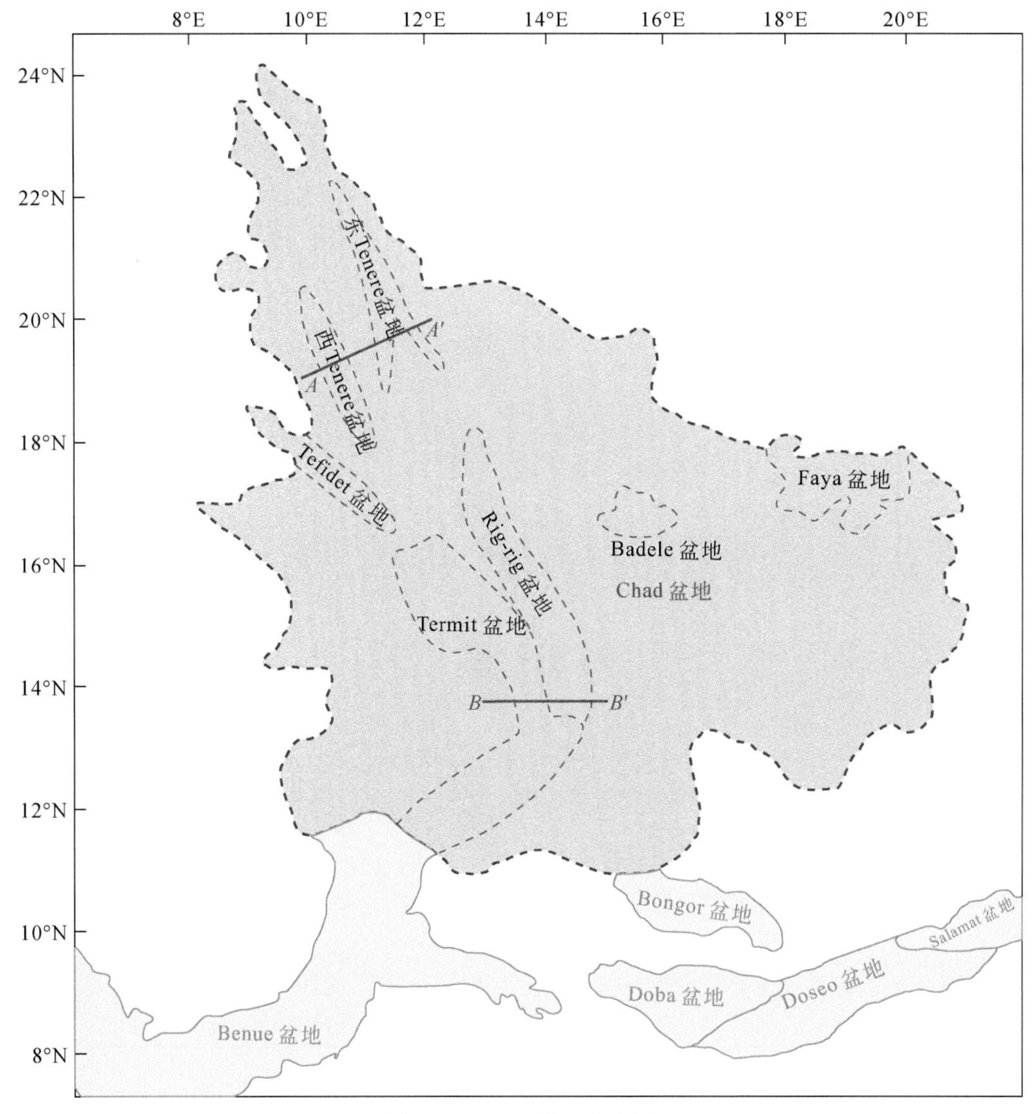

图 3.20　Chad 盆地示意图

盆地西部和南部包括一系列次级盆地，其中，面积最大的为 Termit 盆地，约 8 万 km^2。盆地沉积了 14km 厚的陆相-海相碎屑岩，还发育少量碳酸盐岩和火山岩。Chad 盆地的各次级盆地发育高角度正断层、非对称半地堑，显示出其处于伸展环境（图 3.21）。

2. Termit 盆地的构造特征

Termit 盆地位于尼日尔与乍得境内，是中西非裂谷系中典型的中新生代裂谷盆地，与北部的Tefidet、Tenere、Grein、Kafra盆地相连接，向南与Benue盆地相邻。盆地发育于前泛非期变质带基底之上，呈NW—SE向延伸，南北约300km，东西宽北端最窄处约60km，南端最宽约110km（刘邦等，2012）（图3.20）。Termit盆地发育NW—SE走向高角度正断层（图3.21～图3.25），而北部的其他次级盆地断层多为NNW—SSE走向。

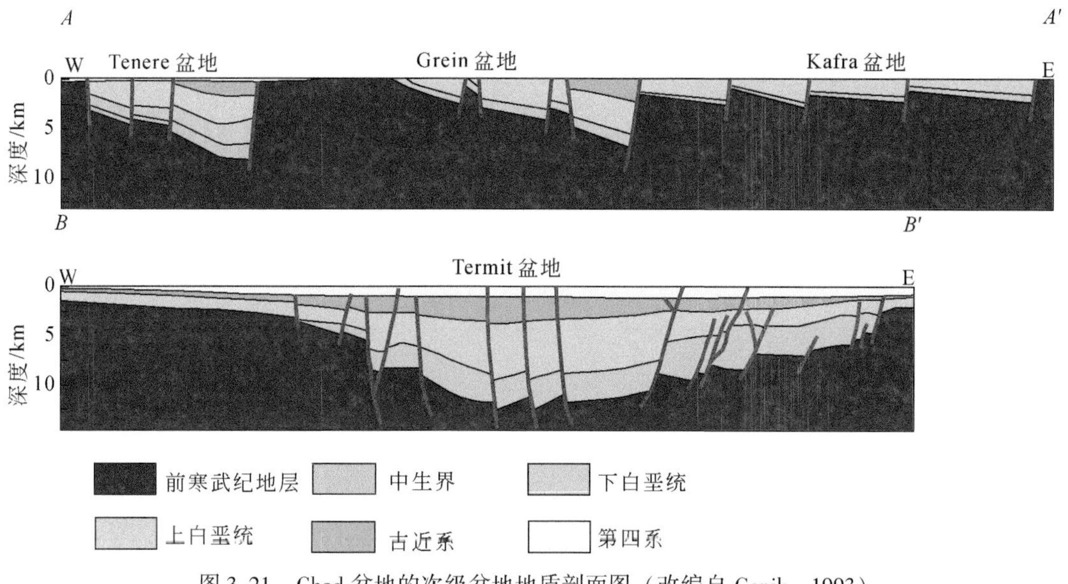

图3.21　Chad盆地的次级盆地地质剖面图（改编自Genik，1993）

3. 盆地构造演化特征

前裂谷阶段，Chad盆地处于稳定环境，沉积寒武系—侏罗系陆相地层，没有裂谷作用发生（图3.26）。同裂谷阶段Chad盆地处于拉张环境，可以分为早、中、晚三期同裂谷的阶段。早期同裂谷阶段（145.6～97Ma）是盆地的主裂谷期，发育数百米至数千米陆相硅质碎屑岩，总体向上变细，底部发育河流相冲积物，向上砂岩逐渐减少，变为泥页岩地层（刘康宁，2012），上部发育河流相-湖相页岩。中期同裂谷阶段（97～66Ma）在短期裂谷作用之后进入长期热沉降，85～80Ma海侵达到最大范围，沉积了6000m海相地层，发育浅海-滨海相页岩，三角洲-潮坪砂岩，盆地中部发育少量碳酸盐岩。晚期同裂谷阶段（66～25.2Ma）发生新的裂谷作用。底部发育河流相砂岩，浅海-滨海相页岩，向上发育陆相层内页岩和砂岩，沉积相为河流相-三角洲-海相。上部发育渐新统1000m厚湖相页岩。在30～25Ma，裂谷终止，沉积中新统—全新统陆相碎屑岩、湖相砂岩和泥岩。后裂谷阶段（23.2～0Ma）裂谷活动停止，以热沉降作用为主（吕明胜等，2012）（图3.26）。

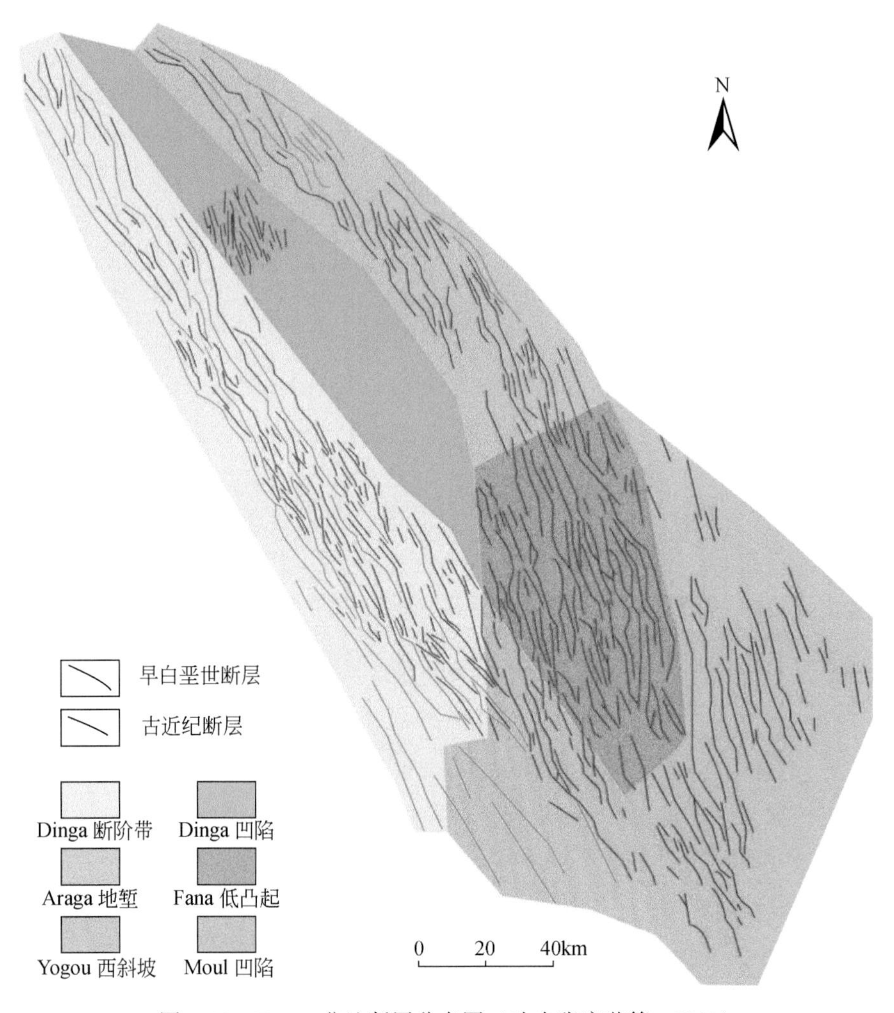

图 3.22　Termit 盆地断层分布图（改自张庆莲等，2018）

3.1.2　中西非裂谷盆地地质特征对比

中西非裂谷盆地按照成盆动力学分类可以分为三类：①Muglad 盆地、Melut 盆地等位于苏丹境内，中非剪切带附近，走向 NW—SE，是受到拉张作用与走滑作用共同影响而形成发育的裂谷盆地。②Chad 盆地，走向 NNW—SSE，距离中非剪切带较远，以拉张作用为主。③Bongor 盆地、Doba 盆地、Doseo 盆地等位于中非剪切带内部，走向近 W—E，是受到中非剪切带活动控制的盆地（潘校华，2019）。

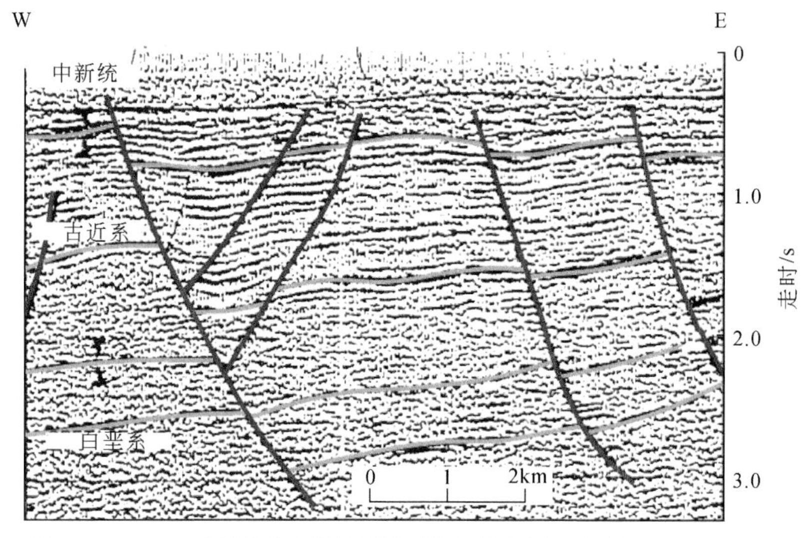

图 3.23　Termit 次级盆地东部地震剖面及解释分析（改编自 Genik，1993）

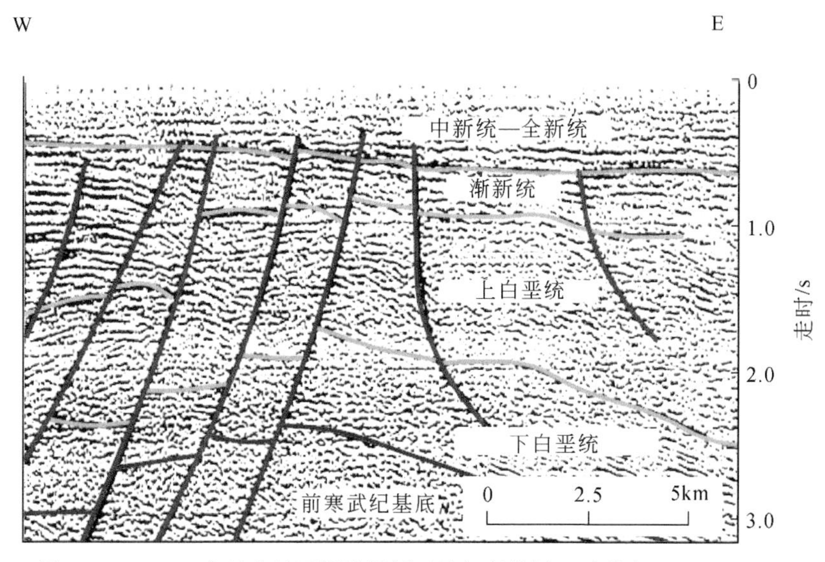

图 3.24　Termit 次级盆地西部地震剖面及解释分析（改编自 Genik，1993）

1. 控盆断裂特征

Melut 盆地从北向南呈现 NW—NNW 方向斜列组合，基本构造单元为半地堑（图 3.2，图 3.3）。Muglad 盆地可以划分为四个坳陷带，主要控盆断裂为 NW—SE 方向，存在明显的 NNW 向次级断裂构造。Chad 盆地北部次级盆地边界断层方向多为 NNW—SSE，南部次级盆地边界断层走向以 NW—SE 为主（图 3.22）。

W
E
渐新统
上白垩统
下白垩统
前寒武纪基底
0
2.5
5km
0
1.0
2.0
3.0
走时/s

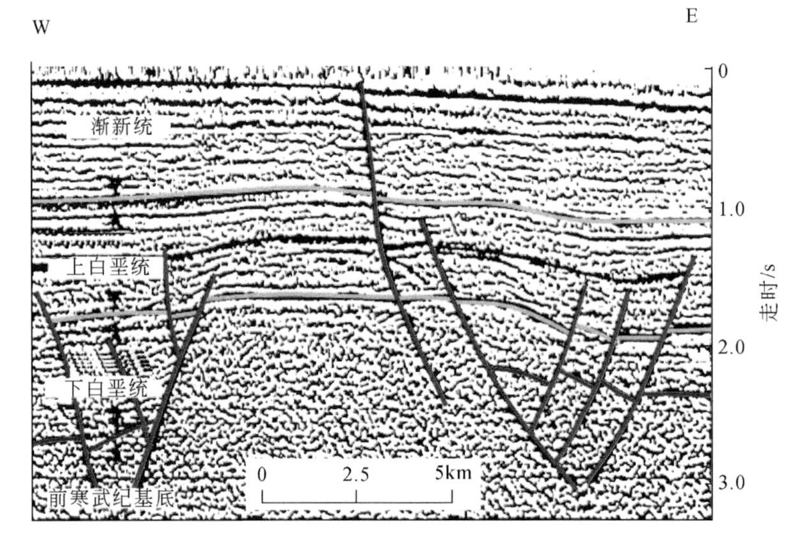

图 3.25　Termit 次级盆地地震剖面及解释分析（改编自 Genik，1993）

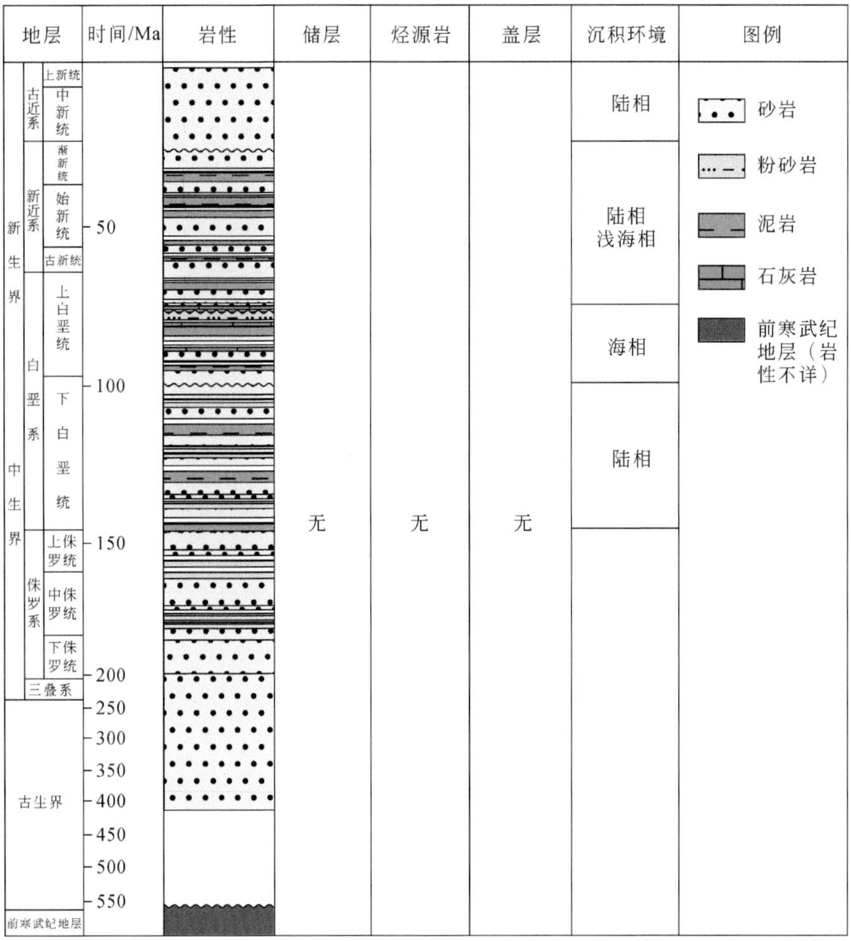

地层
时间/Ma
岩性
储层
烃源岩
盖层
沉积环境
图例
新生界
古近系
上新统
中新统
新近系
渐新统
始新统
古新统
中生界
白垩系
上白垩统
下白垩统
侏罗系
上侏罗统
中侏罗统
下侏罗统
三叠系
古生界
前寒武纪地层
50
100
150
200
250
300
350
400
450
500
550
无
无
无
陆相
陆相
浅海相
海相
陆相
砂岩
粉砂岩
泥岩
石灰岩
前寒武纪
地层（岩
性不详）

图 3.26　Chad 盆地地层柱状图（改编自 IHS，2009）

Bongor 盆地断裂走向呈 NWW—SEE（图 3.19），Doba 盆地发育 NW—SE 向断层（图 3.16），Doseo 盆地发育 NEE—SWW 向断层（图 3.13）。

中西非裂谷系中，Melut 盆地、Muglad 盆地和 Chad 盆地经历了三期同裂谷阶段（潘校华，2019），在图 3.3 中可以识别出不同时期的楔形裂谷，其中早期裂谷作用强烈，控盆断裂垂直断距大且发育明显的楔形裂谷。中非剪切带内部的 Doba 盆地、Doseo 盆地和 Bonger 盆地裂谷，经历了两期同裂谷阶段 ，控盆断裂同样是在早期同裂谷阶段垂直断距大且楔形裂谷明显。

总而言之，位于中非剪切带两侧的中西非裂谷系盆地的控盆断裂以 NW—NNW 向正断层为主，而走滑剪切带内盆地的控盆断裂以走滑为主，发育雁行排列的次级断层，且发育有次级断层、花状构造，两侧盆地（Melut、Muglad 和 Chad）经历三期裂谷作用，即早期（K_1）、中期（K_2）和晚期（E），且都发育断层等构造（表 3.1）。位于走滑剪切带的盆地（Bongor、Doseo 和 Doba）经历两期裂谷作用，即 K_1 和 K_2，E 构造不发育。

表 3.1 中西非裂谷系盆地各裂谷期发育构造表

盆地	K_1	K_2	E
Melut	断层、背斜	断层	断层、背斜、断块
Muglad	断层、半地堑、断块	断层、半地堑	断层、半地堑
Doseo	断层、半地堑 负花状构造	背斜、断块 正花状构造	不发育
Doba	断层、半地堑 负花状构造	背斜、断块 正花状构造	不发育
Bongor	断层、半地堑、断块	背斜 斜滑断层	不发育
Chad	断层、断块	断层、断块	断层、断块

2. 岩相古地理演化特征

Melut 盆地早期同裂谷阶段（140～90Ma）：发育湖相、河流-三角洲沉积，为断陷阶段。中期同裂谷阶段（90～60Ma）：发育河流、湖相和冲积相沉积，为断陷+拗陷阶段。晚期同裂谷阶段（60～20Ma）：发育河流、湖相和冲积相沉积，为断陷阶段（图 3.5）。

Muglad 盆地早期同裂谷阶段（140～90Ma）：发育河流、湖相和冲积相沉积，为断陷阶段。中期同裂谷阶段（90～60Ma）：发育河流、湖相和冲积相沉积，为断陷+拗陷阶段。晚期同裂谷阶段（60～20Ma）：发育河流、湖相和冲积相沉积，为断陷阶段（图 3.12）。

Chad 盆地早期同裂谷阶段（145.6～97Ma）：底部发育河流相冲积物，上部发育河流-湖相页岩，是盆地主裂谷期。中期同裂谷阶段（97～66Ma）：西部区域沉降导致海侵向南到达尼日尔，向北到达乍得和尼日尔西部，发育浅海-滨海相页岩，三角洲-潮坪砂岩，短期裂谷作用后进入长期热沉降。晚期同裂谷阶段（66 ~ 25.2Ma）：新的裂谷作用，底部发育河流相砂岩，浅海-滨海相页岩，海退向上发育河流-三角洲-海相沉积，上部发育渐新统 1000m 厚湖相页岩（图 3.26）。

Doseo 盆地早期同裂谷阶段（130 ~ 97Ma）：发育河流相、湖相沉积，为断陷阶段。晚期同裂谷阶段（97 ~ 74Ma）：盆地主要为河流、湖相沉积，为断陷+拗陷阶段（图 3.14）。

Doba 盆地早期同裂谷阶段（130 ~ 97Ma）：发育河流、湖相和冲积相沉积，为断陷阶段。晚期同裂谷阶段（97 ~ 74Ma）：发育河流相、湖相和海相沉积，为断陷+拗陷阶段（图 3.17）。

Bongor 盆地早期同裂谷阶段（130 ~ 97Ma）：以河流相湖相为主，为断陷阶段。晚期同裂谷阶段（97 ~ 74Ma）：发育河流相、湖相和海相沉积，为断陷+拗陷阶段，相当于西非裂谷系的中期裂谷阶段（图 3.19）。

中西非裂谷系所有盆地中，在早期同裂谷阶段（K_1）基本都发育冲积相，结合早期同裂谷阶段控盆断裂断距大的特征，说明早同裂谷阶段是盆地的强烈断陷期的快速沉积。

Doba 盆地、Bongor 盆地和 Chad 盆地在中期同裂谷阶段（K_2）发育海相沉积，说明在该时期存在海侵。这与 Doba 盆地、Bongor 盆地和 Chad 盆地在晚白垩世处于靠近海湾的古地理环境相吻合。

3. 各期次级裂谷盆地的叠合特征

Melut 盆地经历三期裂谷阶段。早期（K_1）受伸展环境和中非剪切带走滑作用共同影响；中期（K_2）中非剪切带活动减弱；晚期（E）中非剪切带活动停止，由于非洲大陆扩张，盆地主要受拉张作用影响。晚期裂谷作用继承前期裂谷作用的同时也受到后期拉张作用发生改造，认为 Melut 盆地为半继承半改造型叠合裂谷盆地。

Muglad 盆地经历三期裂谷阶段，早期（K_1）受伸展环境和中非剪切带的影响，盆地以拉张盆地为特征；中期（K_2）盆地活动减弱；晚期（E）盆地受非洲-阿拉伯板块的北东向加速运动并俯冲到扎格罗斯-欧亚板块的影响，继续活动。晚期裂谷作用继承前期裂谷作用的同时也受到后期拉张作用发生改造，可以认为 Muglad 盆地为继承型裂谷盆地。

Doseo 盆地经历两期裂谷阶段，早期（K_1）受中非剪切带影响，盆地以走滑拉分盆地为特征；中期（K_2）盆地主要处于张扭环境，发育花状构造，可以认为 Doseo 盆地为继承型叠合裂谷盆地。

Doba 盆地经历两期裂谷阶段，早期（K_1）受中非剪切带影响，形成走滑拉分盆地；中期（K_2）盆地处于张扭环境，发育非对称半地堑及花状构造。晚期裂谷作用处于张扭环境，继承前期裂谷作用，认为 Doba 盆地为继承型叠合裂谷盆地。

Bongor 盆地经历两期裂谷阶段，早期（K_1）受中非剪切带影响，盆地处于伸展环境，发育正断层和断块等构造；中期（K_2）盆地处于张扭环境，发育斜滑断层，发育花状构造，认为Bongor盆地为继承型叠合裂谷盆地。

Chad盆地经历三期裂谷阶段。早期（K_1）区域伸展方向为NE—SW，发育NW—SE向断裂；中期（K_2）仍处于伸展环境，短期裂谷作用后进入热沉降；晚期（E）区域应力方向为NEE—SWW，NW—SE向盆地发生斜向张引。Chad盆地的Termit次级盆地发育两期断裂，早白垩世断裂走向以NW—SE向为主，古近纪断裂走向以近SN向为主，两期断裂走向不同。晚期裂谷作用形成的断裂走向与前期断裂走向不同，认为Chad盆地为斜向叠合裂谷盆地。

这些叠合裂谷盆地的构造演化具有多期性和叠合性特点（潘校华，2019）。例如，中西非裂谷系盆地群的早期（K_1）同裂谷阶段，以陆相沉积为主；盆地中期（K_2）同裂谷阶段为海侵时期，上覆的海相地层沉积叠合在下伏的陆相沉积之上；盆地晚期（E）同裂谷阶段进入海退时期，又以陆相沉积为主，叠合在下伏的海相地层之上。

中非裂谷系两侧盆地（Melut、Muglad和Chad）控盆断裂以NW/NNW向正断层为主。三期盆地类型均为裂谷盆地，为多次断陷-拗陷的叠合。裂谷的拉张方向在不同期次区别不大。

位于走滑剪切带的盆地（Bongor、Doseo和Doba）控盆断裂以走滑断层为主，发育雁行排列的次级断层，且发育花状构造。这些裂谷控盆断裂为走滑断层，除中期（K_2）的反转阶段之外，均处于张扭环境，可以认为两期裂谷作用为继承型的叠合裂谷盆地（潘校华，2019）。

3.2　中西非裂谷系演化总结

根据近年的地震、钻井、测井和古生物地层等多项研究资料，中西非裂谷系盆地主要发育前寒武纪基底、下白垩统、上白垩统、古近系、新近系和第四系，是一套陆源碎屑沉积。前寒武纪地层作为基底主要为变质程度不同的变质岩，并受到不同程度的混合岩化和花岗岩化作用。沉积地层以白垩系为主，最大厚度可达数千米，而新生界地层较薄（张艺琼等，2015）。

中非剪切带盆地普遍存在4套区域性不整合：新近系中新统底部（20Ma）、上白垩统—古新统之间（65Ma）、上白垩统底部（100Ma）和下白垩统底部（140Ma）。从地层柱状图可发现，西部盆地群比东部盆地群更早进入前裂谷期和裂谷期（Fairhead et al., 2013）。

第一阶段，550～140Ma，为前裂谷期。非洲大陆的核心包括West African，Congo，Kalahari，Sahara，Tanzania克拉通与Arabian-Nubia地盾，构造相对稳定，在其间分布有泛非期造山带，中西非裂谷系主要分布于泛非期造山带中。这个阶段，是稳定的地台沉积阶段，局部地区可能有陆相碎屑岩沉积，大部分地区的沉积岩和断裂活动均不发育。

第二阶段，140～120Ma，是早白垩世同裂谷阶段的第一期次，表现为裂谷的初始形成。早白垩世，冈瓦纳大陆开始解体，大西洋在几内亚三联支处裂开，形成“三叉裂谷”。其中两支分别形成南大西洋的赤道段（equatorial segment）和南段（austral segment），另一支伸入非洲大陆，形成中西非裂谷的雏形。在这个阶段，半地堑盆地发育在尼日利亚的北部和苏丹西部之间。通常认为裂谷的开始时期是晚欧特里沃期—早阿普特期（约130Ma），但是在裂谷中，也能发现更早的尼欧可木期或者晚贝里阿斯期（约140Ma）的沉积物（Fairhead et al.，2013）。在Benue裂谷处，发现有晚侏罗世的岩浆活动（147±7Ma）（Popoff et al.，1983；Keller et al.，1995）。

第三阶段，120～100Ma，是早白垩世同裂谷阶段的第二期次，表现为裂谷盆地的继续演化发育。这个阶段，裂谷作用在Benue裂谷、苏丹、乍得、肯尼亚继续发育，表现出NE—SW的伸展方向，在Benue裂谷处表现为左旋走滑作用。这个阶段的终止在整个中西非裂谷系以区域不整合的形式表现出来（Genik，1993）。在苏丹的Muglad裂谷、Benue裂谷、乍得的Termit裂谷都能够观测到（Mascle et al.，1988；McHargue et al.，1992）。这个不整合被识别为阿普特阶—塞诺曼阶边界（Mascle et al.，1995）。在这个阶段，可以在Benue裂谷处发现白垩纪的岩浆活动（103±5Ma）（Popoff et al.，1983；Keller et al.，1995）。

第四阶段，100～20Ma，是晚白垩世至始新世同裂谷阶段，这个阶段的标志是伴随着海侵的沉降速度的下降（Genik，1993）与之后的海侵撤退。西非裂谷盆地如Doba盆地、Bongor盆地和Chad盆地在第二期同裂谷阶段（K_2）发育海相沉积，说明存在海侵。古近纪发育陆相沉积，说明在该时期发生海退。但在这个阶段，Muglad盆地和Benue裂谷继续发育。这些裂谷的发育可以被解释为全球性的海平面上升和局部地区地势沉降，这个地势沉降可能和裂谷的伸展相关，即上升的热的软流圈物质冷却后沉降（Fairhead et al.，2013）。

在84Ma，这个阶段出现了盆地的反转。可以在Benue裂谷、Chad盆地南部和中非剪切带内部盆地观察到，压缩方向为NNW—SSE方向。在Termit盆地，Tenere裂谷和Muglad盆地只有很轻微的走滑挤压变形，65Ma时也有着类似的构造作用（Guiraud and Bosworth，1997；Fairhead et al.，2013）。

第五阶段，20Ma至今，在此阶段，受到中新生代红海亚丁湾扩张和东非裂谷形成的影响，裂谷产生后期的改造，拉伸方向被认为是NEE—SWW方向。

第4章　主动裂谷的特征及演化——以东非裂谷系为例

东非裂谷系位于非洲东部高原上，与红海亚丁湾相汇于阿尔法三联支处（Mohr，1970a，1970b）（图4.1），没有像红海、亚丁湾一样发育成局限洋，而是三联支的一条消亡支，是大陆初始裂解的产物，是典型的主动裂谷（Girdler and Sowerbutts，1970）。东非裂谷系主要由两个平行的断裂带（西支和东支）构成，属于新生代的伸展构造系统。从表面形态上看，东非裂谷系以一系列数千公里长的相互独立的相邻构造盆地为单元，每个盆地由断层控制，形成近百公里长、数十公里宽下陷的地堑，充填沉积物或火山岩。东非裂谷系沿埃塞俄比亚高原分成东西两支，东支北起于阿尔法三联支，通过 Main Ethiopian 裂谷、Kenyan 裂谷，终于北坦桑尼亚分支，纵深 2200km。西支北起于 Albert 湖，经过 Edward 湖、Kive 湖，终于 Malawi 湖，纵深 2100km。东非的大多数湖泊都存在于这些裂谷中，除了被东非裂谷系东西两支的山所围限的维多利亚湖。在东非地区发生的地震多与这些盆地的断裂相关（Wohlenberg，1969；Fairhead and Girdler，1972；Fairhead and Henderson，1977；Ring，1994）。

与中西非裂谷系不同的是，东非裂谷系在裂谷发育过程中，地幔柱使得软流圈-岩石圈边界上移，在主动伸展开始之前，裂谷穹隆达到最大尺寸（Nottvedt et al.，1995），在肯尼亚地区发生地表隆起，形成东非高原（Wichura et al.，2011）。在这个过程中产生更多的火山作用（Kampunzu and Mohr，1991；Kampunzu et al.，1998）在 Kenyan 裂谷底部，其岩石圈也显著变薄（Searle，1970），说明此地有活跃的岩浆作用，高度碱性的岩浆岩提示裂谷发育过程中受地幔柱影响（Harris，1969），在布格重力异常中也显示为更加狭窄的异常带。这些地质证据充分说明东非裂谷系属于主动裂谷系（Fairhead，1976，1986）。

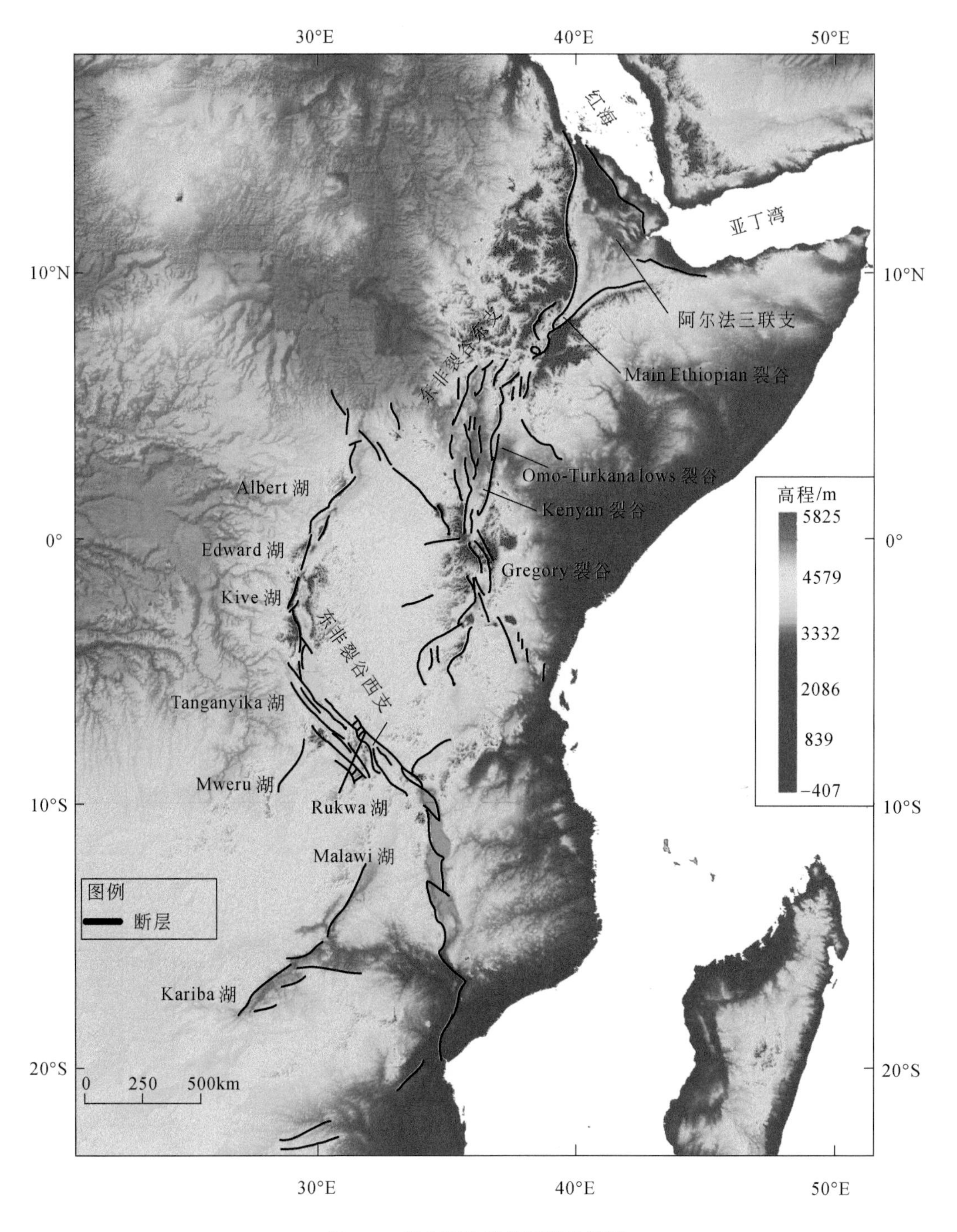

图 4.1　东非裂谷系的断裂系统图

4.1 东非裂谷系西支基本地质特征

东非裂谷系西支相关沉降的主要区域在很大程度上被大型深水湖泊所覆盖，火山活动较少；而东支则表现出明显的与地壳深度相关的岩浆活动：上层地壳的火山活动发育、发育断层活动、地块旋转，中下层地壳以岩浆侵入为主导的活动等。整个裂谷盆地充填可达7000～8000m厚，西支局部地堑包含二叠纪至全新世以来厚达11000m的沉积充填，是裂谷中沉积地层最厚的区域（Morley，1999）。

东非裂谷系西支为地堑湖区，总长超过2000km，从北部的Albert湖经Edward湖、Kive湖、Tanganyika湖等（图4.2）。一系列大型的断层控制了西支裂谷的整体形态，部分地区推测有岩浆侵入。岩浆作用早于裂谷断层作用或是同时发生（Ebinger，1989），西支的形态学和岩浆演化表明，坚硬的非洲板块在东非裂谷作用下变薄，边界断层切穿了整个下地壳（Ebinger，1989；Lindenfeld and Rümpker，2011；Uwe，2014）。

4.1.1 东非裂谷系西支的构造演化

东非裂谷系西支的构造演化可以大体分为两个阶段：前裂谷阶段和同裂谷阶段。其中同裂谷阶段存在早、中、晚三个期次（图4.2）。

（1）前裂谷阶段：东非裂谷系西支石炭系的Karoo超群是最早的沉积序列。在这个时期，构造作用和Pangaea（潘吉亚）大陆的裂解相关联。古近系和更老的岩层被一系列反转构造所切割，并成为花状构造的基础（Smith and Rose，2002）。

（2）同裂谷阶段早期：开始于渐新世，最初的水平运动导致了密集的裂缝，表现为走滑断层。很多张性裂缝在沿垂向上升的区域发育，这个阶段，根据张性裂缝中有玄武岩流的发育，可以在Gregory裂谷中识别出晚渐新世或者早中新世的火山岩。

（3）同裂谷阶段中期：开始于中新世中期，伴随断陷、地面沉降和裂谷两侧脊的隆起发生快速沉降，以正断层为主。

（4）同裂谷阶段晚期：持续至今，沿断层运动导致局部应力异常和正重力异常，碱性火山岩侵入，存在狭窄的正重力异常（Chorowicz et al.，1987）。

4.1.2 典型裂谷盆地

东非裂谷系地堑湖区示意图如图4.3所示。

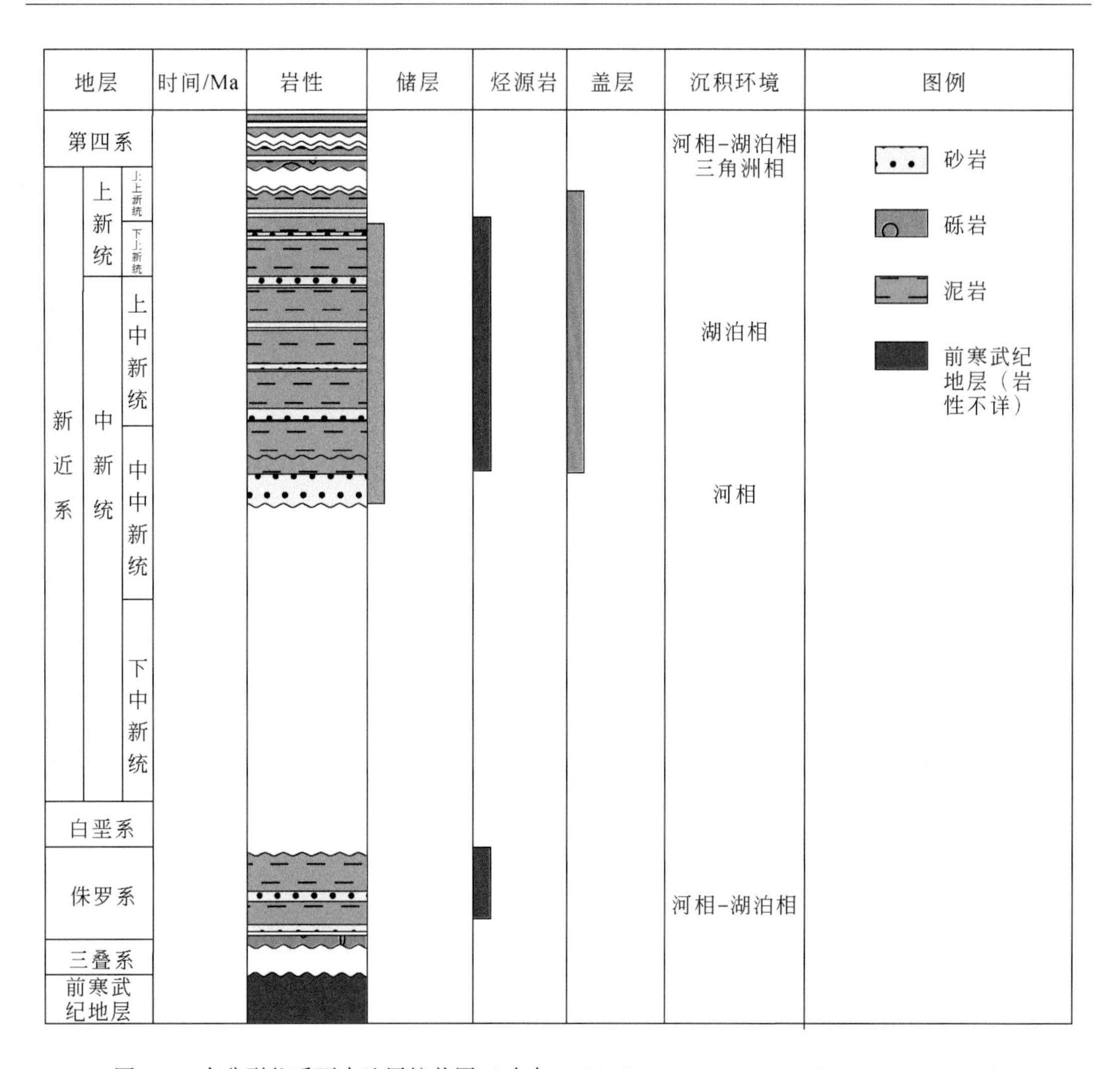

图 4.2　东非裂谷系西支地层柱状图（改自 Pickford et al., 1993；Smith and Rose, 2002）

1. Tanganyika 地堑

Tanganyika 地堑长 650km，宽达 70km，总面积约为 32600km^2，全部位于陆上，基本完全被 Tanganyika 湖所覆盖，湖区的最大水深为 1470m（Tiercelin et al., 1992）。

Tanganyika 地堑北部海拔 773m，两翼隆起脊发育成熟，东部和西部分别达到 2600m 和 3400m。地堑南部和北部各受两个主要断层的控制，年龄分析表明，地堑中心区域大概形成于 9Ma 和 12Ma，而北部与南部的边缘则形成较晚，大概在 8～7Ma 与 4～2Ma。

地堑形成于同裂谷阶段中期，沉降迅速，以大量正断层为主。沉积充填时期为晚中新世至早上新世，最厚可达 4000～5000m（Sander and Rosendhal, 1989；Rosendahl et al., 1992）。

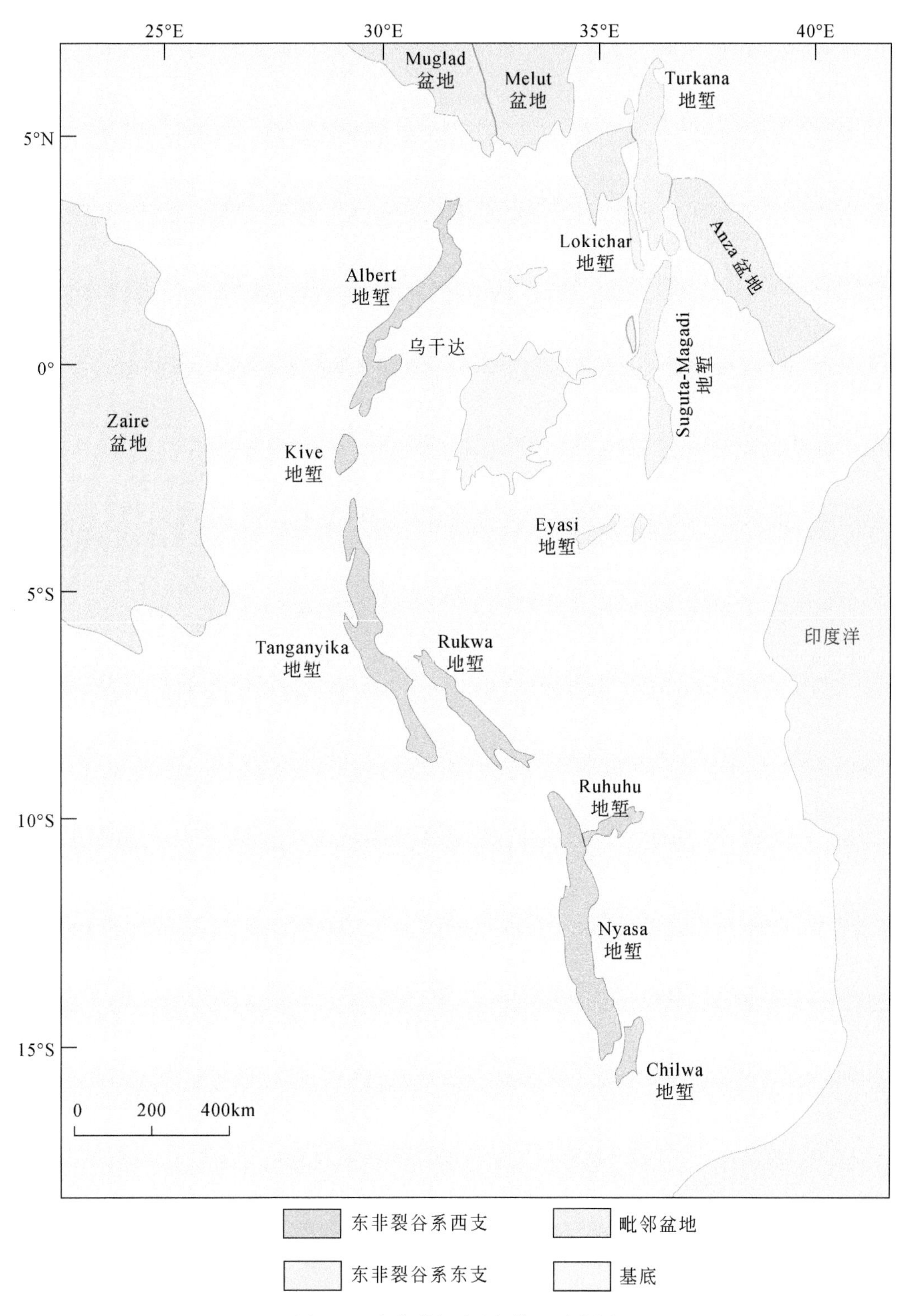

图 4.3　东非裂谷系地堑湖区示意图

Tanganyika 地堑中多发育半地堑，其边界断层主要为正断层，反映了盆地在形成过程中受到了局部的拉张作用（Rosendahl et al., 1986；Morley, 1988）。

2. Rukwa 地堑

Rukwa 地堑主流域长 300km，宽 60km，面积 16032km^2，全部位于陆上，以连接到 Tanganyika 湖的走滑断层为界。该地堑大部分由 Rukwa 湖覆盖，南部的 Songwe 河与 Monba 河以及北部的 Kavu 河和 Rungwe 河流经该湖区。Rukwa 地堑已被确认有三个主要的地层单位：卡鲁超群、红砂岩组和河床。没有显著的隆起脊，该地区最大的沉积厚度为 10～12km，大多数地方为 6～7km（Rosendahl et al., 1986）。

Rukwa 地堑中多发育半地堑，其边界断层主要为正断层，反映了盆地在形成过程中受到了局部的拉张作用（Morley et al., 1992a, 1992b）。

3. Nyasa 地堑

Nyasa 地堑长 650km，宽近 80km，总面积 42638km^2，全部位于陆上，最大深度超过 5000m，主要被 Malawi 湖（又称 Nyasa 湖）覆盖。Malawi 湖长 500km，平均水深 472m，最大水深约 700m。Nyasa 地堑由四个半地堑盆地组成，被西北走向的断层分开。地堑中部和南部隆起脊分别超过 2000m 和 1500m。该盆地的边界断层主要为正断层，反映了盆地在形成过程中受到了局部的拉张作用（Ebinger et al., 1984, 1987）。

4.2　东非裂谷系东支基本特征

东非裂谷系东支沿本初子午线方向延伸。裂谷穿过阿尔法三角洲的亚丁湾、红海与全球大洋裂谷系统相连接。裂谷的绝大部分地处肯尼亚，北至埃塞俄比亚南部，南至坦桑尼亚（图 4.1）。

东非裂谷系东支坐落在 Victoria 湖的东部，是一个火山发育的系统，点缀有很多小的湖泊，Turkana 湖是东支唯一大型湖泊。

相较于东非裂谷系西支而言，东支是较为成熟的大陆裂谷系统，拥有更加活跃的火山作用（Uwe, 2014）。大的半地堑系统是东支的特征（图 4.4）。东支分布有 9 个盆地，这些盆地被河相-三角洲相沉积岩、湖相沉积岩、火山岩及火山碎屑岩所充填，厚度达 7000～8000m（Morley, 1999）。该地区火山岩的分布呈南北走向，与裂谷的走向一致，可以推断这些火山岩是同裂谷阶段的产物。这些火山岩多为玄武岩、粗面岩等基性火山岩，证明该地区在同裂谷阶段处于强烈的拉张环境。

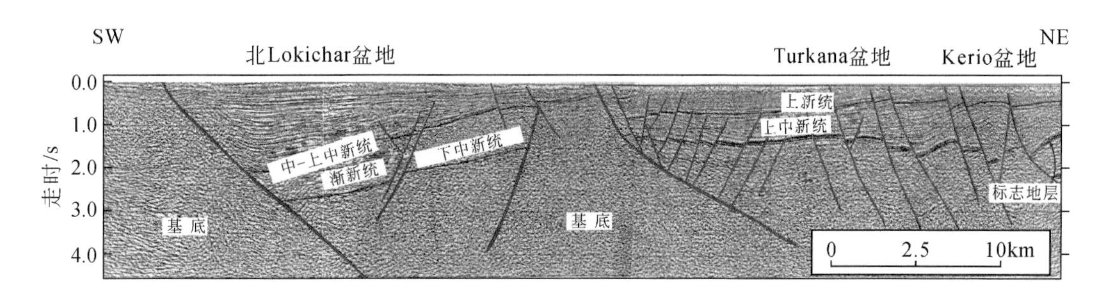

图4.4　东非裂谷系东支地震剖面图（改编自 Morley, 1999）

4.2.1　东非裂谷系东支构造演化

东非裂谷系西支的构造演化可以大体分为两个阶段：前裂谷阶段和同裂谷阶段。其中，同裂谷阶段存在早、中、晚三个期次（图4.5）。

（1）前裂谷阶段：开始于晚渐新世，这个阶段最开始表现为水平方向的运动，对应致密的裂缝与走滑断层。这个阶段的张性裂缝具有明显的火山作用特征，发育有岩墙。

（2）同裂谷阶段早期：开始于中新世中期，伴随断陷、地面沉降和正断层作用。

（3）同裂谷阶段中期：开始于中新世晚期，主要表现为裂谷两侧的隆起。裂缝的产生与裂谷的轴平行，变形集中在裂谷的控盆断裂上。由于软流圈的侵入，重力异常带狭窄。

（4）同裂谷阶段晚期：持续至今，断层的运动是局部和区域应力场叠加的影响。沉降作用快，碱性火山岩发育，负重力异常沿裂谷轴向发育。大多数盆地间的隆起脊消失（Chorowicz et al., 1987）。

4.2.2　典型裂谷

1. Main Ethiopian 裂谷

Main Ethiopian 裂谷代表了东非裂谷系最北端的裂谷区域，在阿尔法三联支处和红海和亚丁湾相连。裂谷宽度约50km，长度约330km。在裂谷区域分布有广泛的大火成岩省，裂谷盆地中也多被岩浆所充填。新生代的火山岩体积达到了300000km^3（Mohr, 1983），并产生了隆起的埃塞俄比亚高原。大多数火山爆发于32～21Ma，最广泛分布的玄武岩为31～30Ma，一般认为与阿尔法三联支处地幔柱的上涌相关（Corti, 2009）。

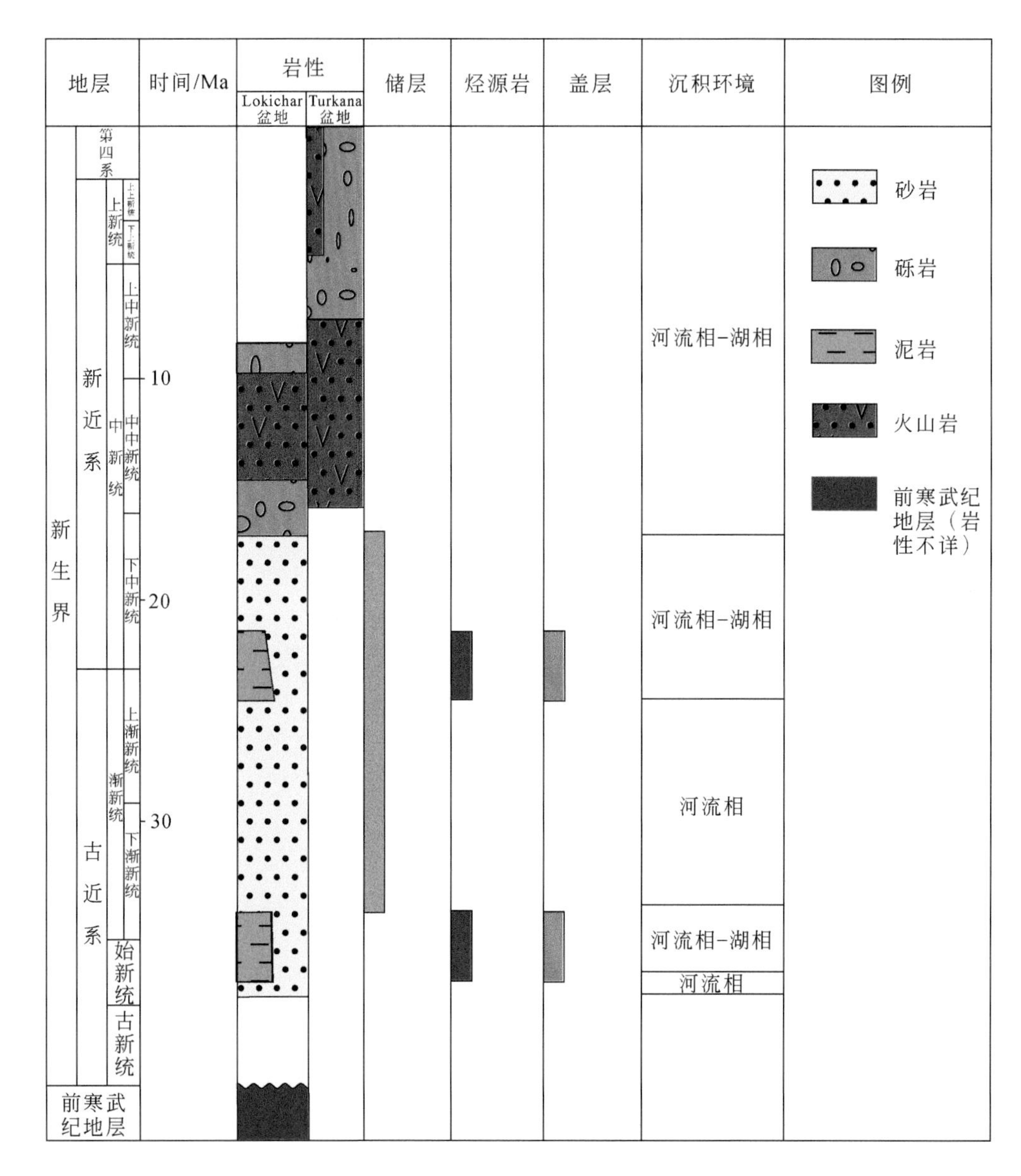

图 4.5　东非裂谷系东支地层柱状图（改自 IHS，2009）

2. Kenya 裂谷

Kenya 裂谷区域有 Kenya 穹隆，附近分布有大量火山岩，是东非裂谷系东支的典型裂谷系统，从北部的坦桑尼亚延伸至肯尼亚、埃塞俄比亚。Gregory 裂谷是 Kenya 裂谷区域最中心的裂谷，宽 60 ~ 70km，被正断层所控制（Baker and Wohlenberg，1971）。裂谷的地堑发育相比于北部盆地更加成熟，为非对称的半地堑。该地区的火山岩最初为碱性铁镁质火山岩，并随着时间的推移碱性减弱（Williams，1970）。火山活动在 23Ma 的时候开始，并最终变成了半地堑的发育地点（Keller et al.，1995；Uwe，2014）。

3. Turkana 盆地和 Kerio 盆地

Turkana 盆地和 Kerio 盆地经历了两次剧烈的火山事件，存在两个沉积旋回。这两个盆地发育于中中新世，伴随着剧烈的火山活动，堆积了巨厚的火山岩，在部分地区可以观测到薄层的河流相砂岩。到后期，湖泊开始出现，发育三角洲相和滨浅湖相的沉积。中新世末期，伴随着火山事件，裂谷再次快速拉张，发育中深湖相沉积，形成黑色泥页岩（Vetel and Le Gall，2006；贾屾，2017）。

4. Lokichar 盆地

Lokichar 盆地位于肯尼亚中北部，面积约 2200km^2，该盆地为西陡东缓的半地堑盆地，控盆断裂为正断层。该盆地从渐新世晚期开始形成，初始形成时盆地以河流相沉积为主，砂岩厚度大，夹杂了薄层的泥岩。随着裂谷的进一步拉张，发育浅湖相和三角洲相，为砂泥岩薄互层。在主裂谷期，主要发育中深湖相沉积。在该盆地，火山作用不明显（贾屾等，2018）。

4.3　东非裂谷系东西支对比

东非裂谷系围绕 Victoria 湖分异为东西两支。大火成岩省广泛分布于东支，而西支仅有少量零星的火山岩发育，且东支拥有更多的断裂发育（图 4.6）。

东非裂谷系东支的岩石圈脆性厚度为 10km，而西支为 18km（Fadaie and Ranalli，1990）。位于东支的 Turkana 地区，伸展量最多达到了 40km，而西支地区只有 10 ~ 12km（Morley and Ngenoh，1999），东非裂谷系的东支相比西支也拥有更高的热流值。这些证据可以说明东非裂谷系东支有相比于西支更强的裂谷作用。

图 4.7 是东非裂谷系东西支地层对比柱状图，从图中可以看出，东非裂谷系西支相比于东非裂谷系东支发育有更多的火山岩，且发育时代也更早，这反映了东非裂谷系西支拥有更强的裂谷作用。这也为我们之后的有限元数值模拟提供了依据。

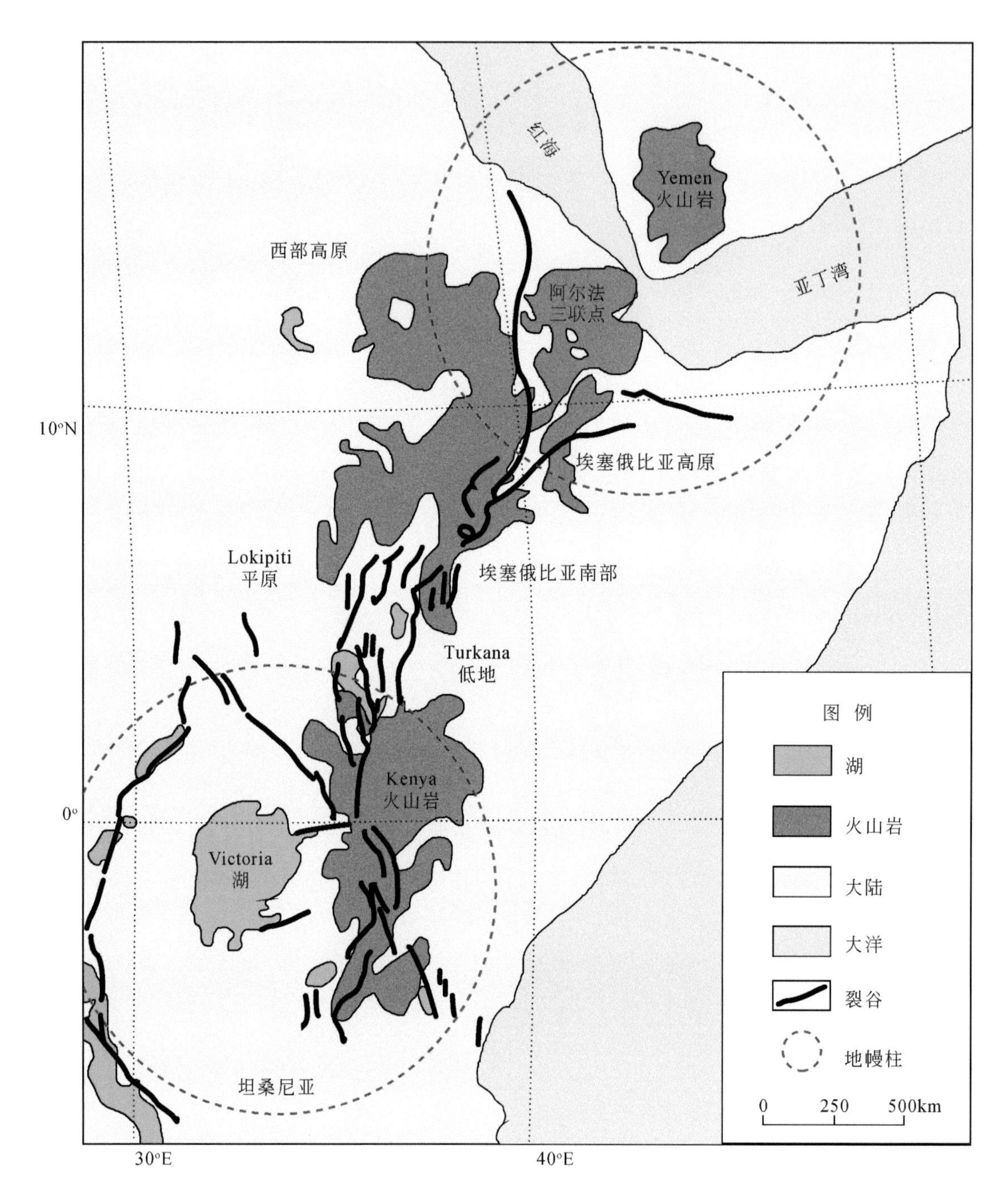

图4.6　东非裂谷系火成岩分布图（改编自 George et al.，1998；Montelli et al.，2006；Chang and Van der Lee，2011）

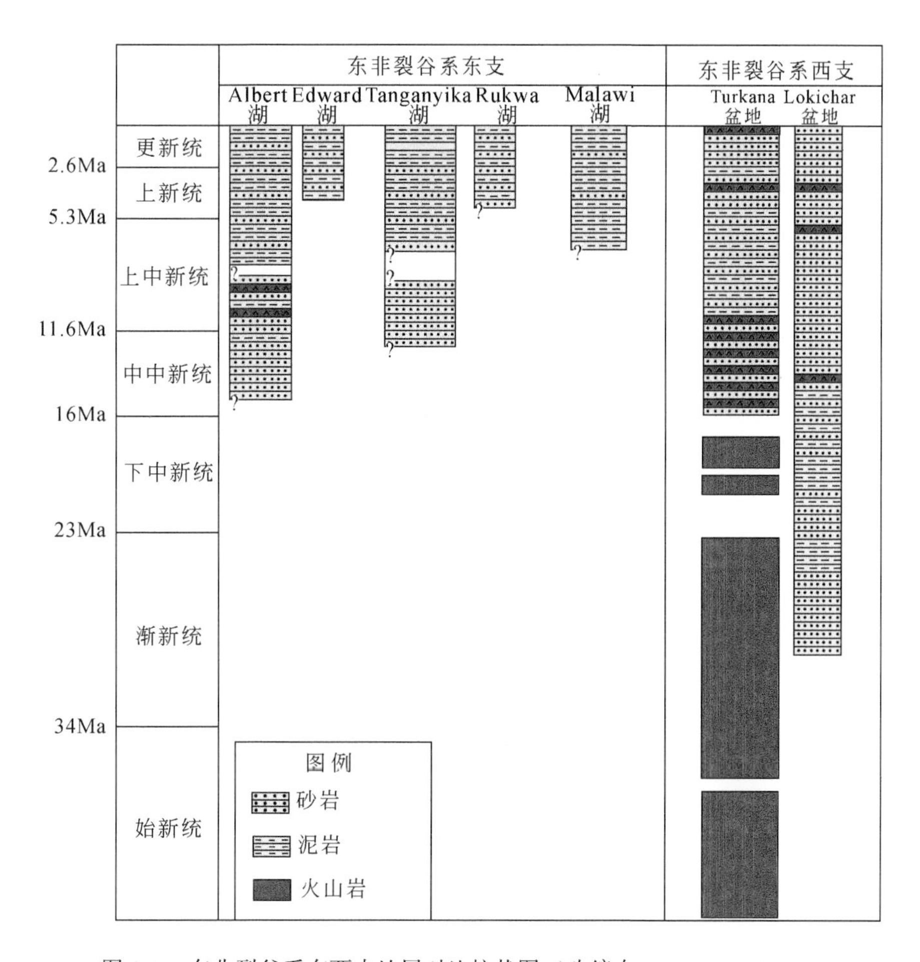

图4.7　东非裂谷系东西支地层对比柱状图（改编自 Macgregor，2015）

第5章　被动裂谷动力学

被动裂谷是世界上最普遍存在的裂谷类型，与地幔柱活动无关，主要是岩石圈伸展减薄作用下的结果。形成于中生代的中西非裂谷系是典型的被动裂谷盆地。在各期次的不同区域应力场作用下，经历了多期裂谷作用与后期改造，形成了现今的非洲中新生代裂谷系多期次旋回和区域性不整合的构造样式（Fairhead et al.，2013），因此除了贝努埃裂谷外，其他所有的中西非裂谷系都属于典型的被动裂谷，火山岩不发育，适合开展被动裂谷动力学机制的研究。

裂谷作用的断层深度一般在10km左右，处于地壳的脆性破裂区域。在积累了更多应力应变的地质区域更容易发生地壳破裂，形成断裂，进而形成裂谷。

这些应力应变的物理学问题，可以化为基本方程进行定制求解。然而，这种解析方法往往仅针对方程简单、边界形态规则的问题有效。对于非线性方程或者是求解区域边界形态不规则的区域，解析方法的求解比较困难，一般应采用数值方法进行求解。有限元方法是在地质研究中最常用的数值方法之一，如Bischke（1973）利用黏弹性有限元分析模拟了板块构造的位移，Neugebauer和Breitmayer（1975）利用黏弹性有限元分析研究了板块动力学机制，Melosh和Raefsky（1981）用有限元分析描述了断层的活动过程，Tharp利用有限元分析模拟黏性地幔和弹塑性岩石圈探讨其形变，王仁等（1980）利用有限元分析广泛探讨了构造力学问题，Hou等（2006a，2006b，2010a）将有限元方法应用于大地构造应力场研究，朱守彪等（2008）利用黏性有限元方法研究了地震的迁移及孕震机制等。

通过有限元数值模拟方法，前人将中西非裂谷系划分为5个阶段：①前裂谷阶段（550～140Ma）；②早白垩世第一期同裂谷作用（140～120Ma）；③早白垩世第二期同裂谷作用（120～100Ma）；④晚白垩世至始新世同裂谷阶段（100～20Ma），其中最重要的构造事件是85Ma的反转作用；⑤新生代的改造作用。这5个阶段，由于不同的地质环境影响，裂谷发生了不同的构造演化。在本章中，我们将通过有限元数值模拟手段，建立有限元球壳模型，对早白垩世第一期同裂谷作用、早白垩世第二期同裂谷作用与晚白垩世至始新世同裂谷阶段（反转作用）进行动力学研究，以探讨非洲中生代裂谷系各期次的动力学过程，厘清裂谷系的动力学机制。

5.1　原理及方法

有限元方法将待求解区域划分为不同的离散单元，这些离散单元以边界节点互相连接，形成有限元系统。计算中，用每个单元的近似函数分片来表示未知变量，并利用场函数及其导数在单元节点上的插值函数得到这些近似函数。假设将场函数各节点的值当作未知量并用以表示场函数，那么对无穷多自由度的场问题的求解便可转化为求解有限个单元内的场函数数值问题。进一步根据等效变分原理或加权残值法，建立求解未知量的矩阵形式。通过求解这些方程以得到问题的解决方案。此外，数值解的精度与求解域有限元划分密切相关，其网格划分越精细，计算的结果精度也就越高。

有限元分析问题的基本计算步骤如下（蔡永恩，1997）：

（1）要定义问题及其求解域。

（2）要对求解域离散化，即划分有限元网格，要将求解域近似为有限个彼此相连的单元。

（3）确定状态变量及其场函数，即定解问题的表达，要给出研究中的基本变量及其物理方程、边界条件等，一般将微分方程简化为等价的泛函形式。

（4）单元矩阵推导，选取插值函数以确定单元域的近似解，并建立各个单元状态变量的离散关系，从而形成单元矩阵。

假设有限元线性代数的方程组为

$$\boldsymbol{KU}=\boldsymbol{P}+\boldsymbol{Q}$$

式中，$\boldsymbol{K}$ 为系统的刚度矩阵；$\boldsymbol{U}$ 为系统节点位移矢量；$\boldsymbol{Q}$ 为边界面上载荷 q 的等效节点力矢量；$\boldsymbol{P}$ 为体力载荷的等效节点力矢量。

而对于三维弹性问题应力和应变张量则用矢量表示为

$$\boldsymbol{\sigma}=[\sigma_x\sigma_y\sigma_z\tau_{xy}\tau_{yz}\tau_{zx}]^{\mathrm{T}}$$

$$\boldsymbol{\varepsilon}=[\varepsilon_x\varepsilon_y\varepsilon_z\gamma_{xy}\gamma_{yz}\gamma_{zx}]^{\mathrm{T}}$$

其中，上标“T”代表转置。

（5）矩阵总装或组集，根据单元函数的连续性和边界条件等，将单元矩阵总装成离散域的有限元方程组。

（6）方程组求解及解释，求解有限元方程组，并依据单个节点及通过插值函数得到各求解域的结果，以评价计算结果质量。

在对地质问题进行地球动力学数值模拟研究中，确定岩石材料的应力应变关系（本构关系）至关重要。弹性体、牛顿流体、黏弹性体等均为常见的材料模型。在本书中，因为所研究的裂谷系破裂深度在10km作用，处于地壳的脆性破裂区域，因而采用弹性体作为模型材料的本构关系是适当的（Min and Hou，2018，2019）。本构方程可以表示为

$$\sigma = E\varepsilon$$

式中，E 为杨氏模量。本书研究的有限元数值模拟软件为Ansys14.5。

5.2 早期同裂谷作用的动力学

非洲中生代裂谷系分布于中西非地区，历经多期裂谷作用，其中第一期同裂谷作用发生于早白垩世（Fairhead et al.，2013）。裂谷系的初始形成一般认为开始于晚欧特里沃期（约130Ma），但是也在裂谷中发现了更早的尼欧可木阶的裂谷沉积物，Benue裂谷中发现了140Ma的火山岩（Guiraud et al.，1987）。裂谷作用主要发生于尼日利亚北部和苏丹西部（Binks and Fairhead，1992；Fairhead et al.，2013）。

随着劳伦西亚古陆裂解并在泛非期拼合成为冈瓦纳大陆，非洲大陆区形成了造山带和太古宙克拉通的“二元结构”（Hoffman，1991；Meert and Lieberman，2008；Corti，2009）。一般认为，非洲的裂谷系形成于泛非期形成的薄弱带——泛非期造山带中（Daly et al.，1989；Bumby and Guiraud，2005），中西非裂谷系也不例外（Fairhead and Green，1989）。相比于新生代形成的东非裂谷系，它有着更加宽缓的重力异常带（Fairhead，1988；Fairhead and Green，1989）。测井分析表明，在中西非裂谷系的发展中，经历了更多的快速沉降作用和较少的岩浆作用（Fairhead and Green，1989），因此，中西非裂谷系一般被认为是被动裂谷，形成过程中不受到地幔柱影响。但是在几内亚三联支处存在St. Helena地幔柱（Wilson and Guiraud，1992），且与位于喀麦隆地区的火山链HIMU值相似，指示了地幔柱对于喀麦隆地区的影响（Kamgang et al.，2013；Loule and Pospisil，2013）。

中非剪切带地理位置与南大西洋的St. Pauls转换断层吻合，有观点认为其为转换断层延伸至非洲大陆内部的产物（Daly et al.，1989）。同时，由于中西非裂谷系多沿着中非剪切带分布，有观点认为其产生、发展源于中非剪切带的作用（张艺琼等，2015）。这种观点在裂谷的构造解析中可以很好地解释中非裂谷系的构造特征，但是由于西非裂谷系和Melut盆地位置距离中非剪切带较远，中非剪切带的作用无法解释其产生原因。同时，这种理论也不能解释中非剪切带的形成原因。

Fairhead 等（2013）通过高分辨率的自由空气重力异常图像识别出南大西洋的四条主要断层，并统计其方位角随时间的变化，识别出5次突变。这5次突变和中西非裂谷系的不整合精确对应，因此得出了中西非裂谷系的形成和演化受南大西洋的扩张影响（图5.1）。

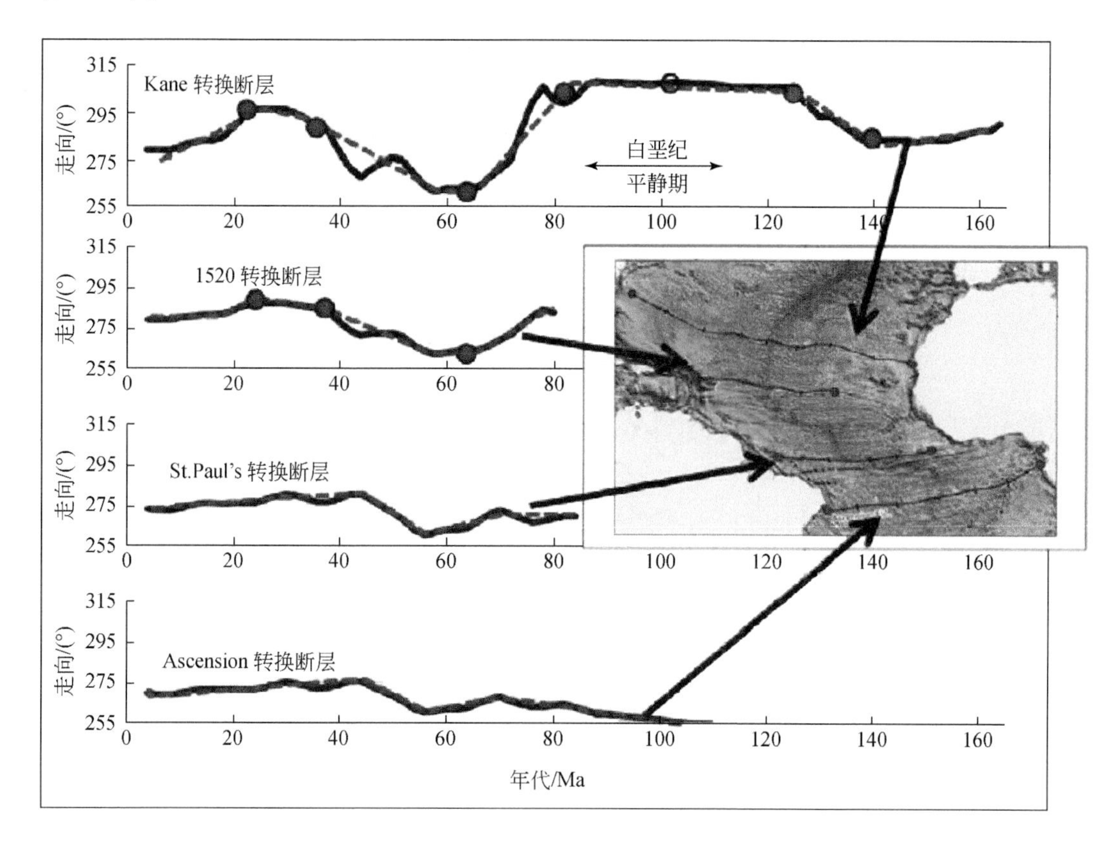

图5.1　南大西洋四条主要断层方位角与中西非裂谷系区域性不整合关系（Fairhead et al.，2013）

5.2.1　几何模型

在以非洲板块为研究对象的动力学模拟中，多采用平板模型进行建模（张庆莲等，2018）。但在探讨非洲板块的动力学问题时，由于其是洲际尺度的板块，平板模型无法反映真实的几何形态（Min and Hou，2018）。在本节有限元数值模拟中，建立以第一期同裂谷作用发生时非洲大陆的实际形态为几何基础、与地球曲率一致的有限元模型，使模型更接近非洲的实际地质形态（图5.2）。

如前文所述，非洲大陆是典型的“二元结构”，由太古宙的克拉通核心与泛非期造山

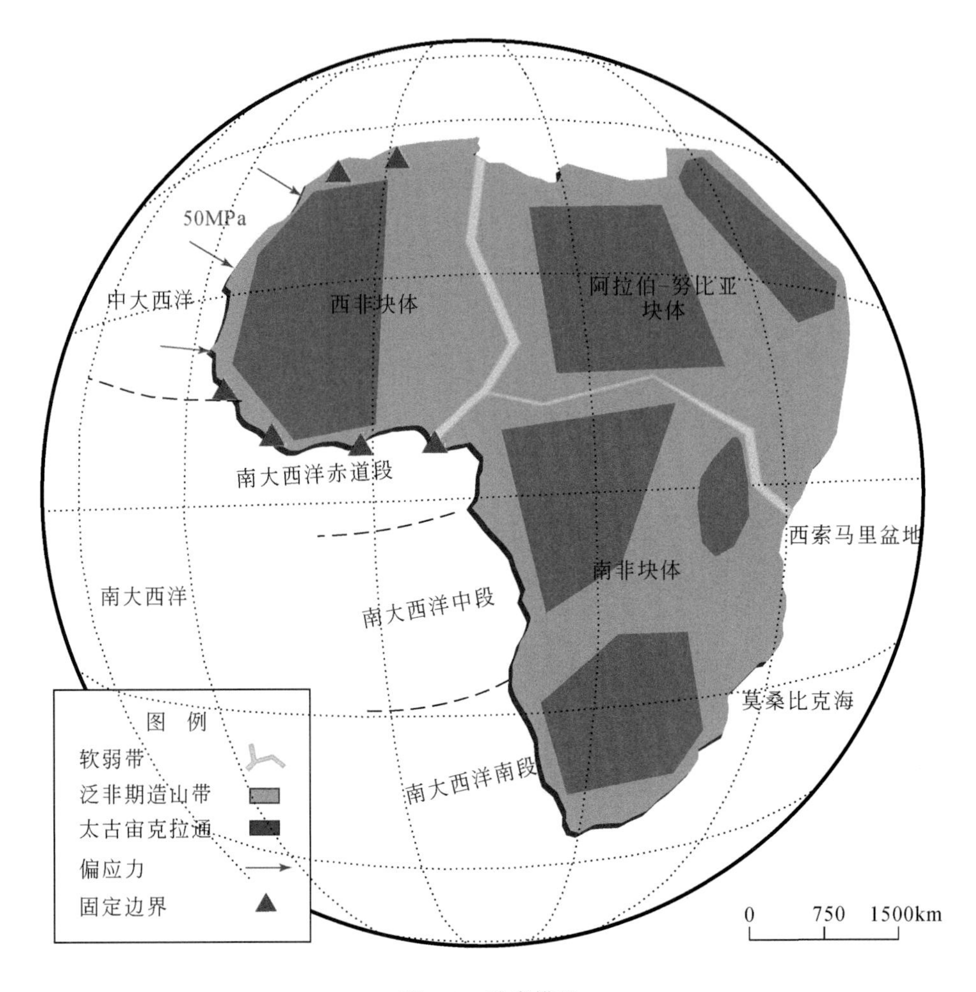

图 5.2　球壳模型

带组成（Veevers，2004；Meert and Lieberman，2008；Globig et al.，2016）。同时，大西洋张开过程中贯穿于非洲板块的陆内变形被限制在一个狭窄的带内，形成薄弱区内的次级边界，将非洲大陆分为三个不同区域——西非地块、阿拉伯-努比亚地块和南非地块（Unternehr et al.，1988；Guiraud and Maurin，1992）（图 5.2）。

在这样的地质背景下，有限元模型将非洲大陆分为三个不同的单元：太古宙克拉通、泛非期造山带、次级边界（软弱带），分别赋予结晶花岗岩、火山凝灰岩、断层碎裂岩的岩石力学参数（表 5.1）（Wang et al.，2012；Gu et al.，2014；Min and Hou，2018）。

表5.1　第一期同裂谷作用有限元模型岩石力学参数

单元类型	岩石类型	杨氏模量 E/GPa	泊松比 μ
太古宙克拉通	结晶花岗岩	80	0.25
泛非期造山带	火山凝灰岩	45	0.27
次级边界（软弱带）	断层碎裂岩	15	0.35

5.2.2　动力学模型

如前文所述，对于中西非裂谷系的形成机制，动力可能来源于南大西洋洋中脊扩张，莫桑比克海、西索马里盆地扩张和St. Helena地幔柱的影响。为研究这三种因素的作用机制，通过不同的边界条件的加载，设置不同的动力学模型进行探讨。

在冈瓦纳大陆解体初期，中西非裂谷系形成时，西北非整体相对固定（Moulin et al.，2010；张庆莲等，2018）。与此同时，中大西洋保持稳定的扩张状态（Seton et al.，2012）。在这样的背景下，西北非的中大西洋边界施加了50MPa的偏应力，其余边界部分设定为固定边界（图5.2）。在这个基础上，加载不同的边界条件，探讨不同边界条件对第一期同裂谷作用的影响。

1. 南大西洋扩张（模型Ⅰ）

南大西洋的扩张伴随着冈瓦纳超大陆的裂解，始于白垩纪初期（Eagles，2007；Aslanian et al.，2009；Moulin et al.，2010），与中西非裂谷系的形成息息相关（Fairhead and Binks，1991；Seton et al.，2012）。洋中脊对于板块的作用力很难估计，但一般认为局限在40～100MPa之间（Richardson et al.，1979；Hou et al.，2006a，2006b，2010a，2010b；Min and Hou，2018）。非洲大陆自中生代以来运动方向呈现逆时针旋转的趋势，旋转极位于西非块体（Pindell and Dewey，1982；Moulin et al.，2010），南大西洋的扩张速度自北向南升高，对非洲大陆的作用力也自北向南增强。因此，在探讨南大西洋扩张的影响时，本书采用了自北向南0～50MPa的偏应力加载方式（图5.3）。需要注意的是，因为缺乏相应的洋中脊古应力数据，本节在有限元数值模拟中采用的洋中脊扩张作用力均在固定的范围内（40～100MPa），根据实际地质证据（如大洋扩张速度、板块运动趋势）进行的合理估计，不代表实际的古应力值。

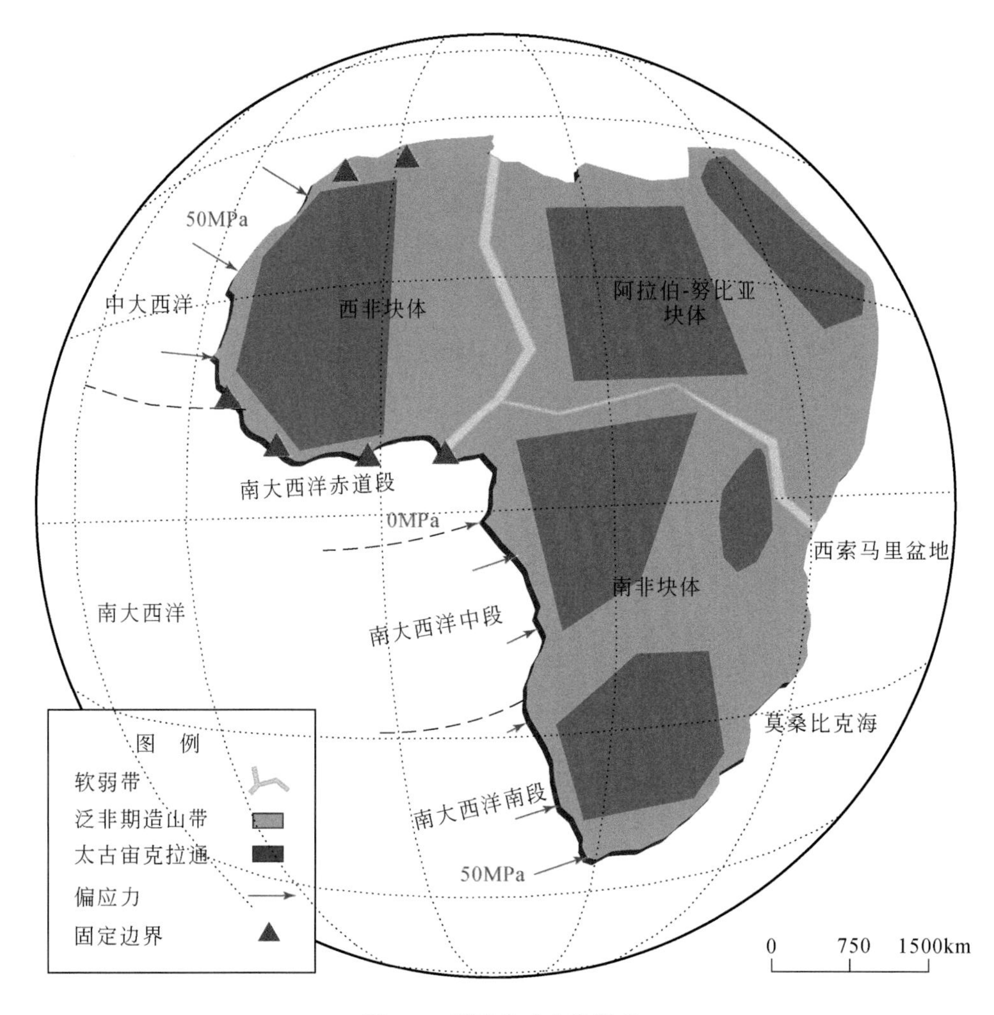

图 5.3　模型 I 动力学模型

图 5.4 是模型 I 模拟所得位移矢量图。黑色箭头代表模拟所得位移矢量，红色箭头是 Seton 等（2012）重建的全球板块运动模型中位于非洲的三个位移矢量点。对比可得，模拟位移矢量和实际位移矢量平均相差 28°。因此，模型 I 无法解释非洲板块在第一期同裂谷作用时的板块运动位移。

图 5.5 是模型 I 模拟所得最大主应力轨线图，图 5.6 是模型 I 模拟所得最小主应力轨线图。图 5.5 和图 5.6 中黑色轨线分别代表最大主应力和最小主应力轨线，红色线段代表中西非裂谷系盆地的控盆断裂。在尼日尔地区的 Termit 盆地、Tenere 盆地和 Grein 盆地中，最大主应力轨线和盆地的控盆断裂斜交而非平行，最小主应力轨线和盆地的控盆断裂斜交而非垂直。在模拟所得应力条件下，控盆断裂不应为该走向的正断层。因此，模型 I 无法解释尼日尔地区的裂谷走向。在苏丹地区的 Muglad 盆地、White Nile 盆地、Blue Nile 盆

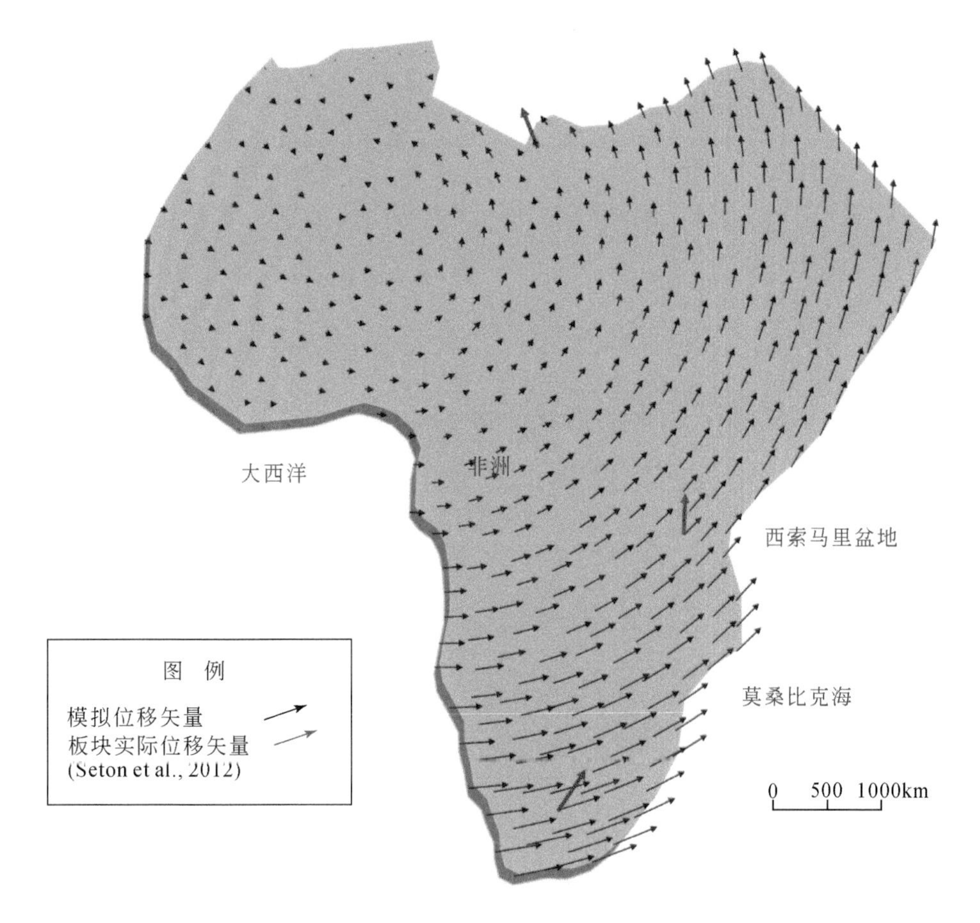

图5.4 模型Ⅰ位移矢量图

地、Anza盆地中，最大主应力轨线和盆地的控盆断裂斜交而非平行，最小主应力轨线和盆地的控盆断裂呈现斜交而非垂直。在模拟所得应力条件下，控盆断裂不应为该走向的正断层。因此，模型Ⅰ无法解释苏丹地区的裂谷走向。在尼日利亚地区的Benue裂谷，最大主应力轨线和盆地的控盆断裂斜交而非平行，最小主应力轨线和盆地的控盆断裂呈现斜交而非垂直，因此，模型Ⅰ无法解释Benue裂谷的控盆断裂走向。在北非剪切带中，最大主应力轨线与剪切带斜交，指示左旋走滑，与实际北非剪切带的左旋走滑吻合（Moulin et al., 2010）。在中非剪切带的Salamat盆地中，最大主应力轨线与控盆的走滑性断层斜交，在模型Ⅰ的应力条件下，中非剪切带应当呈左旋走滑，不能解释中非剪切带实际的右旋走滑（张艺琼等，2015）。因此，模型Ⅰ的主应力轨线图无法解释各裂谷控盆断裂的走向。

图5.7是模型Ⅰ模拟所得的张应变等值线图，从图中观察可得，张应变在西非块体与南非块体的交接处集中，并沿着存在于三个块体间的次级边界传递。Moulin等（2010）通

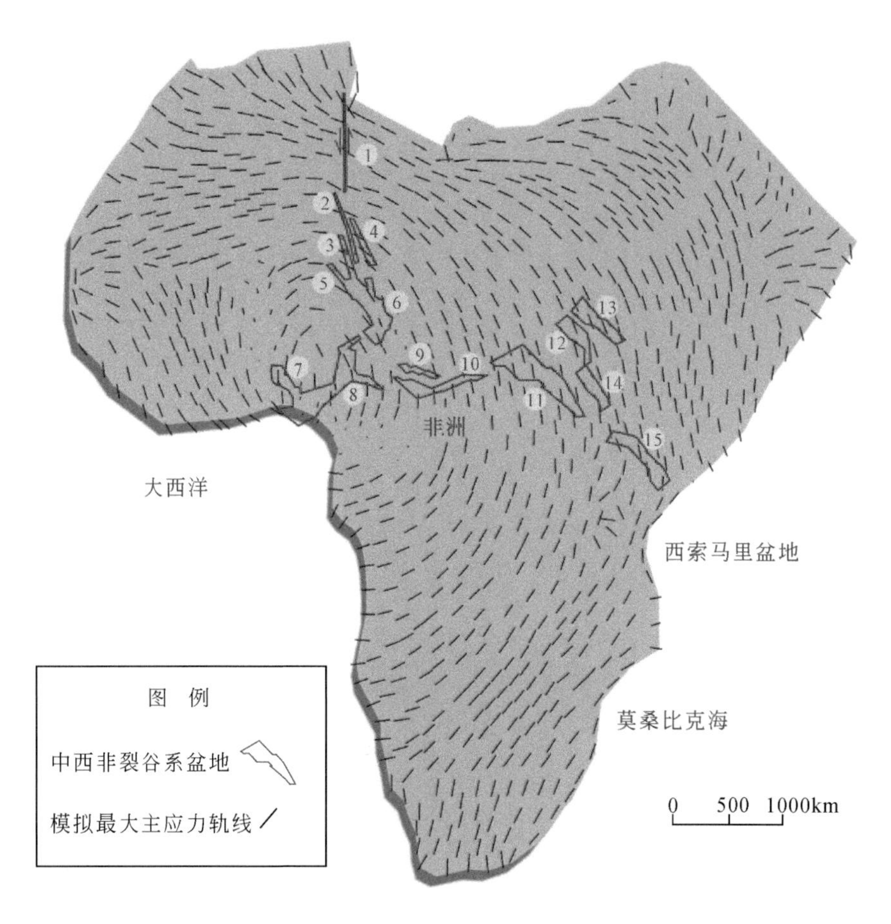

图 5.5　模型Ⅰ最大主应力轨线图

1-北非剪切带；2-Grein 盆地；3-Tenere 盆地；4-Kafra 盆地；5-Tefidet 盆地；6-Termit 盆地；7-Bida 盆地；8-Benue 盆地；9-Bongor 盆地；10-Salamat 盆地；11-Muglad 盆地；12-White Nile 盆地；13-Blue Nile 盆地；14-Melut 盆地；15-Anza 盆地

过对南大西洋演化过程重建，得到了 130Ma 时相应区域的伸展量。如图 5.7 中标注，由西向东分别为尼日尔地区、尼日利亚地区和苏丹地区，伸展量分别为 80km、90km、72km。在模型Ⅰ中，模拟得到的张应变值分别为 34‰、38‰、29‰（图 5.8）。可以看到，实际的伸展量与模拟所得的张应变值呈现正相关关系，可以解释第一期同裂谷作用的形成。

图 5.9 是模型Ⅰ模拟所得剪应变等值线图，从图中观察可知，剪应变主要集中于几内亚三联支处，并沿着存在于三个块体间的次级边界传递。Moulin 等（2010）通过对南大西洋演化过程重建，得到了 130Ma 时相应区域的剪切量。如图 5.9 标注，由西向东依次为阿尔及利亚地区与中非地区，伸展量分别为 110km 和 70km。在模型Ⅰ中，模拟得到的剪应变值分别为 13‰和 4‰（图 5.10）。可以看到，实际的剪切量与模拟所得的剪应变值呈现

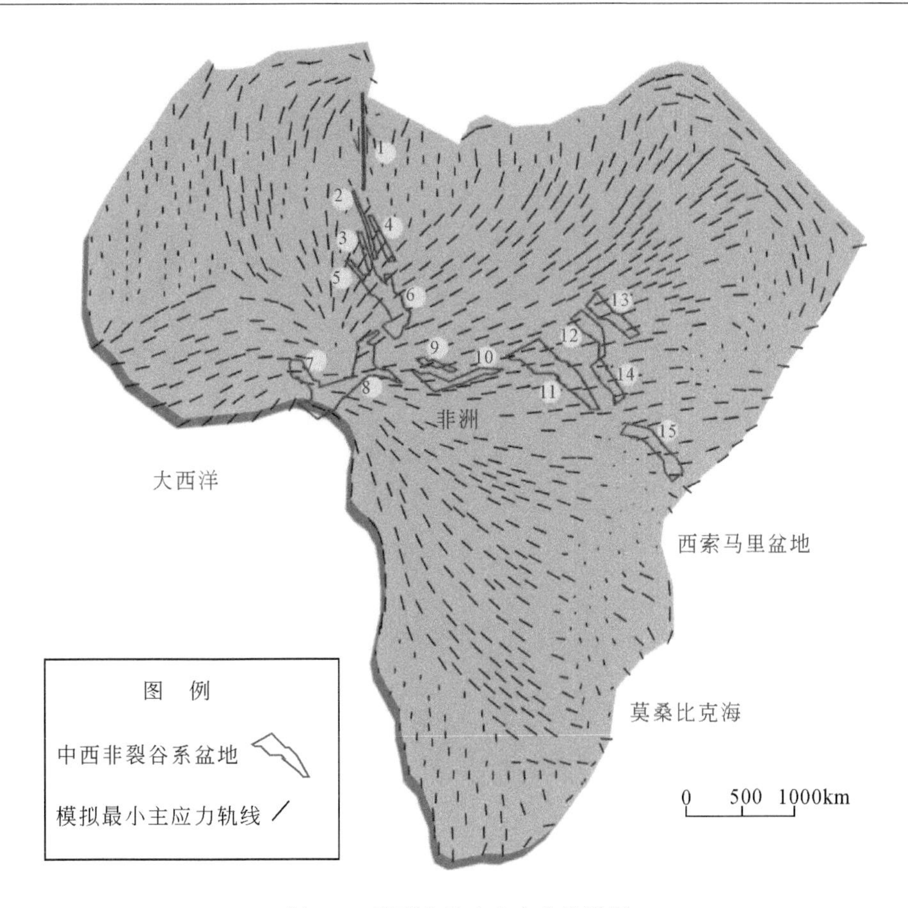

图5.6 模型Ⅰ最小主应力轨线图

1-北非剪切带；2-Grein盆地；3-Tenere盆地；4-Kafra盆地；5-Tefidet盆地；6-Termit盆地；7-Bida盆地；8-Benue盆地；9-Bongor盆地；10-Salamat盆地；11-Muglad盆地；12-White Nile盆地；13-Blue Nile盆地；14-Melut盆地；15-Anza盆地

正相关关系，可以解释第一期同裂谷作用的形成。

综上所述，模型Ⅰ在非均质球壳模型的背景下，仅考虑了南大西洋的扩张。模拟所得无法解释中西非裂谷系各裂谷控盆断裂的走向，无法解释各张性盆地的伸展方向，也无法解释非洲板块的运动位移。因此，南大西洋的扩张无法单独解释第一期同裂谷作用的动力学过程。

2. 西索马里盆地与莫桑比克海扩张（模型Ⅱ）

西索马里盆地和莫桑比克海的扩张开始于154Ma（Roeser et al., 1996；Marks and Tikku, 2001；Jokat et al., 2003），停止于120Ma（Müller et al., 1997, 2008；Marks and Tikku, 2001；Eagles and König, 2008），中西非裂谷系同裂谷作用的第一阶段正处于这一时间段内。其扩张速度快于南大西洋初始扩张速度，与中大西洋扩张速率接近（Seton

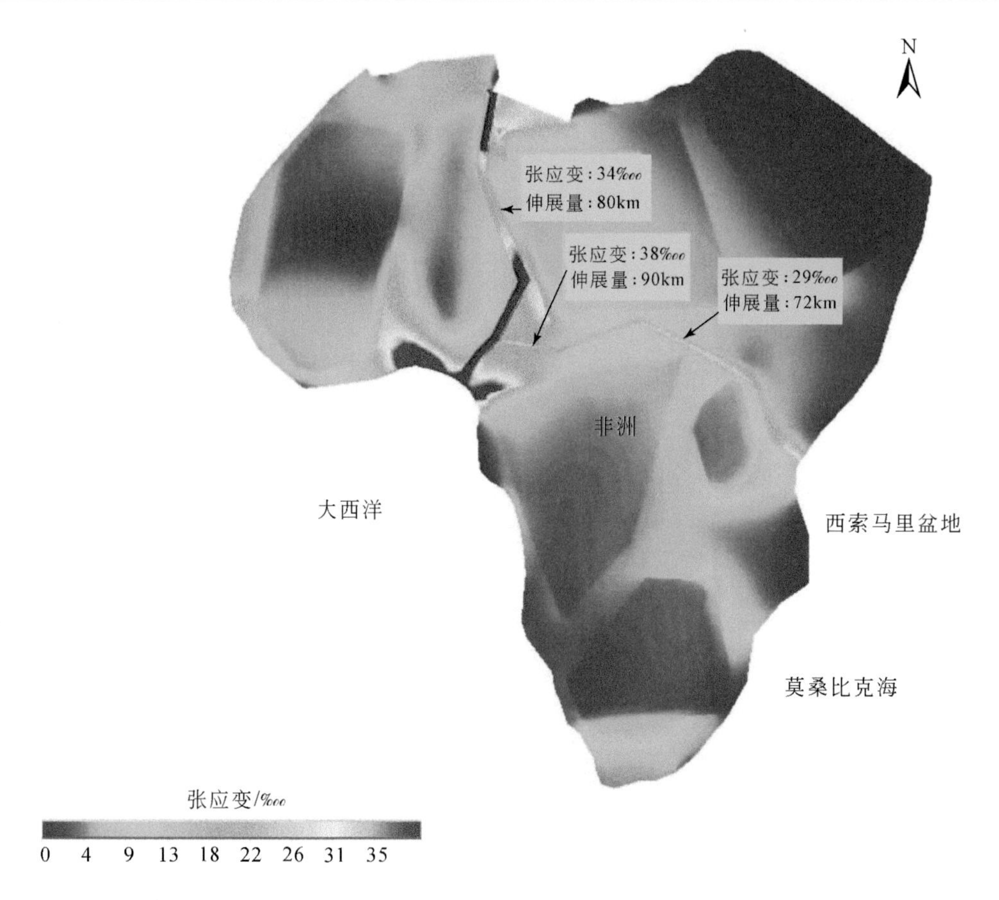

图 5.7 模型Ⅰ张应变等值线图

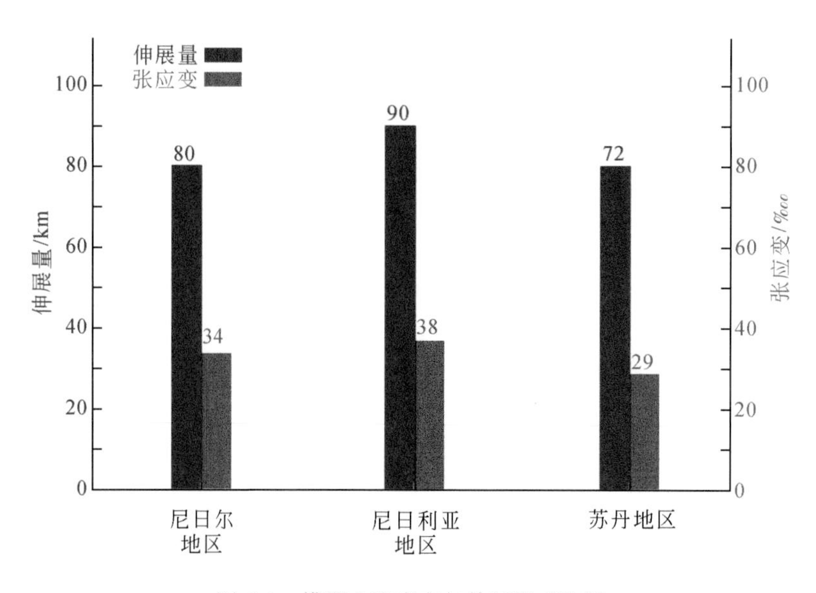

图 5.8 模型Ⅰ张应变与伸展量对比图

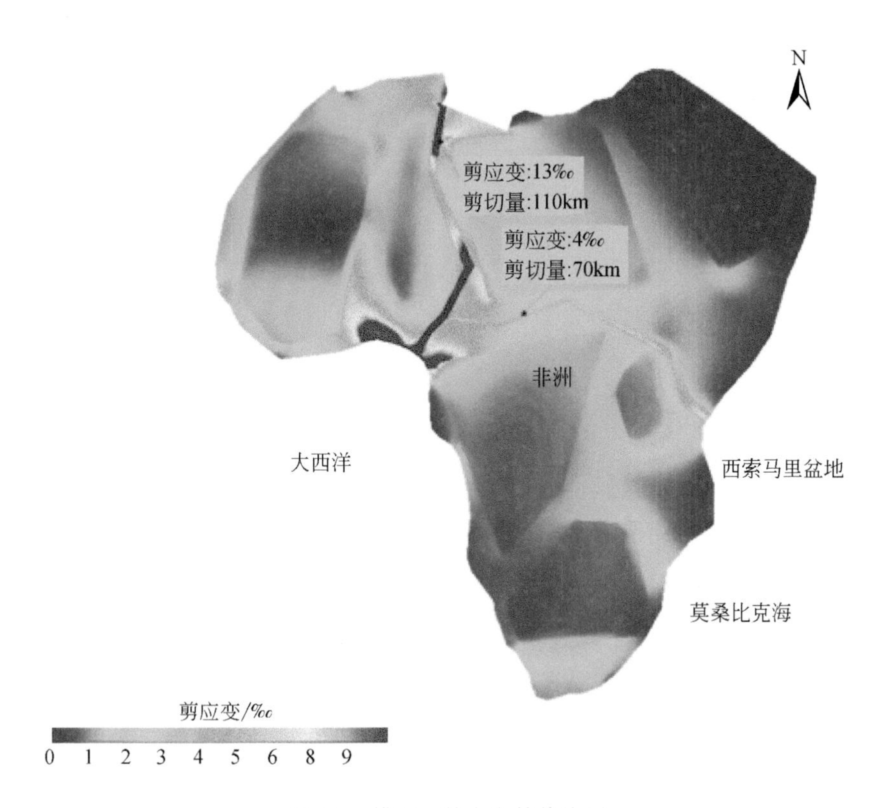

图5.9　模型Ⅰ剪应变等值线图

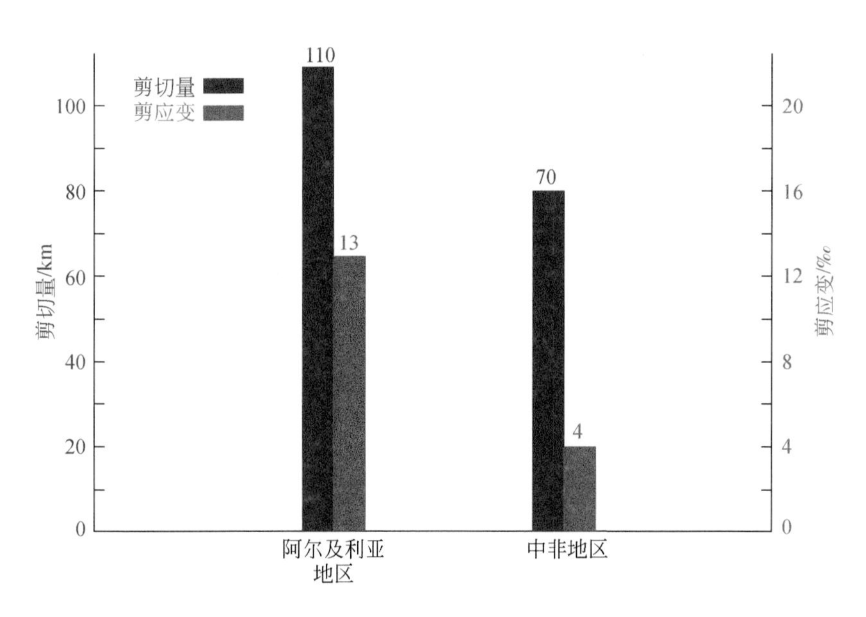

图5.10　模型Ⅰ剪应变与剪切量对比图

et al., 2012)。因此，在探讨西索马里盆地与莫桑比克海扩张的影响时，本节采用了恒定50MPa 的偏应力加载方式（图 5.11）。

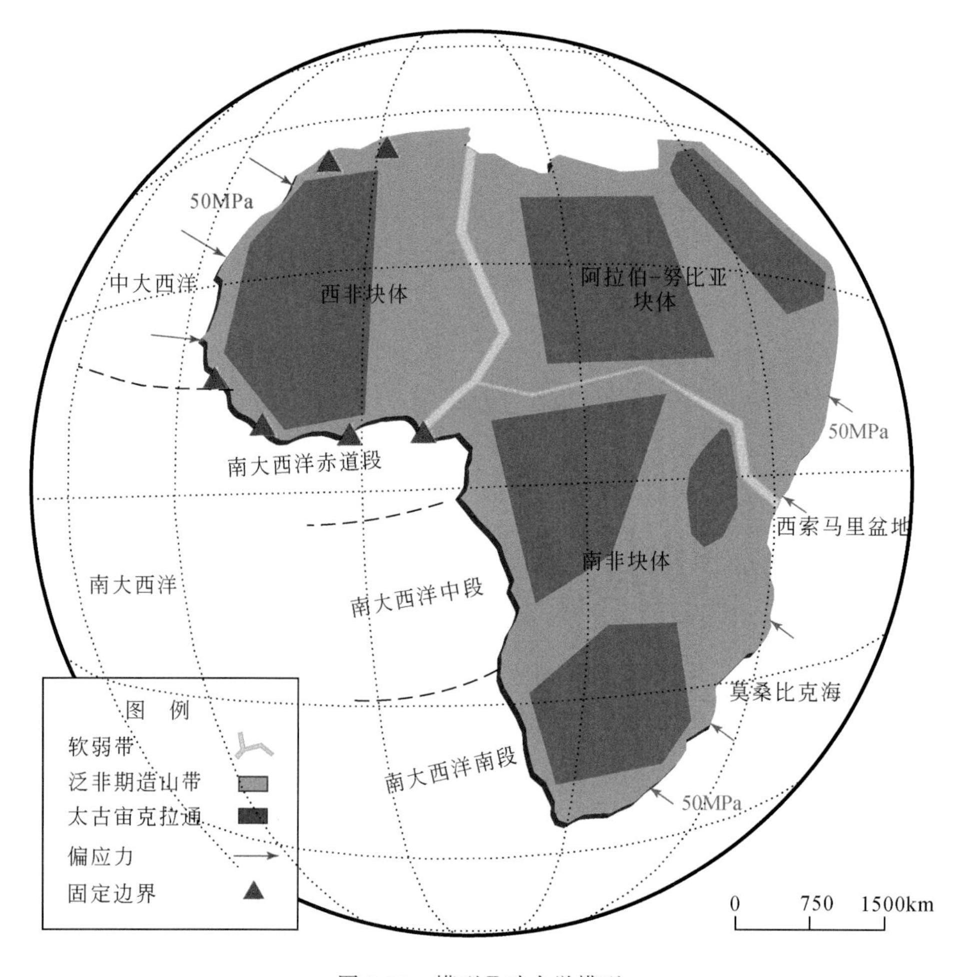

图 5.11 模型Ⅱ动力学模型

图 5.12 是模型Ⅱ模拟所得位移矢量图，黑色箭头代表模拟所得位移矢量，从图中可以看出，非洲大陆在该模型中整体上呈现顺时针的运动方向，同非洲大陆该时期逆时针的运动方向不吻合（Moulin et al., 2010）；红色箭头是 Seton 等（2012）重建的全球板块运动模型中位于非洲的三个位移矢量点。与模拟位移矢量图对比可得，模拟位移矢量和实际位移矢量平均相差 145°。因此，模型Ⅱ无法解释非洲板块在第一期同裂谷作用下的板块运动位移。

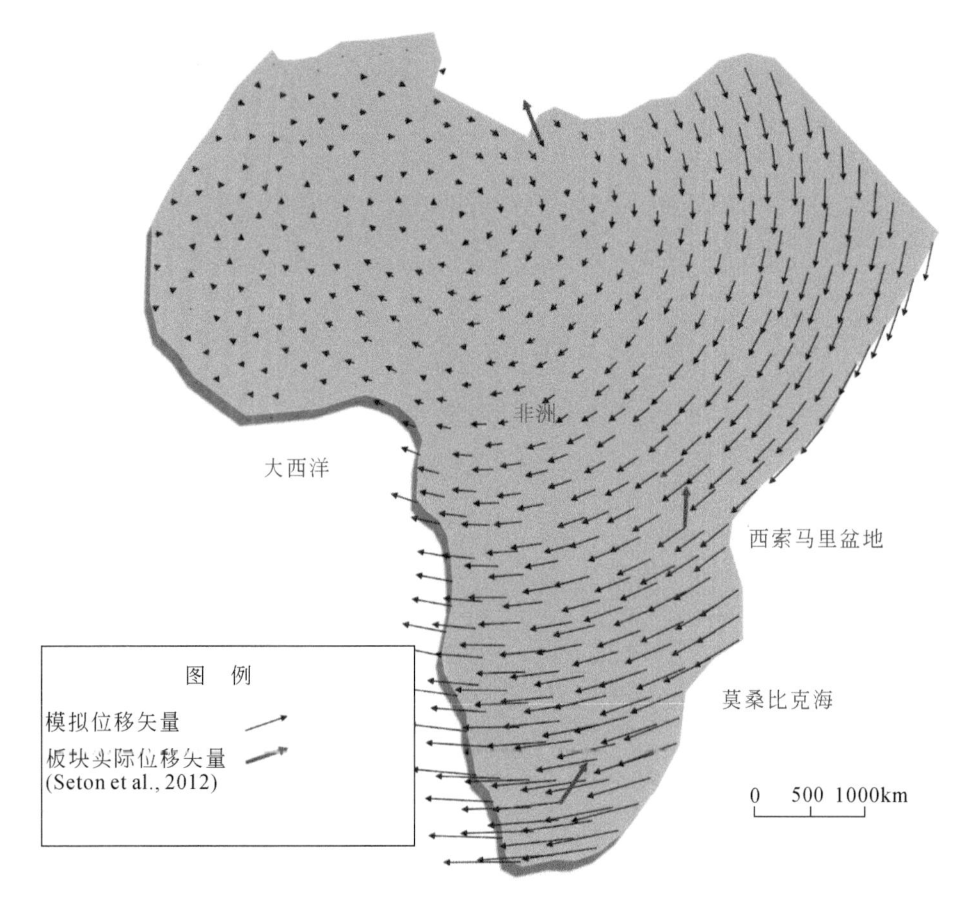

图5.12　模型Ⅱ位移矢量图

图5.13是模型Ⅱ模拟所得最大主应力轨线图，图5.14是模型Ⅱ模拟所得最小主应力轨线图。图5.13和图5.14中黑色轨线分别代表最大和最小主应力轨线，红色线段代表中西非裂谷系盆地的控盆断裂。在尼日尔地区的Termit盆地、Tenere盆地和Grein盆地中，最大主应力轨线和盆地的控盆断裂整体上呈现斜交而非平行，最小主应力轨线和盆地的控盆断裂呈现斜交而非垂直。在模拟所得应力环境下，无法形成实际地质条件下该走向的正断层。因此，模型Ⅱ无法解释尼日尔地区的裂谷走向。在苏丹地区的Muglad盆地、White Nile盆地、Blue Nile盆地、Anza盆地中，最大主应力轨线和盆地的控盆断裂整体上呈现斜交而非平行，最小主应力轨线和盆地的控盆断裂整体上呈现斜交而非垂直。在模拟所得应力条件下，无法形成实际地质条件下该走向的正断层，因此，模型Ⅱ无法解释苏丹地区的裂谷走向。

在尼日利亚地区的Benue裂谷，最大主应力轨线和盆地的控盆断裂呈现斜交而非平行，最小主应力轨线和盆地的控盆断裂呈现斜交而非垂直，因此，模型Ⅱ无法解释Benue

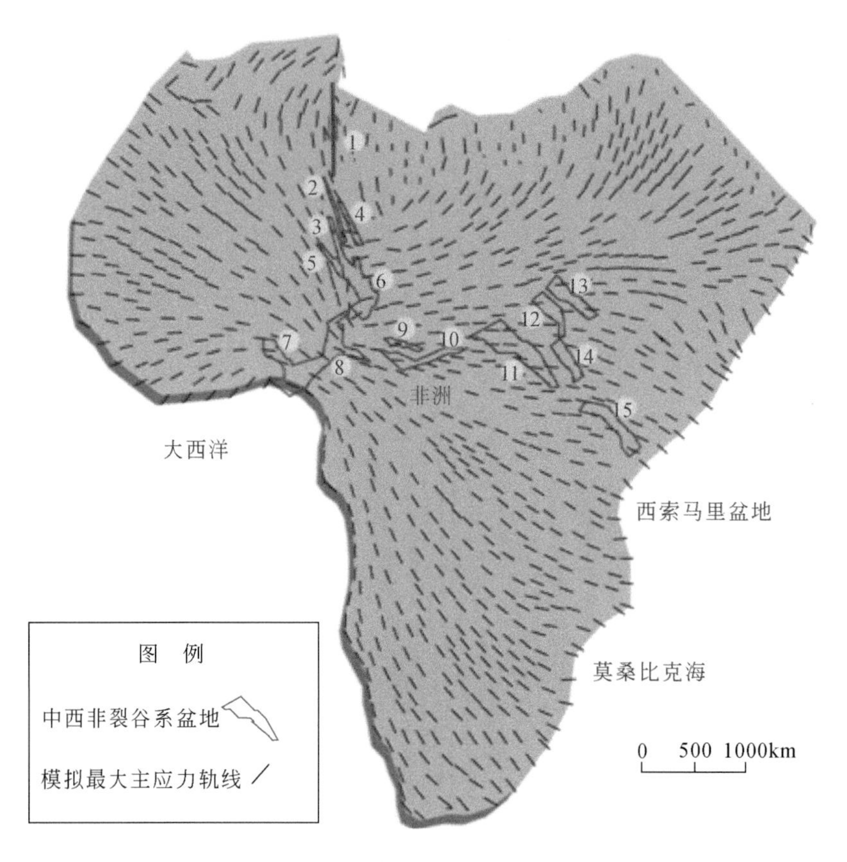

图 5.13 模型Ⅱ最大主应力轨线图

1-北非剪切带；2-Grein 盆地；3-Tenere 盆地；4-Kafra 盆地；5-Tefidet 盆地；6-Termit 盆地；7-Bida 盆地；8-Benue 盆地；9-Bongor 盆地；10-Salamat 盆地；11-Muglad 盆地；12-White Nile 盆地；13-Blue Nile 盆地；14-Melut 盆地；15-Anza 盆地

裂谷的控盆断裂走向。在中非剪切带的 Salamat 盆地中，最大主应力轨线与控盆的走滑性断层斜交，在模型Ⅱ的应力条件下，中非剪切带应当呈右旋走滑，与中非剪切带实际的右旋走滑一致（张艺琼等，2015）。在北非剪切带中，最大主应力轨线与剪切带平行而非斜交，在模拟所得应力环境下，无法形成实际呈现左旋走滑的北非剪切带（Moulin et al.，2010）。综上，模型Ⅱ的主应力轨线图无法解释中西非裂谷系各裂谷控盆断裂的走向。

图 5.15 是模型Ⅱ模拟所得的张应变等值线图，从图中观察可得，模型Ⅱ的张应变集中于几内亚三联支以及西索马里盆地邻近的 Anza 盆地处。Moulin 等（2010）重建了南大西洋演化过程，将 130Ma 时相应区域的伸展量在图 5.15 中标注，由西向东分别为尼日尔地区、尼日利亚地区和苏丹地区，伸展量分别为 80km、90km、72km。在模型Ⅱ中，模拟得到的张应变值分别为 16‱、20‱、31‱。从图 5.16 中可以看出，实际伸展量与模拟所

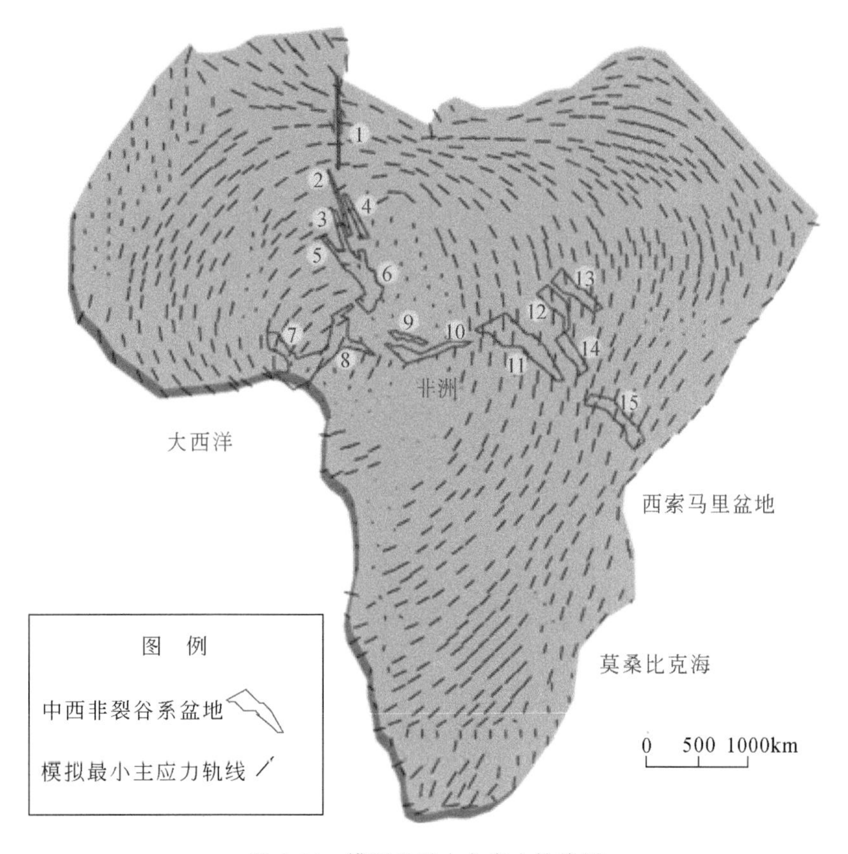

图5.14 模型Ⅱ最小主应力轨线图

1-北非剪切带；2-Grein 盆地；3-Tenere 盆地；4-Kafra 盆地；5-Tefidet 盆地；6-Termit 盆地；7-Bida 盆地；8-Benue 盆地；9-Bongor 盆地；10-Salamat 盆地；11-Muglad 盆地；12-White Nile 盆地；13-Blue Nile 盆地；14-Melut 盆地；15-Anza 盆地

得张应变值不呈现正相关的关系，无法解释第一期同裂谷作用的形成。

图5.17是模型Ⅱ模拟所得剪应变等值线图，从图中观察可知，剪应变主要集中在几内亚三联支与西索马里盆地邻近的Anza盆地处。Moulin等（2010）重建了南大西洋演化过程，将130Ma时相应区域的剪切量在图5.17中标注，由西向东依次为阿尔及利亚地区与中非地区，伸展量分别为110km和70km。在模型Ⅱ中，模拟得到的剪应变值均为5‰。从图5.18中可以看出，实际剪切量与模拟所得剪切量未呈现正相关关系，无法解释第一期同裂谷作用的形成。

综上所述，模型Ⅱ在非均质球壳模型的背景下，仅考虑了西索马里盆地与莫桑比克海的扩张。模拟所得无法解释中西非裂谷系各区域实际伸展量和剪切量，无法解释裂谷控盆断裂的走向，无法解释各张性盆地的伸展方向，也无法解释非洲板块的运动位移。因此，南大西洋的扩张无法单独解释第一期同裂谷作用的动力学过程。

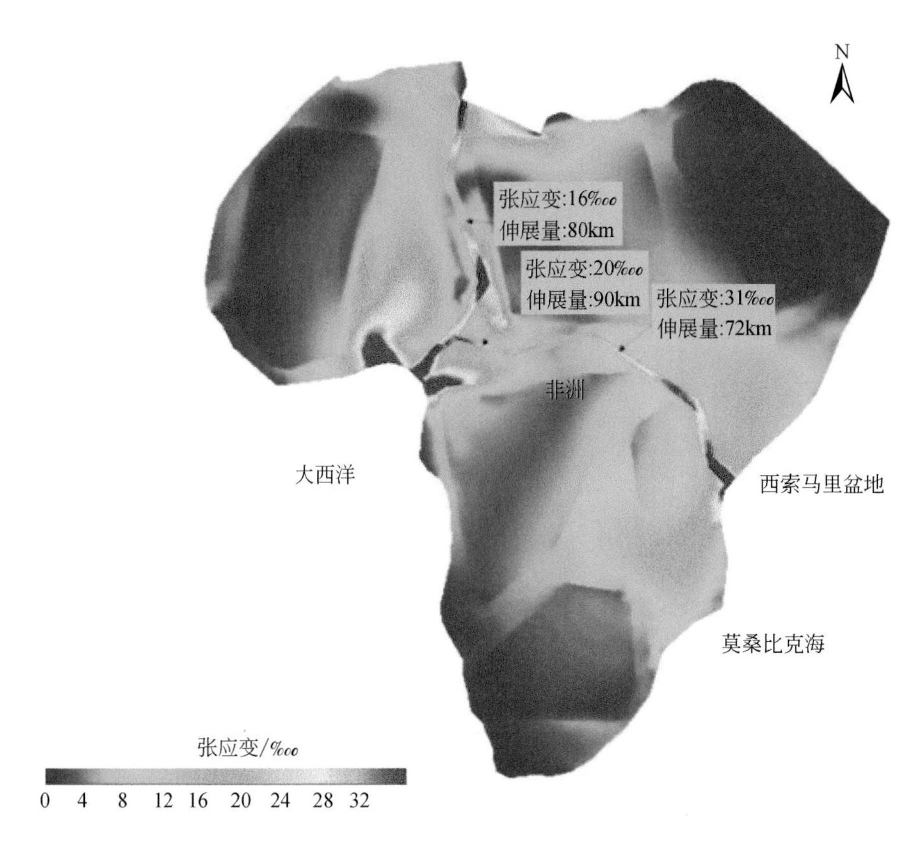

图 5.15　模型Ⅱ张应变等值线图

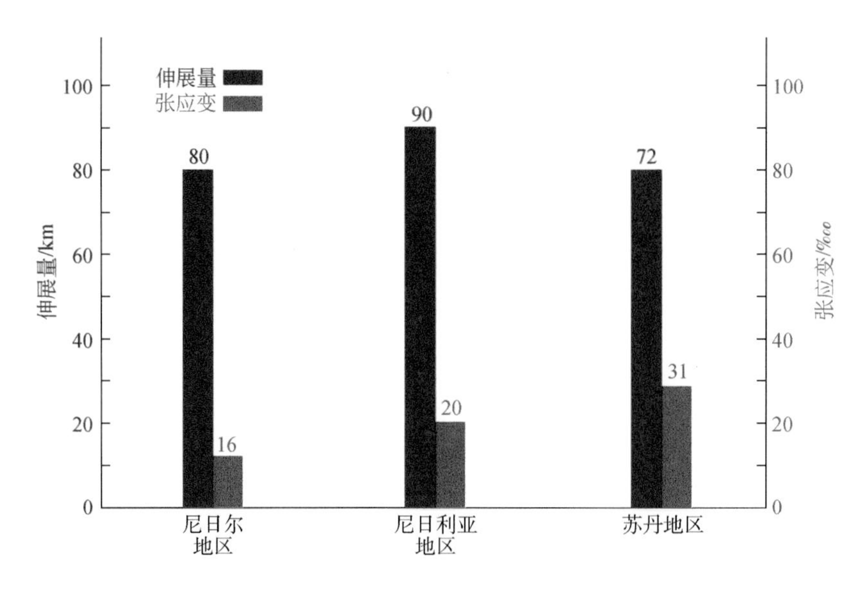

图 5.16　模型Ⅱ张应变与伸展量对比图

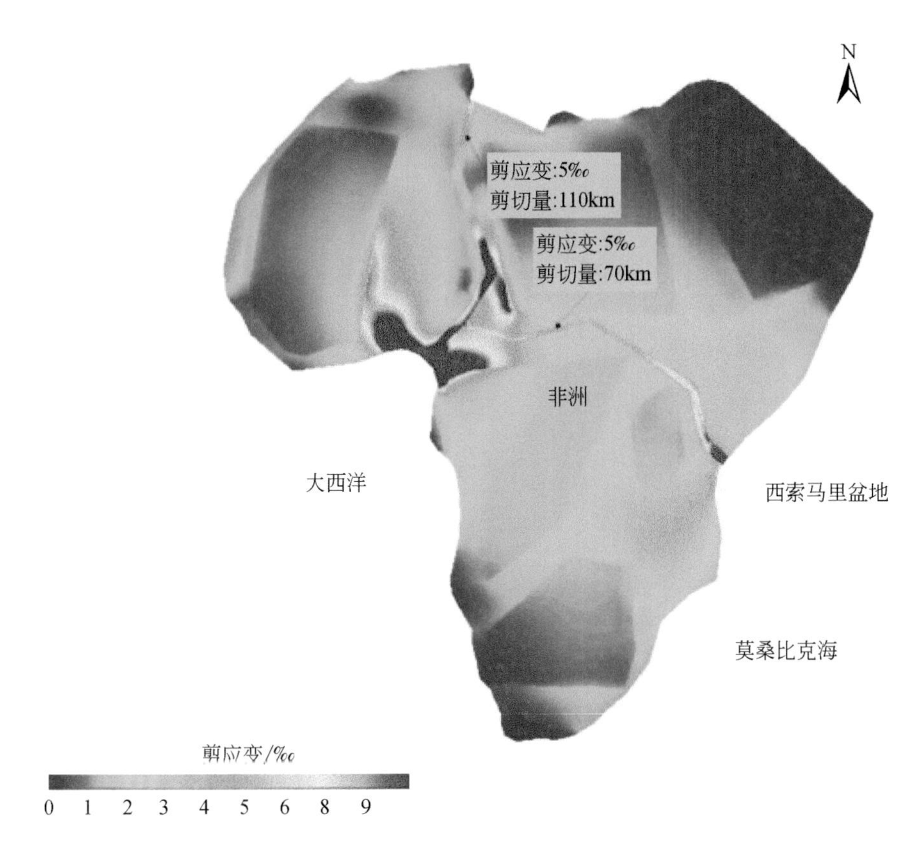

图5.17　模型Ⅱ剪应变等值线图

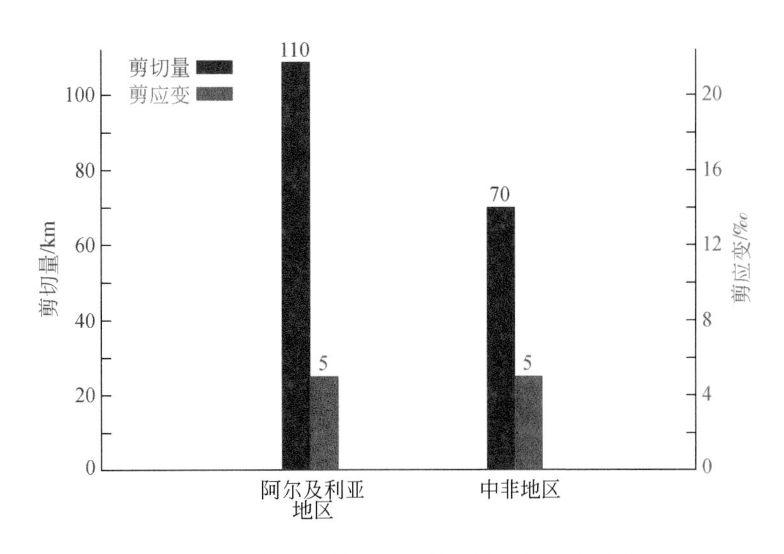

图5.18　模型Ⅱ剪应变与剪切量等值线对比图

3. 同时考虑非洲大陆东西两侧海底扩张（模型Ⅲ）

在模型Ⅰ与模型Ⅱ中，单独讨论非洲大陆西侧的南大西洋扩张或者东侧莫桑比克海和西索马里盆地的扩张均无法解释非洲中新生代裂谷系第一期同裂谷作用的动力学机制。因此，在模型Ⅲ中综合考虑非洲大陆东西两侧的海底扩张（图5.19）。

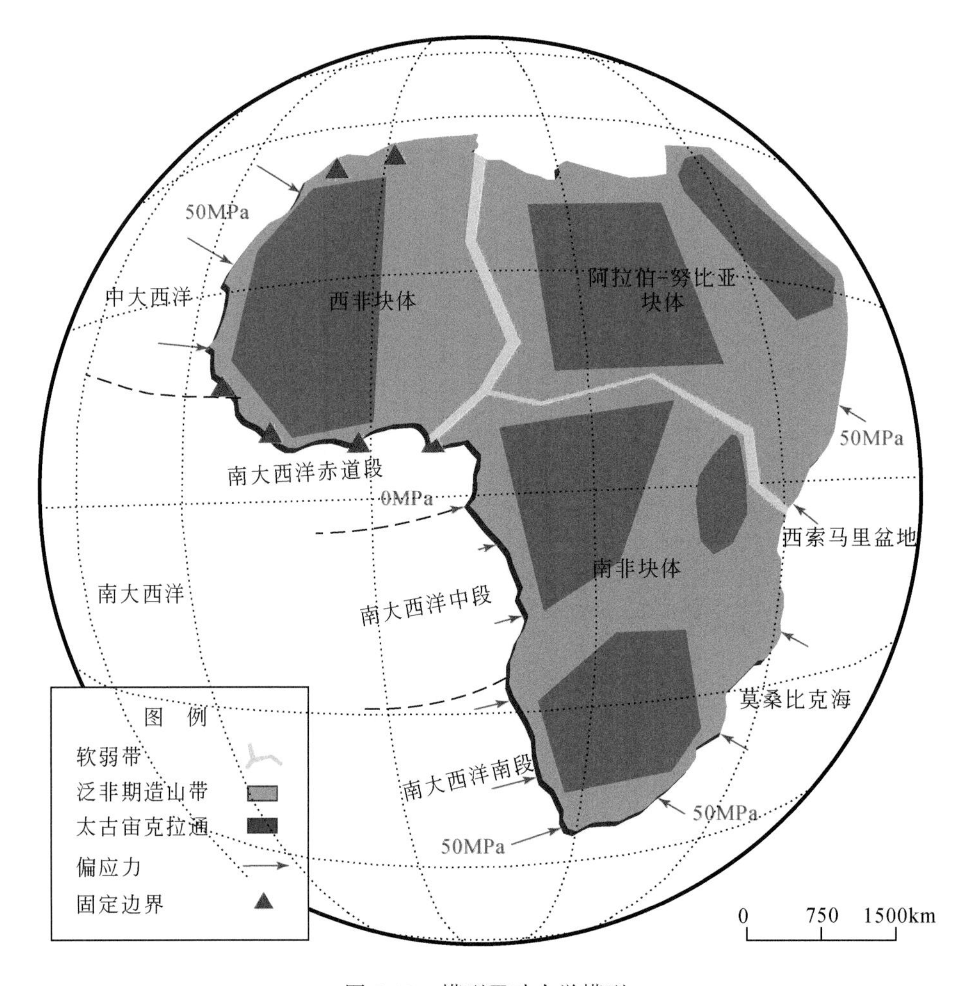

图5.19　模型Ⅲ动力学模型

图5.20是模型Ⅲ模拟所得位移矢量图。黑色箭头代表模拟所得位移矢量，红色箭头是Seton等（2012）重建的全球板块运动模型中位于非洲的三个位移矢量点。与模拟位移矢量图对比可得，模拟位移矢量和实际位移矢量平均相差2°。因此，模型Ⅲ能够解释非洲板块在第一期同裂谷作用时期的板块运动位移。

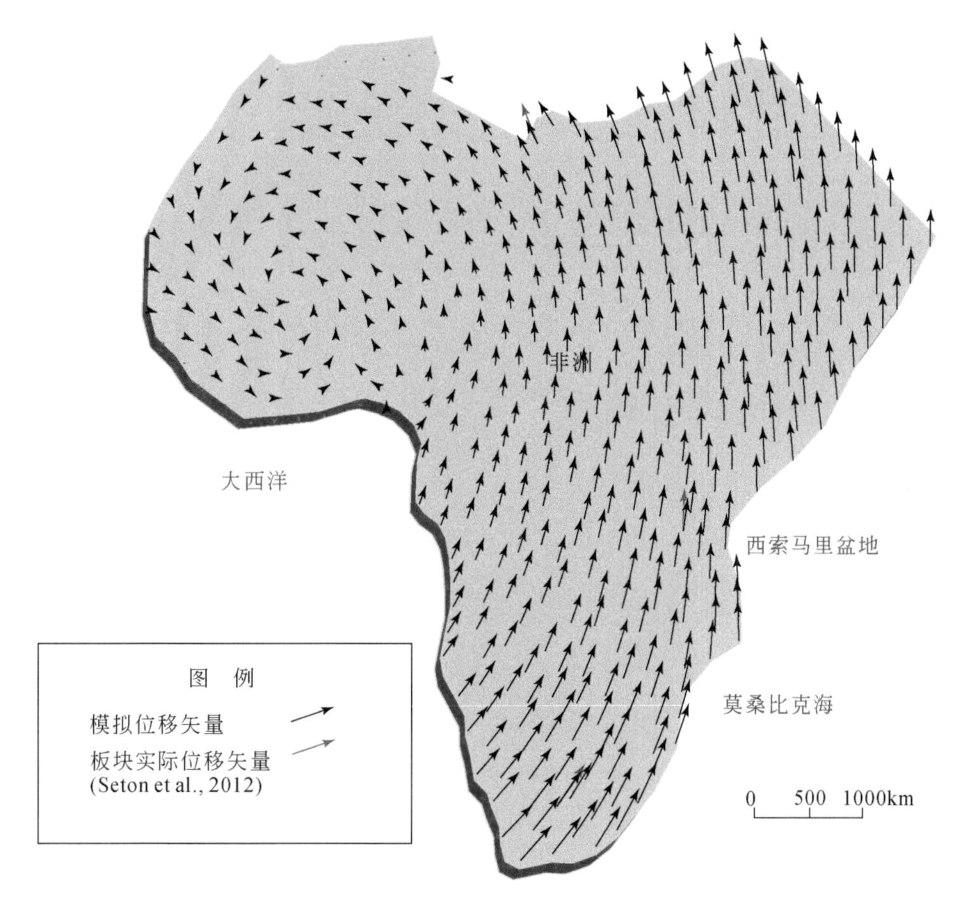

图5.20　模型Ⅲ位移矢量图

图5.21是模型Ⅲ模拟所得最大主应力轨线图，图5.22是模型Ⅲ模拟所得最小主应力轨线图。图5.21和图5.22中黑色轨线分别代表最大主应力轨线和最小主应力轨线，红色线段代表中西非裂谷系盆地的控盆断裂。在尼日尔地区的Termit盆地中，最大主应力轨线与盆地控盆断裂平行，最小主应力轨线与盆地控盆断裂垂直，在模拟所得应力条件下，能够解释尼日尔地区的裂谷走向。在苏丹地区的Muglad盆地、White Nile盆地、Blue Nile盆地和Anza盆地中，最大主应力轨线和盆地的控盆断裂整体上呈现平行，最小主应力轨线和盆地的控盆断裂整体上呈现垂直，在模拟所得应力条件下，能够解释苏丹地区的裂谷走向。

在尼日利亚地区的Benue裂谷中，最大主应力轨线和盆地的控盆断裂呈现斜交而非平行，最小主应力轨线和盆地的控盆断裂呈现斜交而非垂直，因此，模型Ⅲ无法解释Benue裂谷的控盆断裂走向。在中非剪切带的Salamat盆地中，最大主应力轨线与控盆的走滑性断层斜交，在模型Ⅲ的应力条件下，中非剪切带应当呈右旋走滑，与中非剪切带实际的右

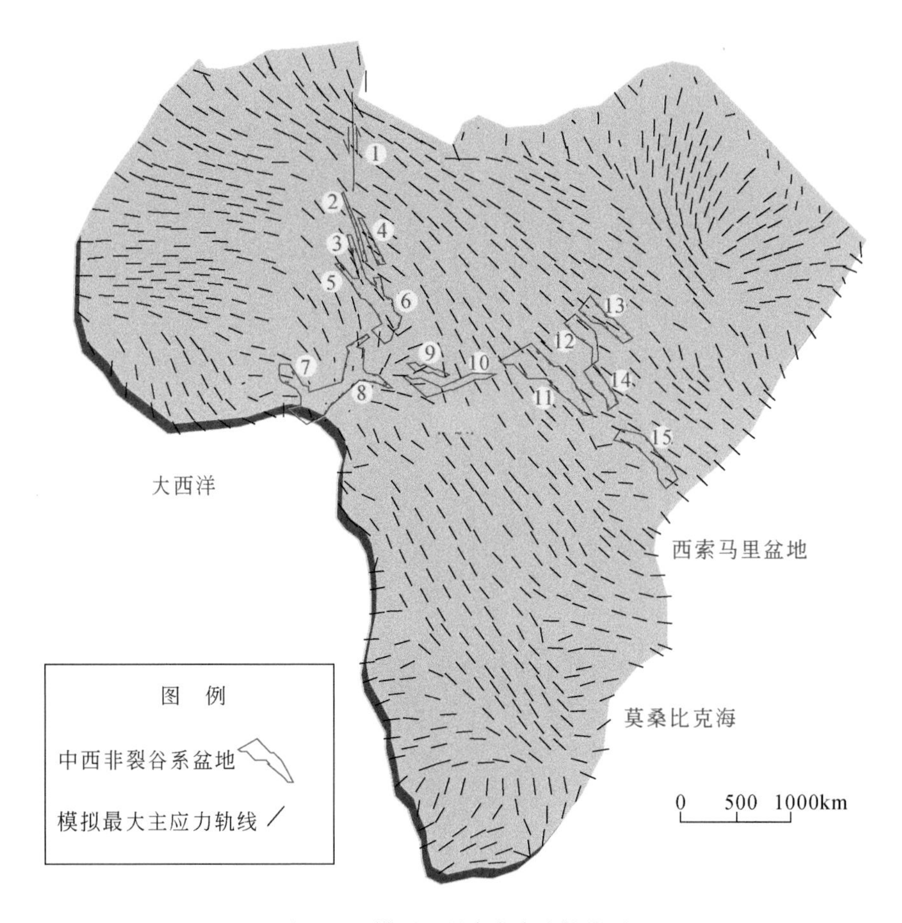

图 5.21 模型Ⅲ最大主应力轨线图

1-北非剪切带；2-Grein 盆地；3-Tenere 盆地；4-Kafra 盆地；5-Tefidet 盆地；6-Termit 盆地；7-Bida 盆地；8-Benue 盆地；9-Bongor 盆地；10-Salamat 盆地；11-Muglad 盆地；12-White Nile 盆地；13-Blue Nile 盆地；14-Melut 盆地；15-Anza 盆地

旋走滑一致（张艺琼等，2015）。

在北非剪切带中，模拟所得最大主应力轨线与北非剪切带斜交，在该应力环境下，应当形成左旋的走滑剪切带，与北非剪切带实际的左旋走滑一致（Moulin et al.，2010）。

综上所述，除 Benue 裂谷之外，模型Ⅲ可以解释中西非裂谷系大多数裂谷的伸展方向和走向，能够解释中非剪切带和北非剪切带的走滑方向。

图 5.23 是模型Ⅲ模拟所得的张应变等值线图，从图中观察可知，模型Ⅲ的张应变集中于几内亚三联支处与北非剪切带处。Moulin 等（2010）重建了南大西洋演化过程，将 130Ma 时非洲部分区域的伸展量于图 5.23 中标注，由西向东分别为尼日尔地区、尼日利亚地区和苏丹地区，伸展量分别为 80km、90km、72km。在模型Ⅲ中，模拟得到的张应变

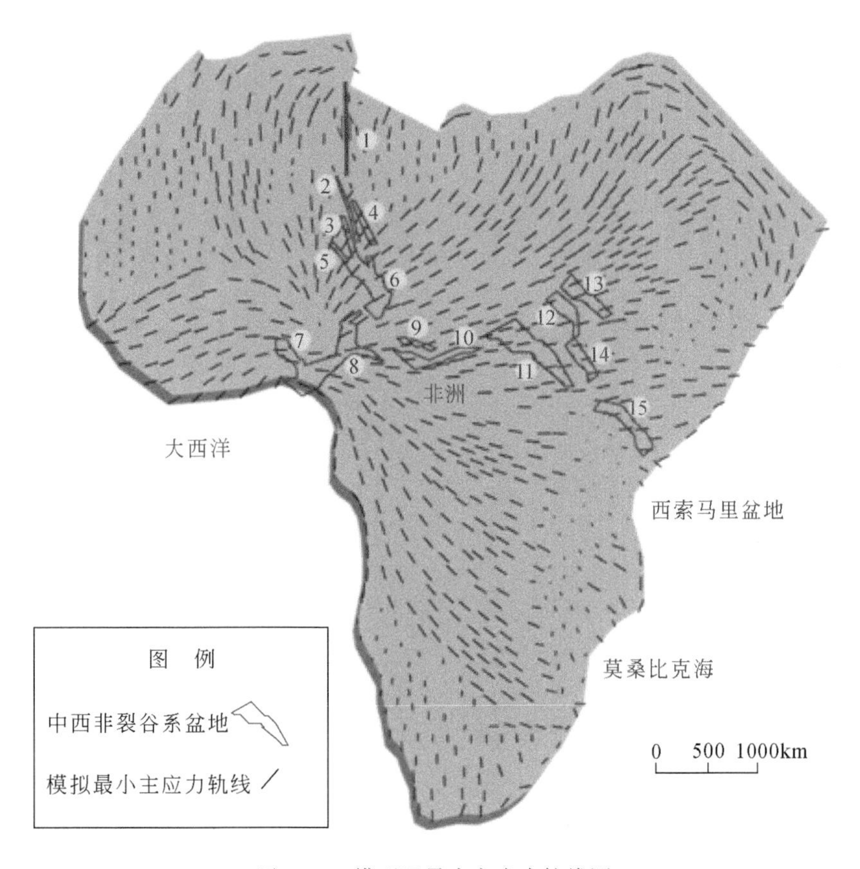

图5.22　模型Ⅲ最小主应力轨线图

1-北非剪切带；2-Grein 盆地；3-Tenere 盆地；4-Kafra 盆地；5-Tefidet 盆地；6-Termit 盆地；7-Bida 盆地；8-Benue 盆地；9-Bongor 盆地；10-Salamat 盆地；11-Muglad 盆地；12-White Nile 盆地；13-Blue Nile 盆地；14-Melut 盆地；15-Anza 盆地

值分别为23‱、22‱、8‱。从图5.24中可以看出，实际伸展量与模拟所得张应变值不呈现正相关的关系，无法解释第一期同裂谷作用的形成。

图5.25是模型Ⅲ模拟所得剪应变等值线图，从图中观察可知，剪应变主要集中在几内亚三联支与北非剪切带处。Moulin 等（2010）重建了南大西洋演化过程，将130Ma 时非洲部分区域的剪切量于图5.25中标注，由西向东依次为阿尔及利亚地区与中非地区，伸展量分别为110km 和70km。在模型Ⅲ中，模拟得到的剪应变值分别为11‰和4‰。从图5.26中可以看出，实际剪切量与模拟所得剪切量呈现正相关关系，可以解释第一期同裂谷作用的形成，

综上所述，模型Ⅲ在非均质球壳模型的背景下，综合考虑了非洲大陆西侧南大西洋的扩张与非洲大陆东侧西索马里盆地和莫桑比克海的扩张。模拟所得无法解释中西非裂谷系

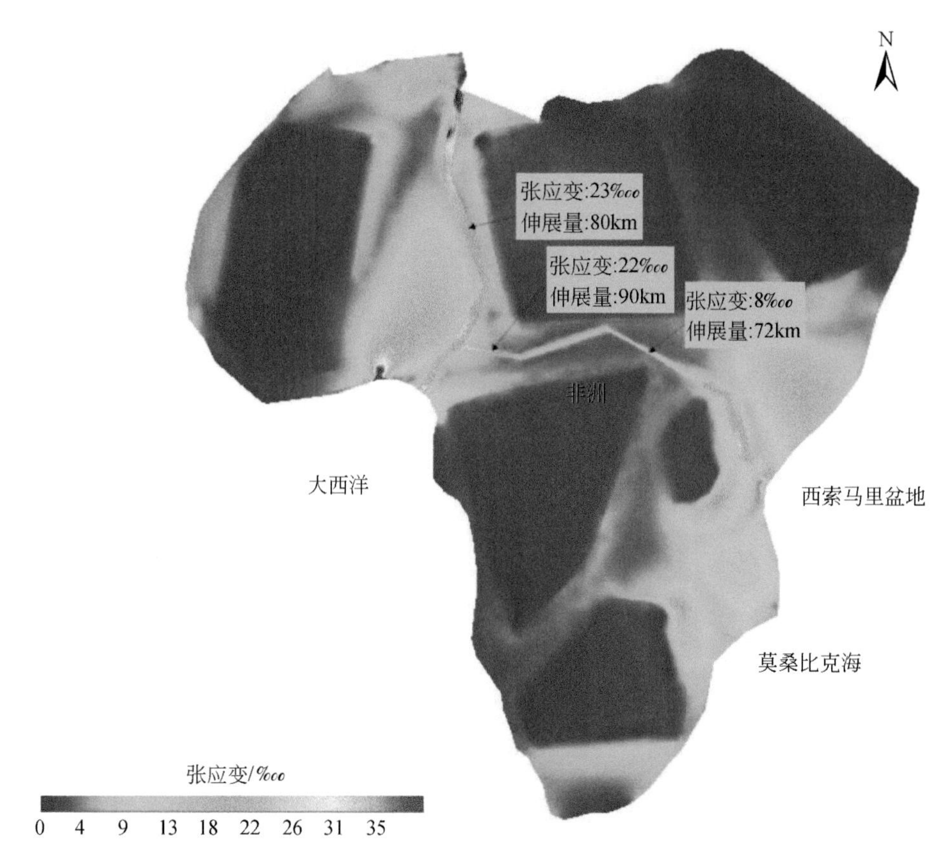

图 5.23 模型Ⅲ张应变等值线图

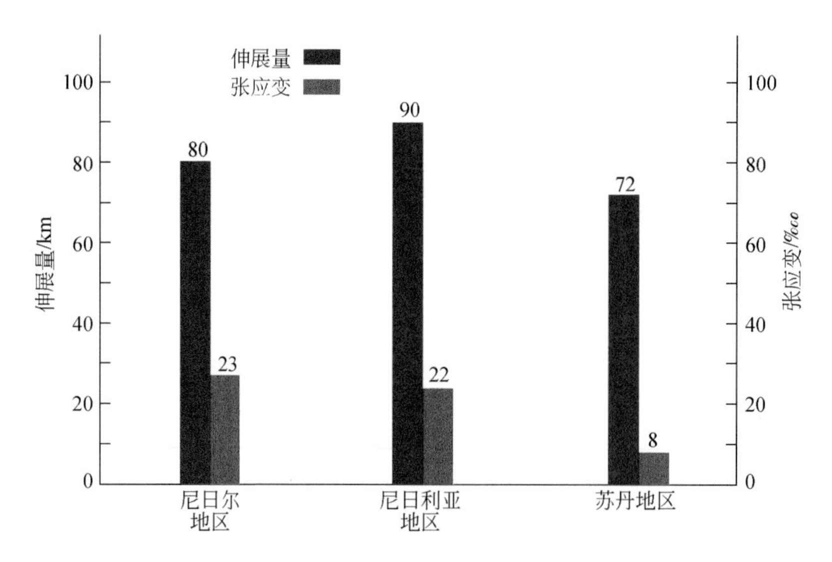

图 5.24 模型Ⅲ张应变与伸展量对比图

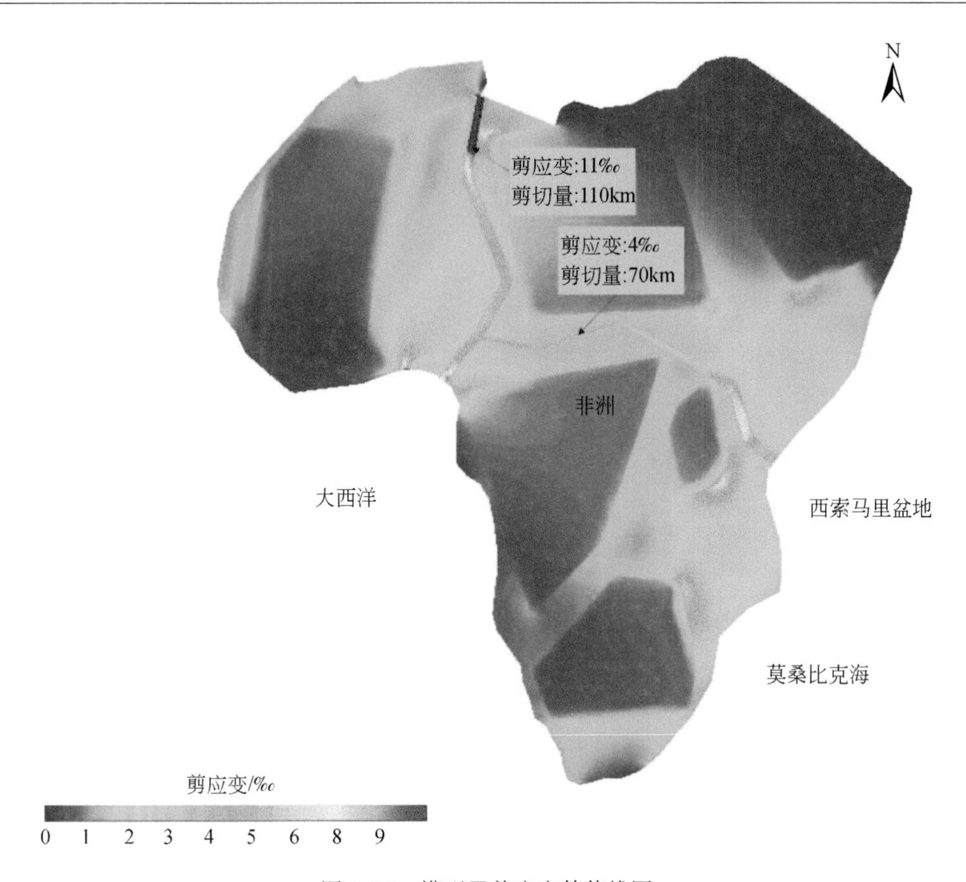

图 5. 25　模型Ⅲ剪应变等值线图

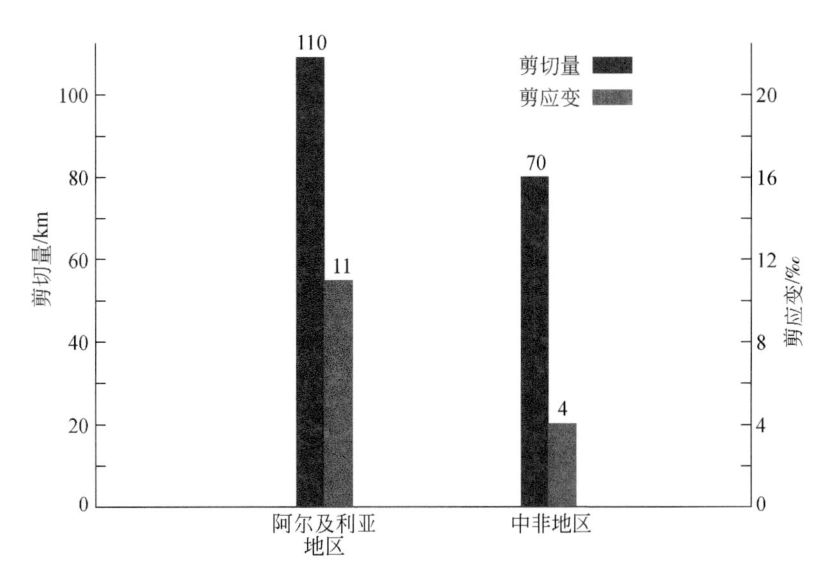

图 5. 26　模型Ⅲ剪应变与剪切量对比图

各区域的实际伸展量，但能够解释北非剪切带与中非剪切带的剪切量，能够解释除 Benue 裂谷之外大多数裂谷的控盆断裂方向，能够解释非洲大陆在第一期同裂谷阶段的位移。因此，综合考虑非洲大陆东西两侧的大洋扩张能够在一定程度上解释非洲中生代裂谷盆地第一期同裂谷作用的动力学机制。

4. St. Helena 地幔柱（模型Ⅳ）

在几内亚三联支处存在 St. Helena 地幔柱，且与位于喀麦隆地区的火山链 HIMU 值相似，指示了地幔柱对于喀麦隆地区的影响（Janssen et al., 1995；Kamgang et al., 2013；Loule and Pospisil, 2013）。模型Ⅳ在图 5.2 模型基础之上，仅考虑 St. Helena 的上涌，探讨地幔柱对于中新生代非洲裂谷系第一期同裂谷作用的机制（图 5.27）。

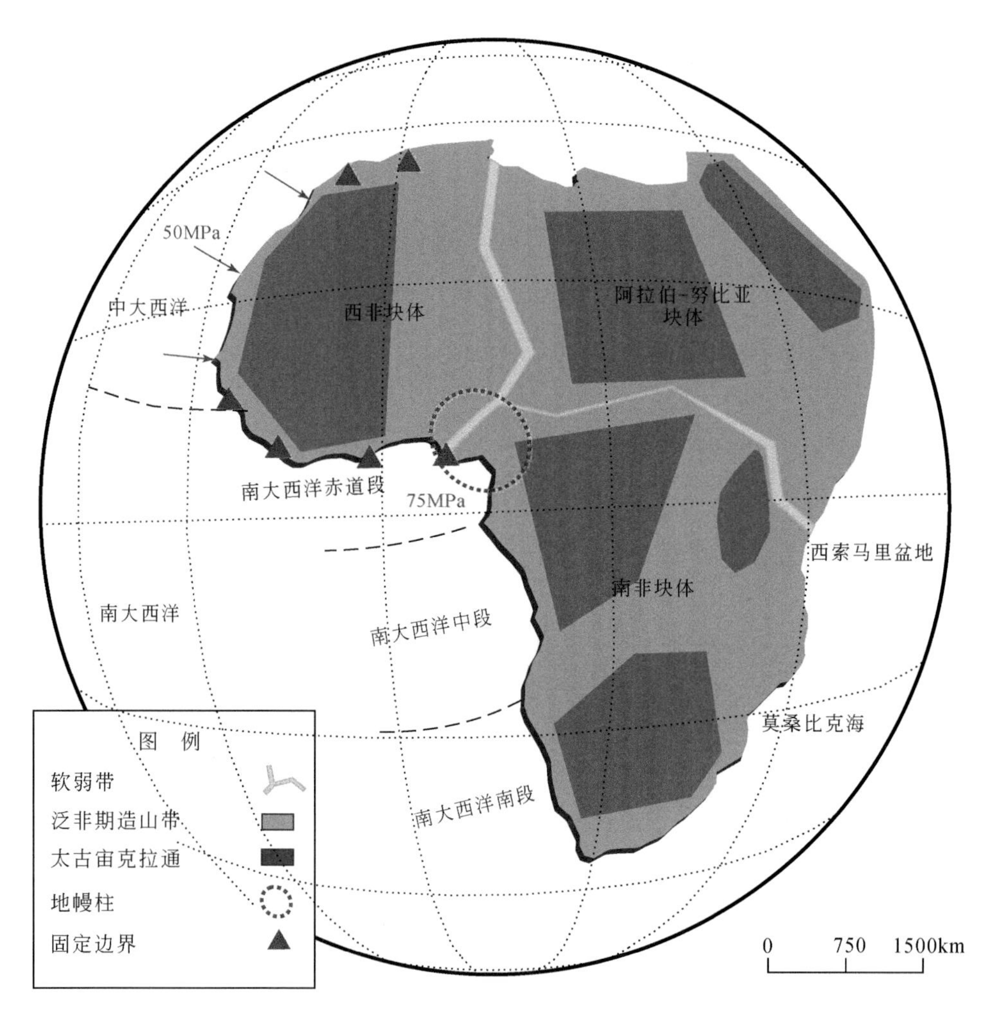

图 5.27　模型Ⅳ动力学模型

图5.28是模型Ⅳ模拟所得位移矢量图，黑色箭头代表模拟所得位移矢量，从图中可以看出，位移量相比之前的模型明显过小。红色箭头是Seton等（2012）重建的全球板块运动模型中位于非洲的三个位移矢量点。与模拟位移矢量图对比可得，模拟位移矢量和实际位移矢量平均相差30°。因此，模型Ⅳ能够解释非洲板块在第一期同裂谷作用时期的板块运动位移。

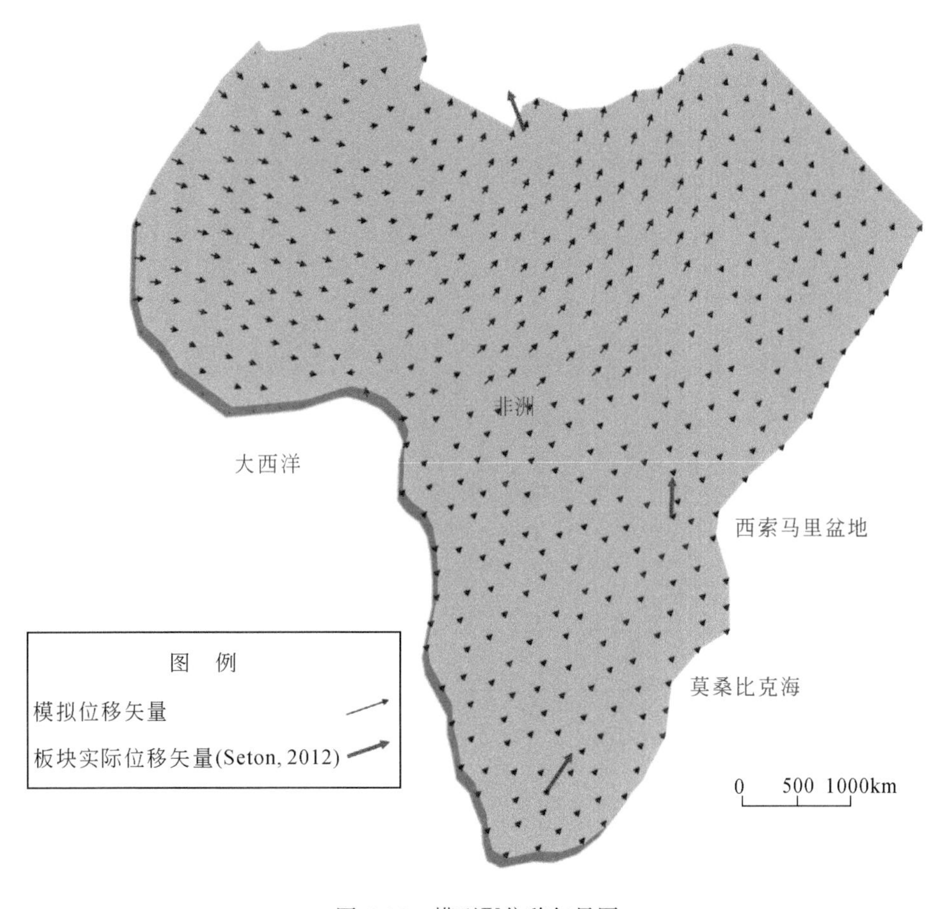

图5.28　模型Ⅳ位移矢量图

图5.29是模型Ⅳ模拟所得最大主应力轨线图，图5.30是模型Ⅳ模拟所得最小主应力轨线图。图5.29和图5.30中黑色轨线分别代表最大主应力轨线和最小主应力轨线，红色线段代表中西非裂谷系盆地的控盆断裂。在尼日尔地区的Termit盆地中，最大主应力轨线与盆地控盆断裂斜交而非平行，最小主应力轨线与盆地控盆断裂斜交而非垂直，在模拟所得应力条件下，无法解释尼日尔地区的裂谷走向。在苏丹地区的Muglad盆地、White Nile盆地、Blue Nile盆地、Anza盆地中，最大主应力轨线和盆地的控盆断裂垂直而非平行，最小主应力轨线和盆地的控盆断裂整体上呈现平行而非垂直，在模拟所得应力条件下，无

法解释苏丹地区的裂谷走向与伸展方向。

图 5.29　模型Ⅳ最大主应力轨线图

1-北非剪切带；2-Grein 盆地；3-Tenere 盆地；4-Kafra 盆地；5-Tefidet 盆地；6-Termit 盆地；7-Bida 盆地；8-Benue 盆地；9-Bongor 盆地；10-Salamat 盆地；11-Muglad 盆地；12-White Nile 盆地；13-Blue Nile 盆地；14-Melut 盆地；15-Anza 盆地

在尼日利亚地区的 Benue 裂谷中，最大主应力轨线和盆地的控盆断裂平行，最小主应力轨线和盆地的控盆断裂呈现斜交垂直，因此，模型Ⅳ可以解释 Benue 裂谷的控盆断裂走向。在中非剪切带的 Salamat 盆地中，最大主应力轨线与控盆的走滑性断层斜交，在模型Ⅳ的应力条件下，中非剪切带应当呈左旋走滑，无法解释中非剪切带在该时期的右旋走滑（张艺琼等，2015）。

在北非剪切带中，模拟所得最大主应力轨线与北非剪切带斜交，在该应力环境下，应当形成左旋的走滑剪切带，与北非剪切带实际的左旋走滑一致（Moulin et al.，2010）。综上所述，模型Ⅳ无法解释除 Benue 裂谷外其他中西非裂谷系裂谷的伸展方向和走向，也无法解释中非剪切带的左旋走滑，不是理想的解释中西非裂谷系主应力轨线方向的动力学模型。

图5.30　模型Ⅳ最小主应力轨线图

1-北非剪切带；2-Grein盆地；3-Tenere盆地；4-Kafra盆地；5-Tefidet盆地；6-Termit盆地；7-Bida盆地；8-Benue盆地；9-Bongor盆地；10-Salamat盆地；11-Muglad盆地；12-White Nile盆地；13-Blue Nile盆地；14-Melut盆地；15-Anza盆地

图5.31是模型Ⅳ模拟所得的张应变等值线图，从图中观察可知，模型Ⅳ的张应变集中于几内亚三联支处。Moulin等（2010）重建了南大西洋演化过程，将130Ma时非洲部分区域的伸展量于图5.31中标注，由西向东分别为尼日尔地区、尼日利亚地区和苏丹地区，伸展量分别为80km、90km、72km。在模型Ⅳ中，模拟得到的张应变值分别为9‱、60‱、2‱。从图5.32中可以看出，伸展量与张应变值呈现正相关的关系，但是尼日尔地区与苏丹地区的张应变量明显过低，张应变全部集中于尼日利亚地区。因此，模型Ⅳ不能很好地解释中新生代非洲裂谷系第一期同裂谷作用的伸展量。

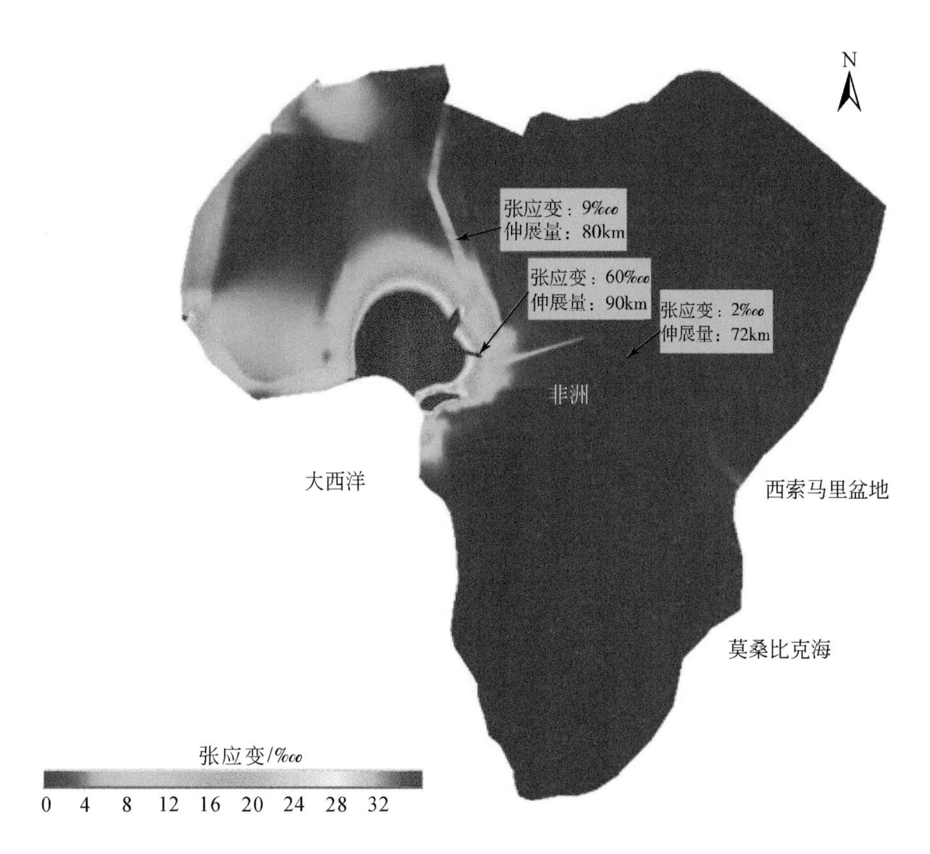

图 5.31　模型Ⅳ张应变等值线图

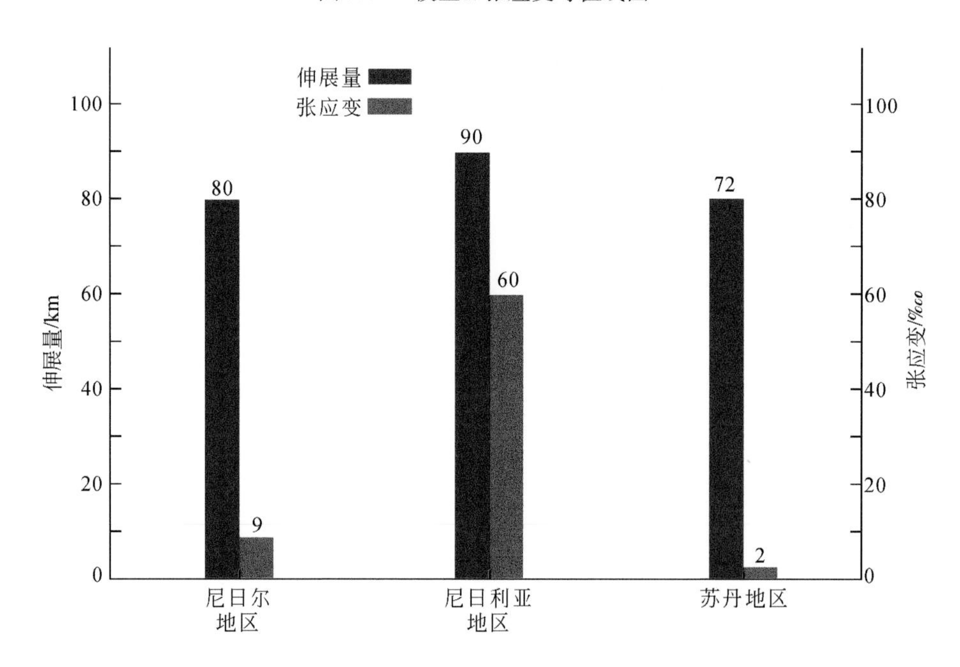

图 5.32　模型Ⅳ张应变与伸展量对比柱状图

图5.33是模型Ⅳ模拟所得剪应变等值线图，从图中观察可知，剪应变主要集中在几内亚三联支处。Moulin等（2010）重建了南大西洋演化过程，将130Ma时非洲部分区域的剪切量于图5.33中标注，由西向东依次为阿尔及利亚地区与中非地区，伸展量分别为110km和70km。在模型Ⅳ中，模拟得到的剪应变值分别为1‰和2‰（图5.34）。从图5.34中可以看出，剪切量与剪应变不呈现正相关关系，同时其在北非剪切带和中非剪切带的剪切量明显过小，无法解释第一期同裂谷作用的形成。

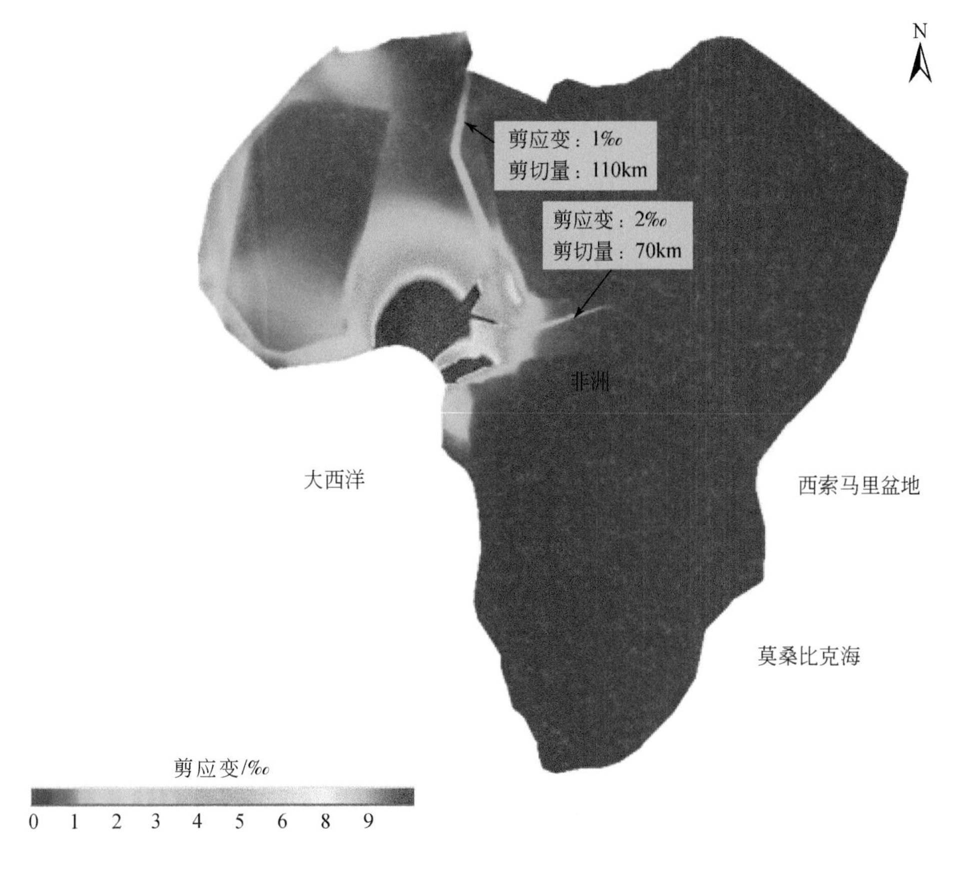

图5.33　模型Ⅳ剪应变等值线图

综上所述，模型Ⅳ在非均质球壳模型的背景下，仅考虑几内亚三联支处地幔柱的上涌，模拟结果无法解释非洲大陆在第一期同裂谷作用阶段的位移矢量，无法解释绝大多数裂谷的控盆断裂走向与裂谷伸展方向，也不能很好解释中西非裂谷系各区域的伸展量与剪切量。因此，仅考虑几内亚三联支处地幔柱的上涌作用，无法解释非洲中生代裂谷盆地第一期同裂谷作用的动力学机制。

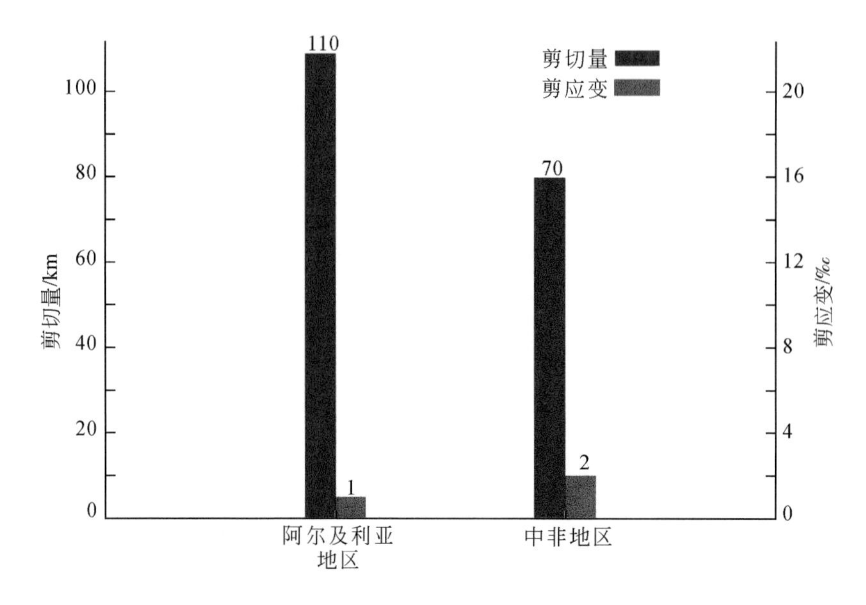

图 5.34　模型Ⅳ剪应变与剪切量对比柱状图

5. 综合 St. Helena 地幔柱与非洲大陆东西两侧海底扩张（模型Ⅴ）

之前的模型Ⅰ～Ⅳ均无法解释中新生代第一期同裂谷作用的动力学机制。在模型Ⅴ中，综合考虑模型Ⅲ中非洲大陆东西两侧海底扩张与模型Ⅳ中的 St. Helena 地幔柱的上涌，探讨中新生代非洲裂谷系第一期同裂谷作用的机制（图 5.35）。

图 5.36 是模型Ⅴ模拟所得位移矢量图，黑色箭头代表模拟所得位移矢量，红色箭头是 Seton 等（2012）重建的全球板块运动模型中位于非洲的三个位移矢量点。与模拟位移矢量图对比可得，模拟位移矢量和实际位移矢量平均相差 4°。因此，模型Ⅴ能够解释非洲板块在第一期同裂谷作用时期的板块运动位移。

图 5.37 是模型Ⅴ模拟所得最大主应力轨线图，图 5.38 是模型Ⅴ模拟所得最小主应力轨线图。图 5.37 和图 5.38 中黑色轨线分别代表最大主应力轨线和最小主应力轨线，红色线段代表中西非裂谷系盆地的控盆断裂。在尼日尔地区的 Termit 盆地中，最大主应力轨线与盆地控盆断裂整体上呈现平行，在模拟所得应力条件下，能够解释尼日尔地区的裂谷走向。在苏丹地区的 Muglad 盆地、White Nile 盆地、Blue Nile 盆地、Anza 盆地中，最大主应力轨线和盆地的控盆断裂整体上平行，在模拟所得应力条件下，能够解释苏丹地区的裂谷走向。

在尼日利亚地区的 Benue 盆地中，最大主应力轨线和盆地的控盆断裂呈现平行，最小主应力轨线和盆地的控盆断裂呈现垂直，因此，模型Ⅴ能够解释 Benue 盆地的控盆断裂走向。在中非剪切带的 Salamat 盆地中，最大主应力轨线与控盆的走滑性断层斜交，在模型

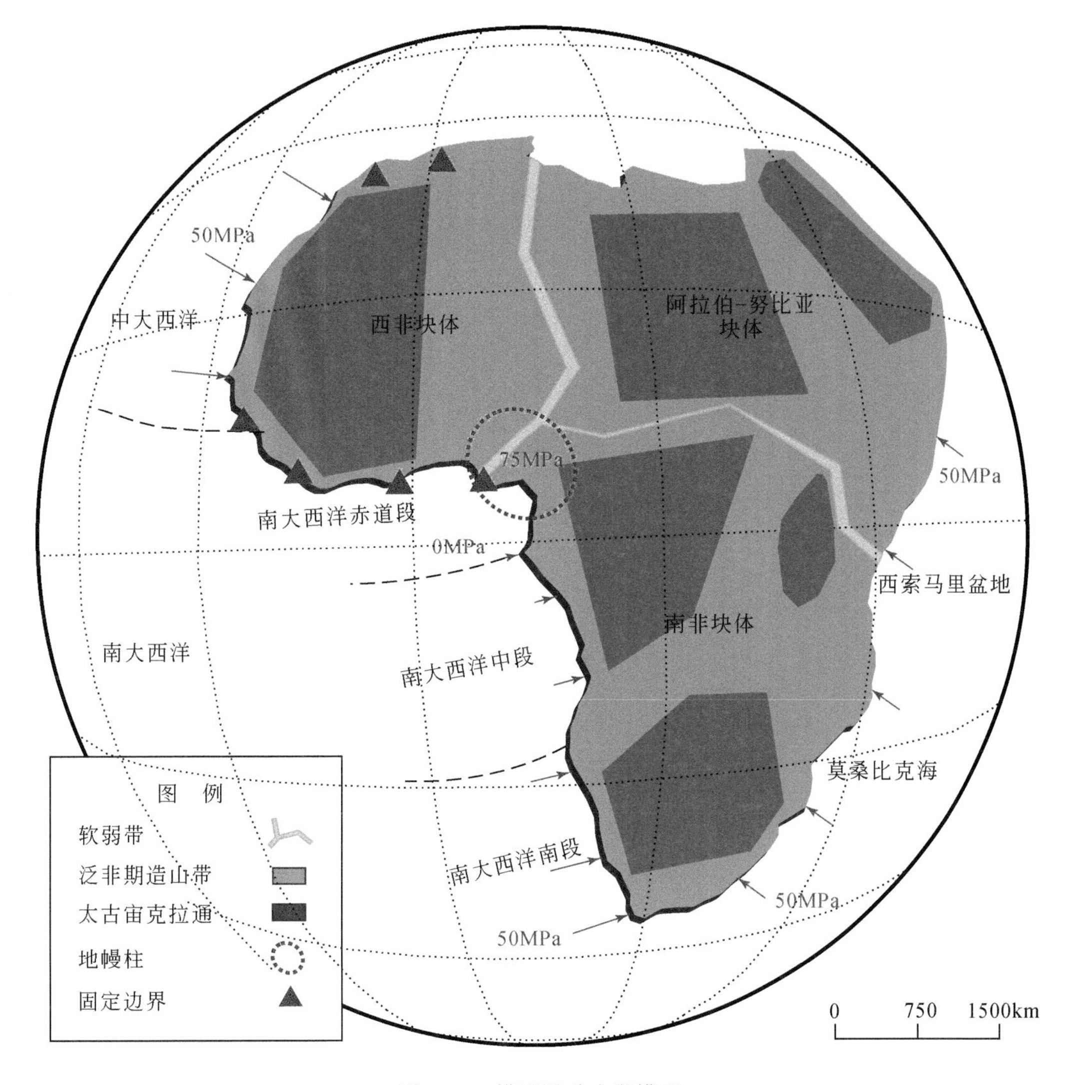

图5.35 模型V动力学模型

V的应力条件下，中非剪切带应当呈右旋走滑，与中非剪切带实际的右旋走滑一致（张艺琼等，2015）。在北非剪切带中，模拟所得最大主应力轨线与北非剪切带斜交，在该应力环境下，应当形成左旋的走滑剪切带，与北非剪切带实际的左旋走滑一致（Moulin et al., 2010）。

综上所述，模型V可以解释中西非裂谷系大多数裂谷的伸展方向和走向，能够解释中非剪切带和北非剪切带的走滑方向。

图5.39是模型V模拟所得的张应变等值线图，从图中观察可知，模型V的张应变集中于几内亚三联支处与北非剪切带处并沿着非洲三地块间的次级边界传递。Moulin等（2010）

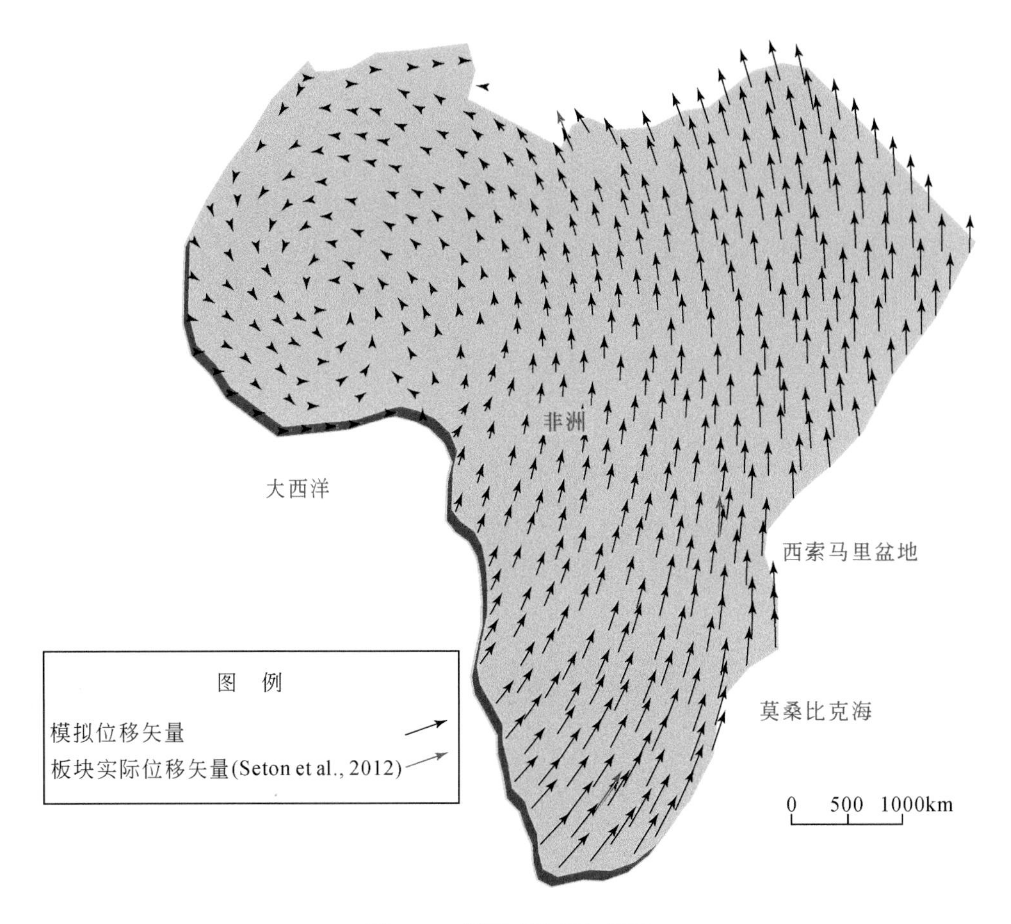

图 5. 36　模型Ⅴ位移矢量图

重建了南大西洋演化过程，将 130Ma 时非洲部分区域的伸展量于图 5. 39 中标注，由西向东分别为尼日尔地区、尼日利亚地区和苏丹地区，伸展量分别为 80km、90km、72km。在模型Ⅴ中，模拟得到的张应变值分别为 28‱、48‱、6‱（图 5. 40）。从图 5. 40 中可以看出，伸展量与张应变呈现正相关的关系，可以解释第一期同裂谷作用的形成。

图 5. 41 是模型Ⅴ模拟所得剪应变等值线图，从图中观察可知，剪应变主要集中在几内亚三联支与北非剪切带处并沿着非洲三地块间的次级边界传递。Moulin 等（2010）重建了南大西洋演化过程，将 130Ma 时非洲部分区域的剪切量于图 5. 41 中标注，由西向东依次为阿尔及利亚地区与中非地区，伸展量分别为 110km 和 70km。在模型Ⅴ中，模拟得到的剪应变值分别为 13‰和 4‰（图 5. 42）。从图 5. 42 中可以看出，剪切量与剪应变呈现正相关关系，可以解释第一期同裂谷作用的形成。

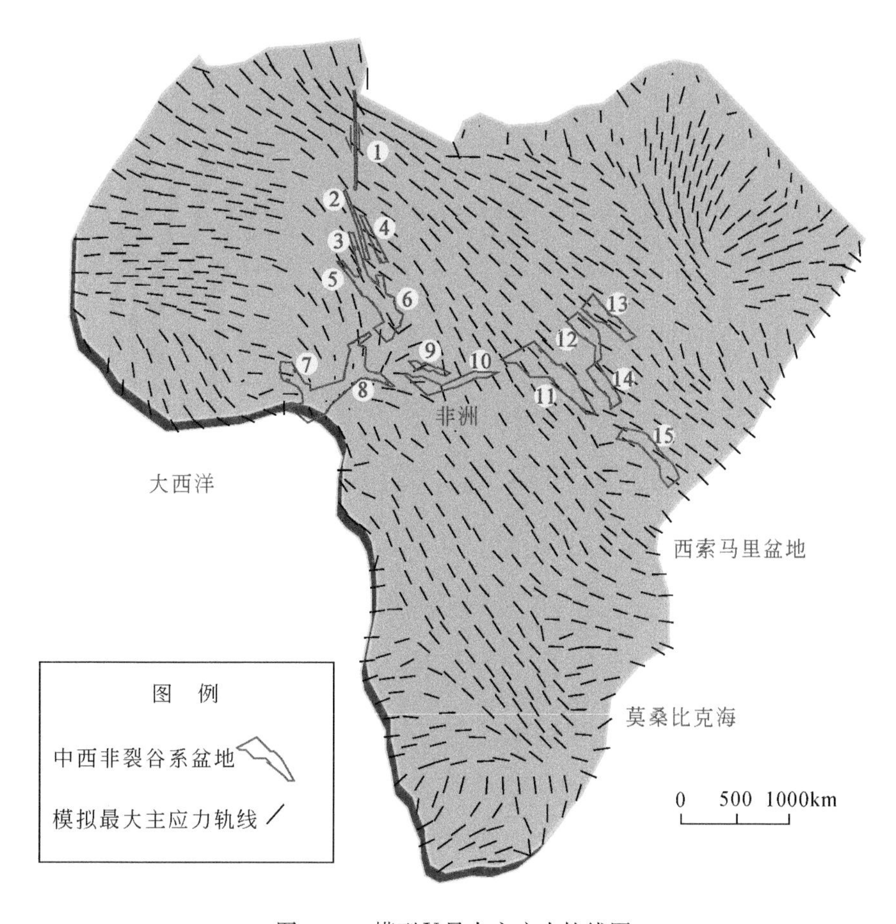

图 5.37　模型Ⅴ最大主应力轨线图

1-北非剪切带；2-Grein 盆地；3-Tenere 盆地；4-Kafra 盆地；5-Tefidet 盆地；6-Termit 盆地；7-Bida 盆地；8-Benue 盆地；9-Bongor 盆地；10-Salamat 盆地；11-Muglad 盆地；12-White Nile 盆地；13-Blue Nile 盆地；14-Melut 盆地；15-Anza 盆地

综上所述，模型Ⅴ在非均质球壳模型的背景下，综合考虑非洲大陆西侧南大西洋的扩张与非洲大陆东侧西索马里盆地和莫桑比克海的扩张，同时考虑 St. Helena 地幔柱的上涌。模拟所得能够解释中西非裂谷系各区域的实际伸展量与北非剪切带和中非剪切带的剪切量，能够解释中西非裂谷系大多数裂谷的控盆断裂方向，能够解释非洲大陆在第一期同裂谷阶段的位移。因此，综合考虑非洲大陆东西两侧的大洋扩张与 St. Helena 地幔柱的上涌能够解释非洲中生代裂谷盆地第一期同裂谷作用的动力学机制。

6. 讨论

中生代非洲裂谷系第一期同裂谷作用，代表了中西非裂谷系的初始形成。模型Ⅰ和模型Ⅱ分别考虑了非洲大陆西侧和东侧的洋底扩张。两个模型均无法解释中西非裂谷系的伸

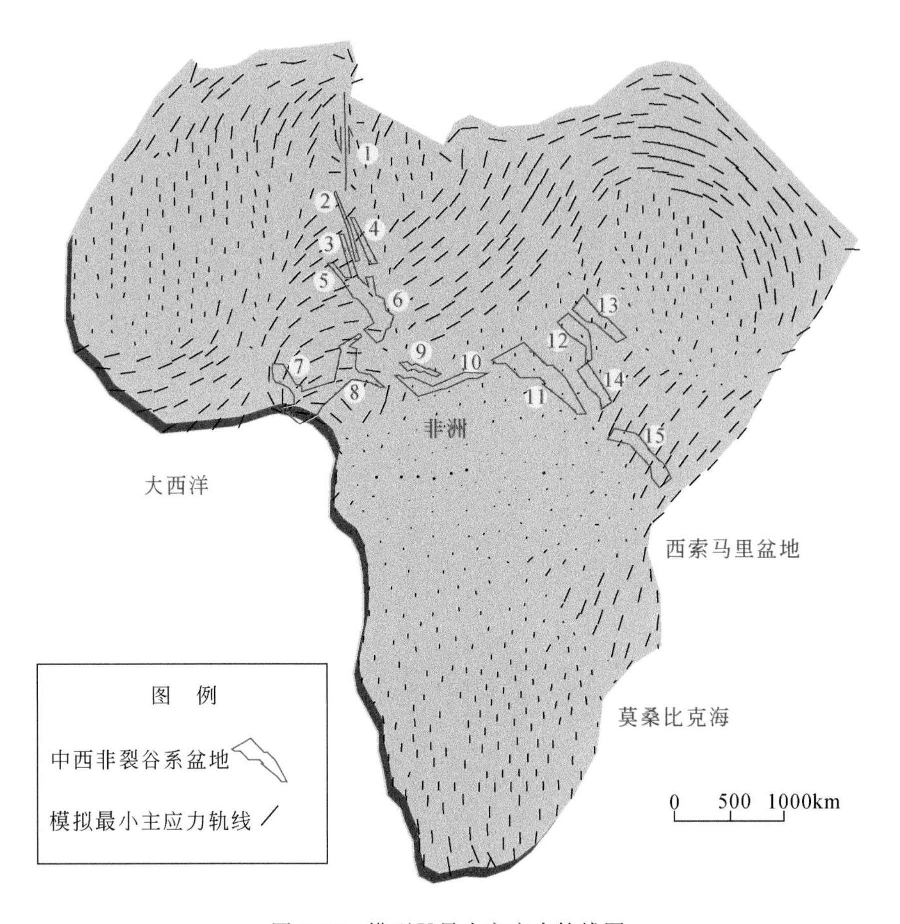

图 5.38　模型Ⅴ最小主应力轨线图

1-北非剪切带；2-Grein 盆地；3-Tenere 盆地；4-Kafra 盆地；5-Tefidet 盆地；6-Termit 盆地；7-Bida 盆地；8-Benue 盆地；9-Bongor 盆地；10-Salamat 盆地；11-Muglad 盆地；12-White Nile 盆地；13-Blue Nile 盆地；14-Melut 盆地；15-Anza 盆地

展方向和分布走向，在模型位移场的分析中，模型Ⅰ、模型Ⅱ也无法解释在该时期非洲板块的实际位移矢量。同时，也无法解释张应变和剪应变在该时期的分布。

在模型Ⅰ和模型Ⅱ的基础上，模型Ⅲ综合考虑了非洲大陆东西两侧的洋底扩张。模型Ⅲ可以解释中非剪切带和北非剪切带的走滑方向，能够吻合中西非裂谷系各裂谷的伸展方向和分布走向，但是在几内亚三联支处的 Benue 盆地处，其控盆断裂伸展方向和裂谷分布走向无法解释。同时，模拟所得位移场与该时期非洲板块实际位移矢量吻合良好，但是也无法解释张应变和剪应变在该时期的分布。

模型Ⅳ单独考虑了几内亚三联支处地幔柱的上涌，无法解释中西非裂谷系大部分裂谷的伸展方向与分布走向，也无法解释中非剪切带的走滑方向。在模型位移场的分析中，也

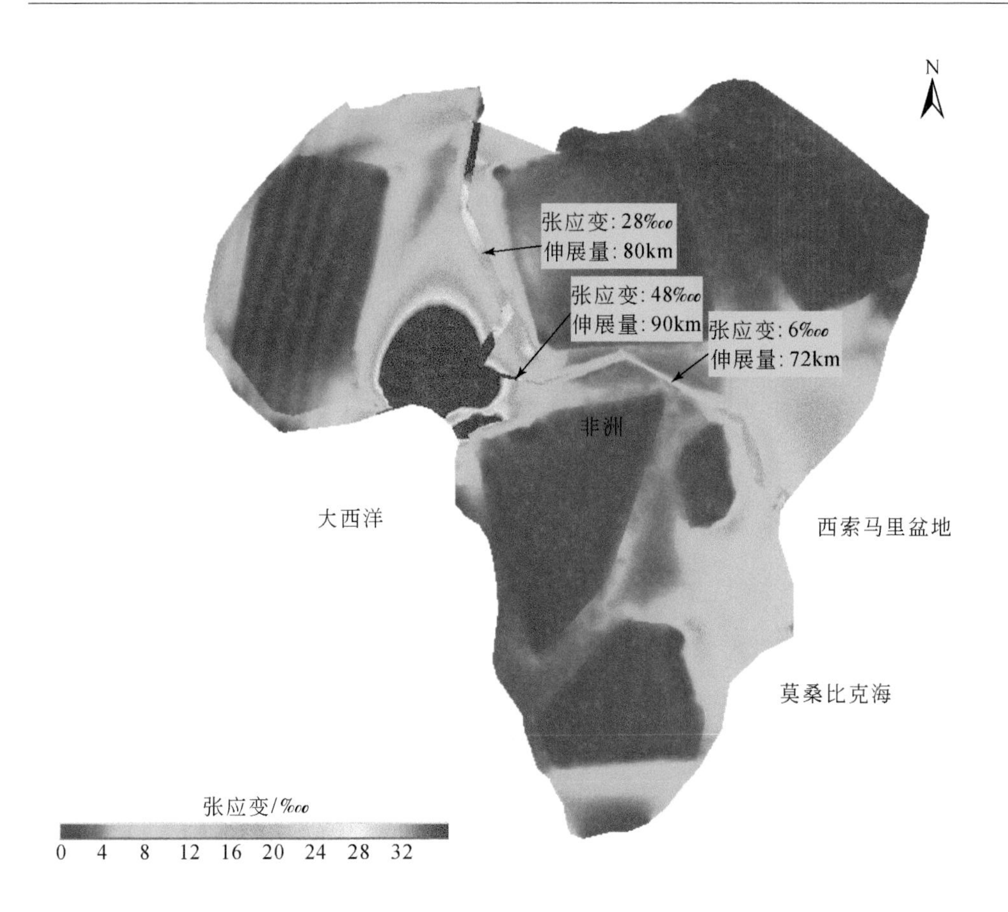

图 5.39 模型V张应变等值线图

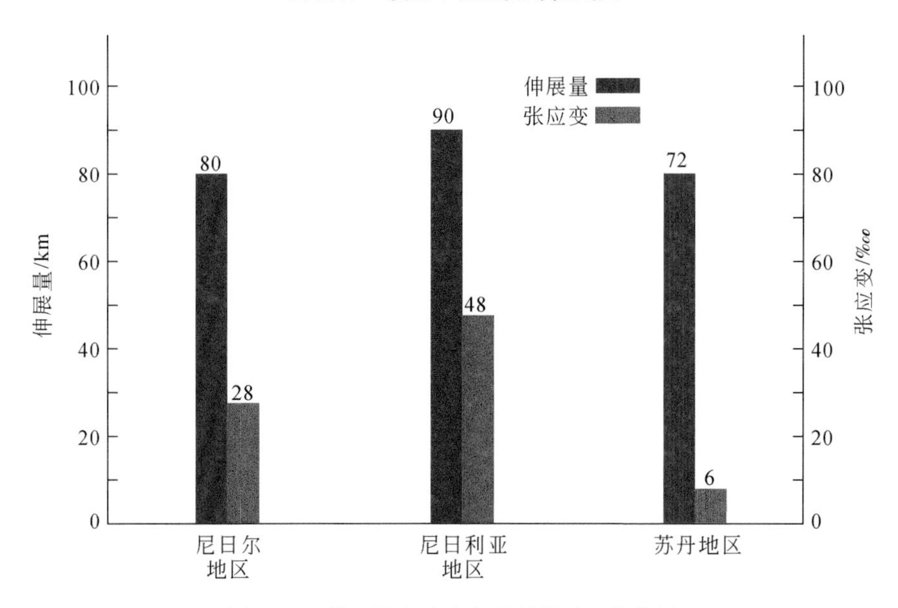

图 5.40 模型V张应变与伸展量对比柱状图

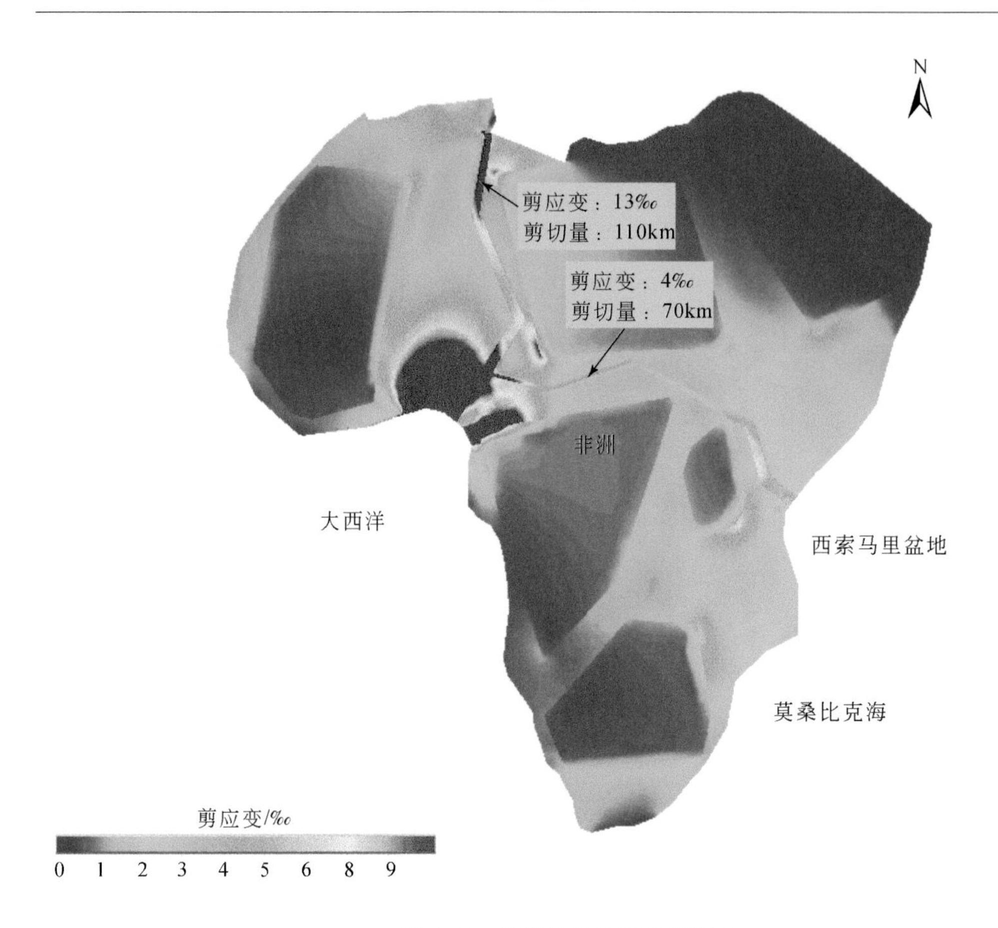

图 5.41　模型Ⅴ剪应变等值线图

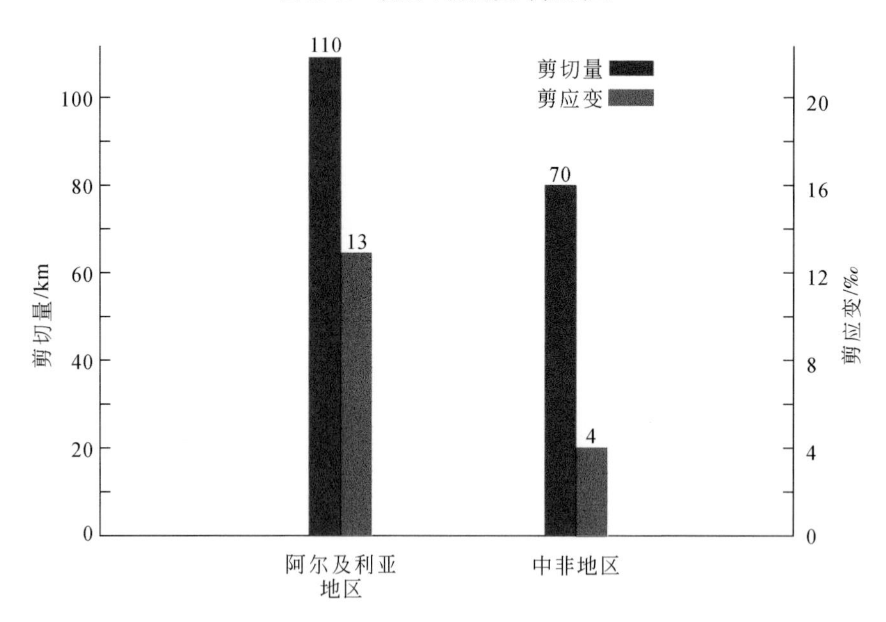

图 5.42　模型Ⅴ剪应变与剪切量对比柱状图

无法解释在该时期非洲板块的实际位移矢量。其张应变的分布中，在几内亚三联支附近的Benue盆地处集中，在其他区域过低，不能很好地解释张应变的分布。

结合模型Ⅲ和模型Ⅳ综合考虑非洲大陆东西两侧的洋底扩张和几内亚三联支处地幔柱上涌。模型Ⅴ能够解释中西非裂谷系裂谷的伸展方向与分布走向，尤其是与模型Ⅲ相比，其能够解释几内亚三联支处Benue盆地的控盆断裂的伸展方向与走向。在模型位移场的分析中，可以解释在该时期非洲板块的实际位移矢量。同时，在张应变和剪应变的分析中，其与实际的伸展量、剪切量可以对应，是最贴近实际地质证据的模型，可以解释中生代非洲裂谷系第一期同裂谷作用的动力学机制。

通过最佳模型和其他对比模型的比较可以认识到，中西非裂谷系第一期同裂谷作用动力学机制与非洲大陆西侧南大西洋的扩张、东侧西索马里盆地和莫桑比克海的扩张，以及几内亚三联支处St. Helena地幔柱的上涌相关。其中，地幔柱的上涌影响了Benue裂谷区域的应变集中与伸展方向，对尼日尔地区与苏丹地区的应变集中影响不大。两侧的大洋扩张控制了中西非裂谷系大多数裂谷的伸展方向，并对苏丹地区和尼日尔地区的张应变集中有促进作用。

5.3 晚期同裂谷作用的动力学

第一期同裂谷作用后，在Benue盆地、苏丹和尼日尔地区，裂谷持续伸展，均呈现NE—SW方向的伸展。这个阶段以不整合作为结束标志，结束于阿尔必—塞诺曼期（Mascle et al.，1995）。

5.3.1 几何模型

如前文所述，参照第一期同裂谷作用，建立与地球曲率一致的有限元球壳模型。根据非洲板块的“二元结构”，建立太古宙克拉通核心和泛非期造山带相间的模型（Meert and Lieberman，2008；Globig et al.，2016），并加入第一期同裂谷作用中形成的中西非裂谷（图5.43）。

在这样的地质背景下，有限元模型将非洲大陆划分为三个不同的单元：太古宙克拉通、泛非期造山带、先存的中西非裂谷，分别赋予结晶花岗岩、火山凝灰岩、断层碎裂岩的岩石力学参数（表5.2）（Wang et al.，2012；Gu et al.，2014；Min and Hou，2018）。

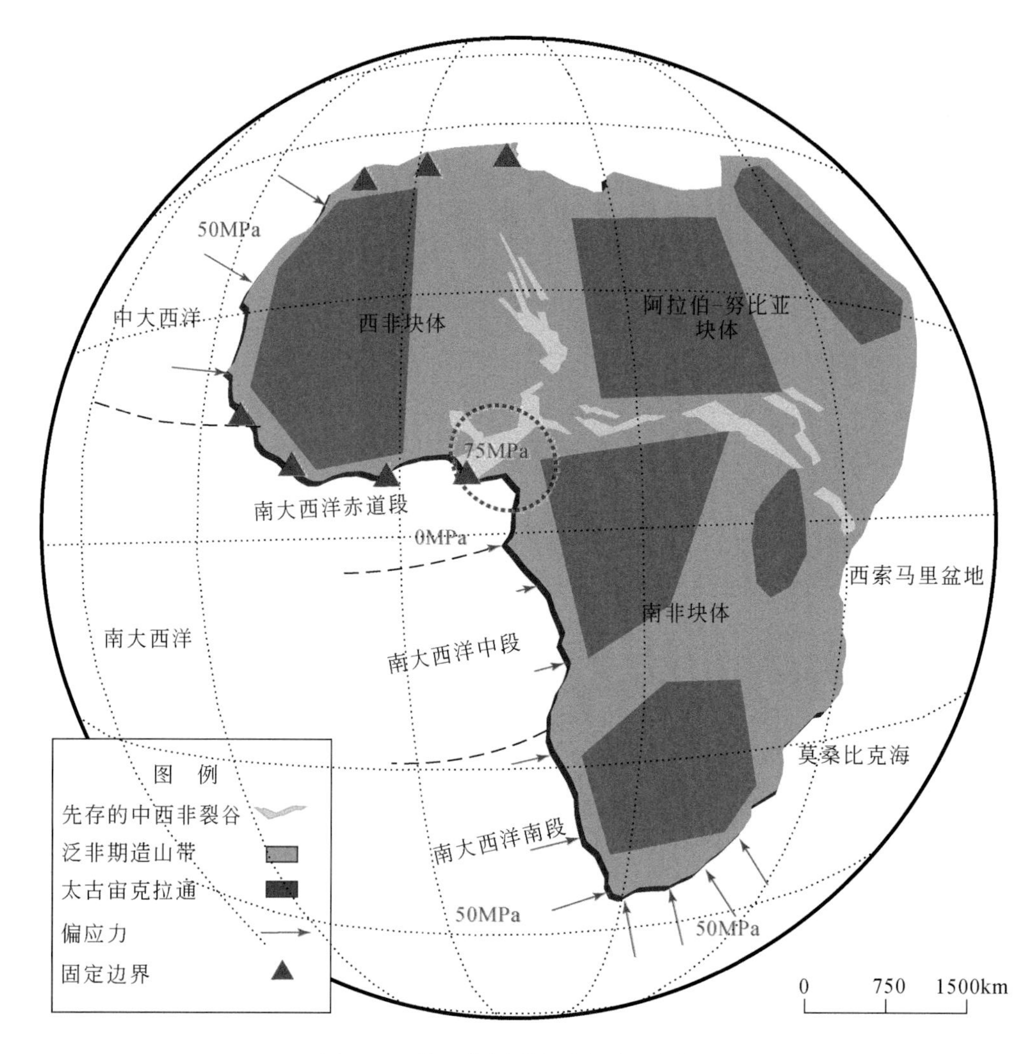

图 5.43　第二期同裂谷阶段动力学模型

表 5.2　第二期同裂谷作用有限元模型岩石力学参数

单元类型	岩石类型	杨氏模量 E/GPa	泊松比 μ
太古宙克拉通	结晶花岗岩	80	0.25
泛非期造山带	火山凝灰岩	45	0.27
先存的中西非裂谷	断层碎裂岩	15	0.35

5.3.2　动力学模型

5.2节中已经证明，中生代非洲裂谷系第一期同裂谷作用的动力学机制，与非洲大陆西侧的南大西洋洋底扩张、东侧的索马里盆地和莫桑比克海的扩张，以及几内亚地幔柱处的地幔柱上涌共同作用相关。因此，时间和地质条件与之相近的第二期同裂谷作用，其动力学机制应该也同这三个因素相关。

在Benue盆地处有两个岩浆活动时期，147±7Ma至127±6Ma与104±5Ma至90±4.5Ma（Loule and Pospisil，2013）。因此，在第二期同裂谷作用期间应继续考虑几内亚三联支处St. Helena地幔柱的影响，施加75MPa的上涌作用力（图5.43）。

南大西洋的扩张在第二期同裂谷作用时依然是稳定的由北向南增大的稳定状态，因此沿用第一期同裂谷作用由北向南0~50MPa的偏应力（图5.43）。

在非洲大陆的东侧，莫桑比克海和索马里盆地的扩张在130Ma出现分异。其中，通过磁异常条带的分析，莫桑比克海和西索马里盆地的扩张在130Ma或者120Ma时停止（Segoufin and Patriat，1980；Rabinowitz et al.，1983；Müller et al.，1997，2008；Marks and Tikku，2001；Eagles and König，2008）。在这个阶段，洋底扩张向南迁移，在南极洲和马达加斯加之间开始扩张。并成为印度洋的雏形（Seton，2012）。因此，与第一期同裂谷作用东侧偏应力加载相区别，仅在南极洲和马达加斯加之间的相应区域加载50MPa的偏应力（图5.43）。

5.3.3　模拟结果

图5.44是第二期同裂谷阶段模型位移矢量图，黑色箭头代表模拟所得位移矢量，红色箭头是Seton等（2012）重建的全球板块运动模型中位于非洲的三个位移矢量点。对比可得，模拟位移矢量和实际位移矢量平均差值为14°，差值较小，能够解释非洲板块在第二期同裂谷作用时期的板块运动位移。

图5.45是模拟所得最大主应力轨线图，图5.46是模拟所得最小主应力轨线图。图5.45和图5.46中黑色轨线分别代表最大主应力轨线和最小主应力轨线，红色线段代表中西非裂谷系盆地的控盆断裂。在尼日利亚地区的Benue盆地中，最小主应力轨线与裂谷斜交。在该时代，Benue裂谷呈现左旋走滑，与该时期最小主应力轨线方向相一致（Fairhead et al.，2013）。在苏丹地区的Muglad盆地、White Nile盆地、Blue Nile盆地中，最大主应力轨线与盆地的控盆断裂整体上呈现平行，能够解释苏丹地区的裂谷走向和伸展方向。

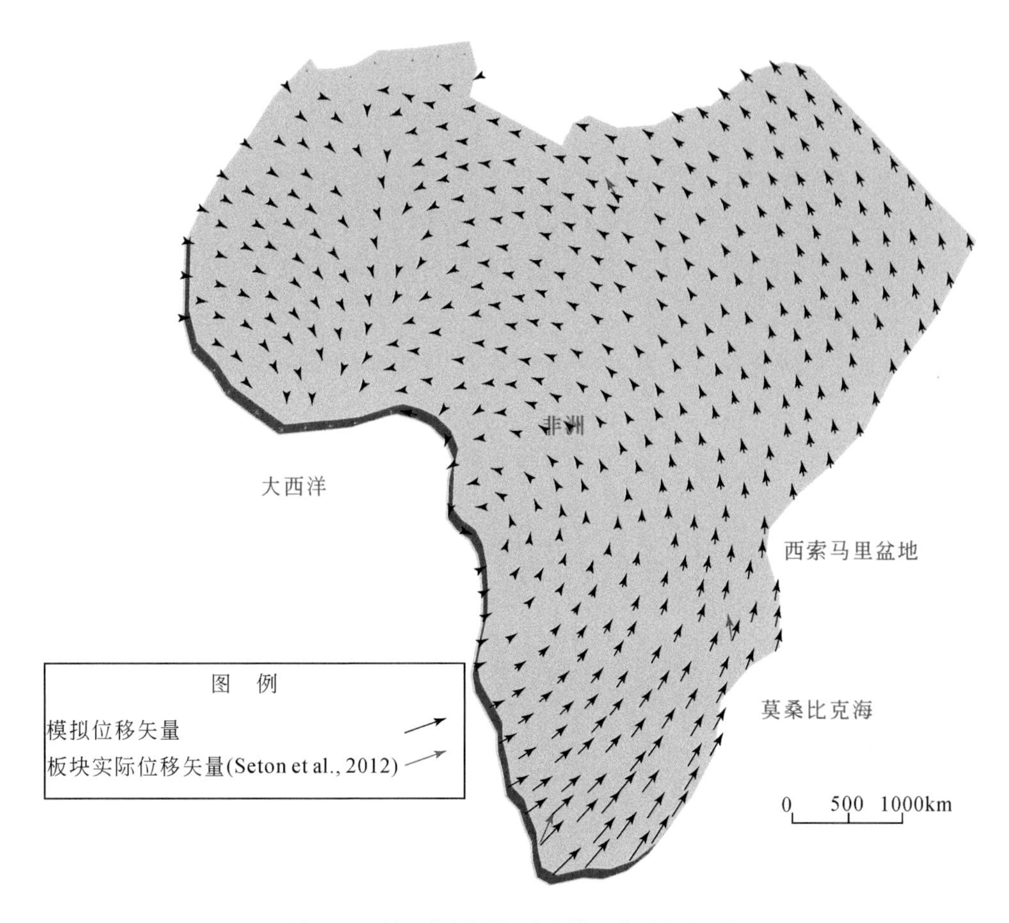

图 5.44　第二期同裂谷阶段模型位移矢量图

图 5.47 是模拟所得的张应变等值线图，从图中观察可知，模拟所得的张应变集中于几内亚三联支处，在先存裂谷处也有相应集中。Fairhead（1988）对中西非裂谷系部分裂谷的累计伸展量进行了计算，图 5.47 中标注了相应结果，由西向东分别为 Benue 裂谷、Termit 裂谷与 Blue Nile 裂谷，伸展量分别为 95km、60km、50km。在模型中，模拟得到的张应变分别为 49‰、27‰、7‰（图 5.48）。从图 5.48 中可以看出，伸展量与张应变呈现正相关的关系，可以解释第二期同裂谷作用。

5.3.4　讨论

中生代非洲裂谷系第二期同裂谷作用，代表了中西非裂谷系在初始形成后的继续发展。在综合考虑非洲大陆西侧南大西洋扩张和非洲大陆东侧的马达加斯加与南极洲之间的

图5.45 第二期同裂谷阶段模型最大主应力轨线图

1-北非剪切带；2-Grein 盆地；3-Tenere 盆地；4-Kafra 盆地；5-Tefidet 盆地；6-Termit 盆地；7-Bida 盆地；8-Benue 盆地；9-Bongor 盆地；10-Salamat 盆地；11-Muglad 盆地；12-White Nile 盆地；13-Blue Nile 盆地；14-Melut 盆地；15-Anza 盆地

图 5.46　第二期同裂谷阶段模型最小主应力轨线图

1-北非剪切带；2-Grein 盆地；3-Tenere 盆地；4-Kafra 盆地；5-Tefidet 盆地；6-Termit 盆地；7-Bida 盆地；8-Benue 盆地；9-Bongor 盆地；10-Salamat 盆地；11-Muglad 盆地；12-White Nile 盆地；13-Blue Nile 盆地；14-Melut 盆地；15-Anza 盆地

洋底扩张的同时，还考虑了 St. Helena 地幔柱的上涌。模拟能够解释在第二期同裂谷作用中的裂谷伸展量，能够解释裂谷系大多数裂谷的走向和伸展方向。在模型位移场的分析中，能够解释该时期非洲板块的实际位移矢量，是一个合理的模型，也能够解释中生代非洲裂谷系的动力学机制。

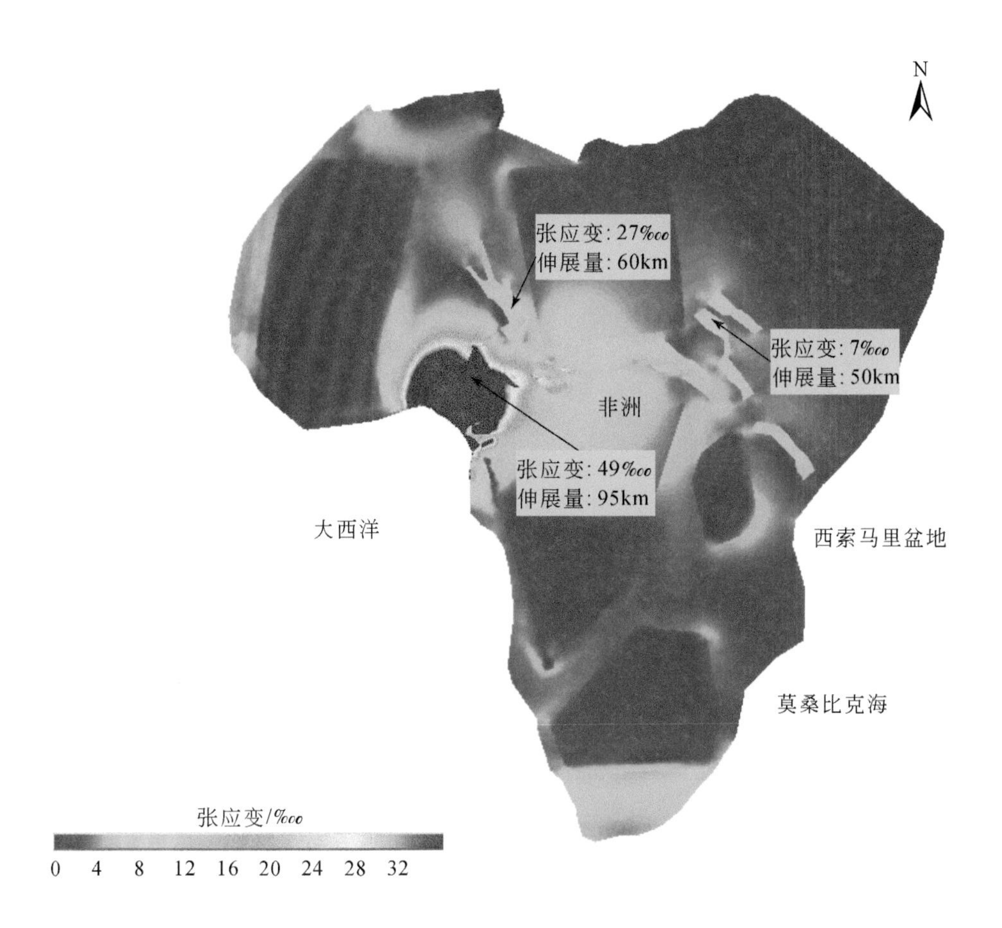

图5.47 第二期同裂谷阶段张应变等值线图

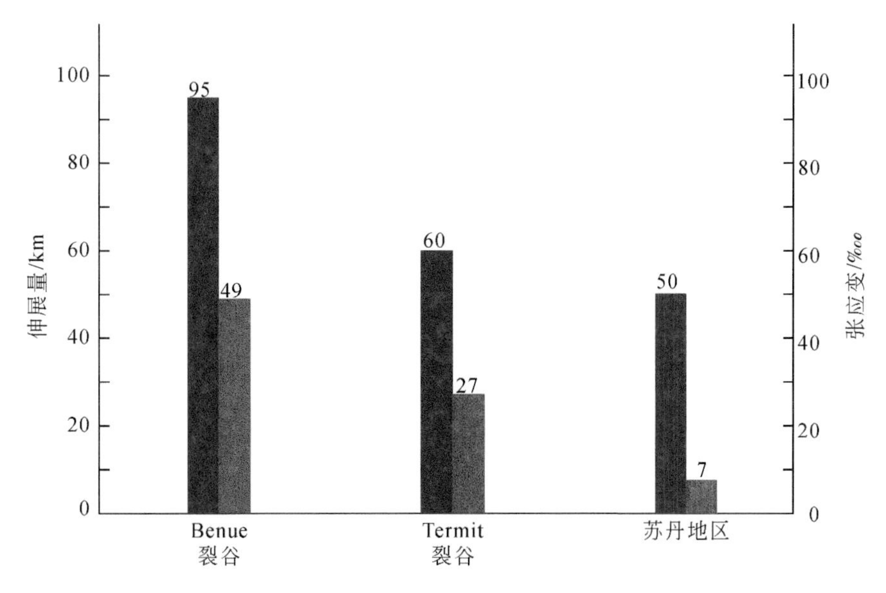

图5.48 第二期同裂谷阶段张应变与伸展量对比图

5.4　反转阶段的动力学

在 Santonian（桑顿）期，非洲大陆应力状态发生改变，伴随着 Santonian 期挤压作用，地质历史时期已经形成的沉积盆地发生反转。一般来说，认为这个阶段的反转是因为 Santonian 期大西洋演化的旋转极点发生了变化（Guiraud and Bosworth，1997；Fairhead et al.，2013）。

5.4.1　几何模型

反转阶段几何模型的基本格架参照第一期同裂谷阶段的球壳模型和非洲板块的“二元结构”，并加入中西非裂谷盆地（图 5.49）。

该期模型同样将非洲大陆划分为三个不同单元：太古宙克拉通、泛非期造山带、先存的中西非裂谷，分别赋予结晶花岗岩、火山凝灰岩、断层碎裂岩的岩石力学参数（表 5.2）。

5.4.2　动力学模型

自 190Ma 开始扩张以来，中大西洋一直拥有相对稳定的扩张速度（Seton et al.，2012）。因此，与第一期和第二期的模型相同，中大西洋加载的偏应力仍保持 50MPa。

在白垩纪晚期，大西洋的扩张向南扩展，中大西洋的扩张与南大西洋赤道段的扩张相连接（Seton et al.，2012）。与此同时，南大西洋的中段和南段依然保持由北向南增大的扩张速度。南大西洋属于快速扩张的洋中脊，扩张速度大于中大西洋与印度洋中脊。因此，在模型中，南大西洋从赤道段至南段，由北向南施加 50 ~ 100MPa 的偏应力。

在 Santonian 期，西索马里盆地的扩张与莫桑比克海的扩张均停止。洋底扩张向南移动至南极板块与非洲板块的交界处。与此同时，冈瓦纳大陆最后的裂解在这个时期发生在马达加斯加与印度之间，形成印度洋的雏形（Seton et al.，2012）。印度洋属于超慢速洋中脊，在模型中非洲大陆东侧对应上述洋底扩张区域施加 50MPa 偏应力（图 5.49）。

5.4.3　模拟结果

图 5.50 是反转阶段模拟所得最大主应力轨线图，图 5.51 是反转阶段模拟所得最小主应力轨线图。图 5.50 和图 5.51 中黑色轨线分别代表最大和最小主应力轨线，红色线段代

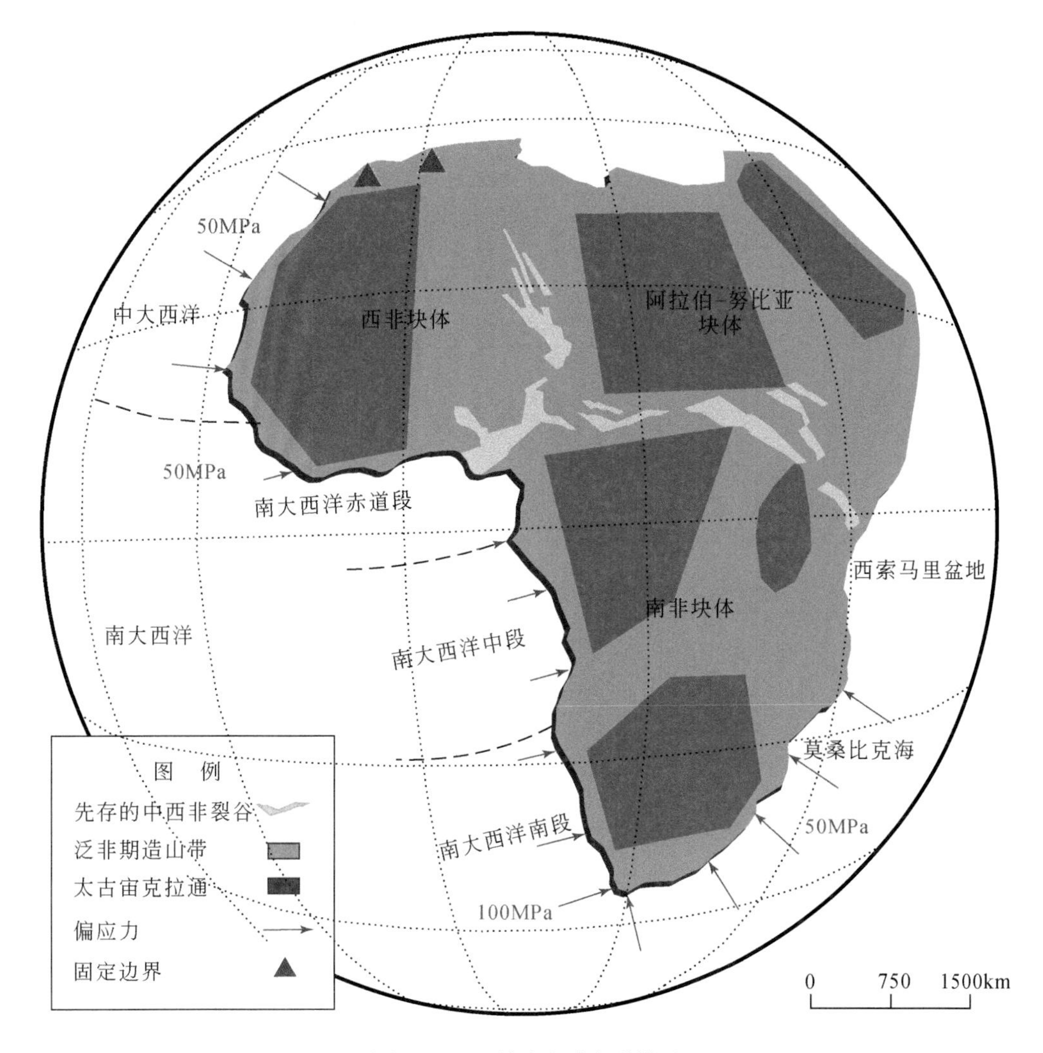

图5.49 反转阶段动力学模型

表非洲部分盆地的控盆断裂。

Benue 裂谷是 NE—SW 走向的伸展型裂谷。在 Santonian 期其陆相沉积物遭受了挤压褶皱与反转作用（Guiraud and Bosworth，1997）。显微构造分析表明，其 Santonian 期的反转事件表现为 NW—SE（约 N155°E）方向的水平收缩（Guiraud and Bosworth，1997）。模拟所得的最大主应力方向与该地质证据吻合。

南乍得地区是 Santonian 期反转事件反应最强烈的地区，在该地区主要表现为 ENE—WSW 到 NE—SW 走向的背斜和正花状构造（Guiraud et al.，1987；Guiraud and Maurin，1992；Genik，1993）。与先存的 NW—SE 走向断裂的右旋走滑相关，来源于 N—S 方向的最大主应力方向与模拟所得最大主应力轨线方向相吻合。同时，中非剪切带在该时期表现

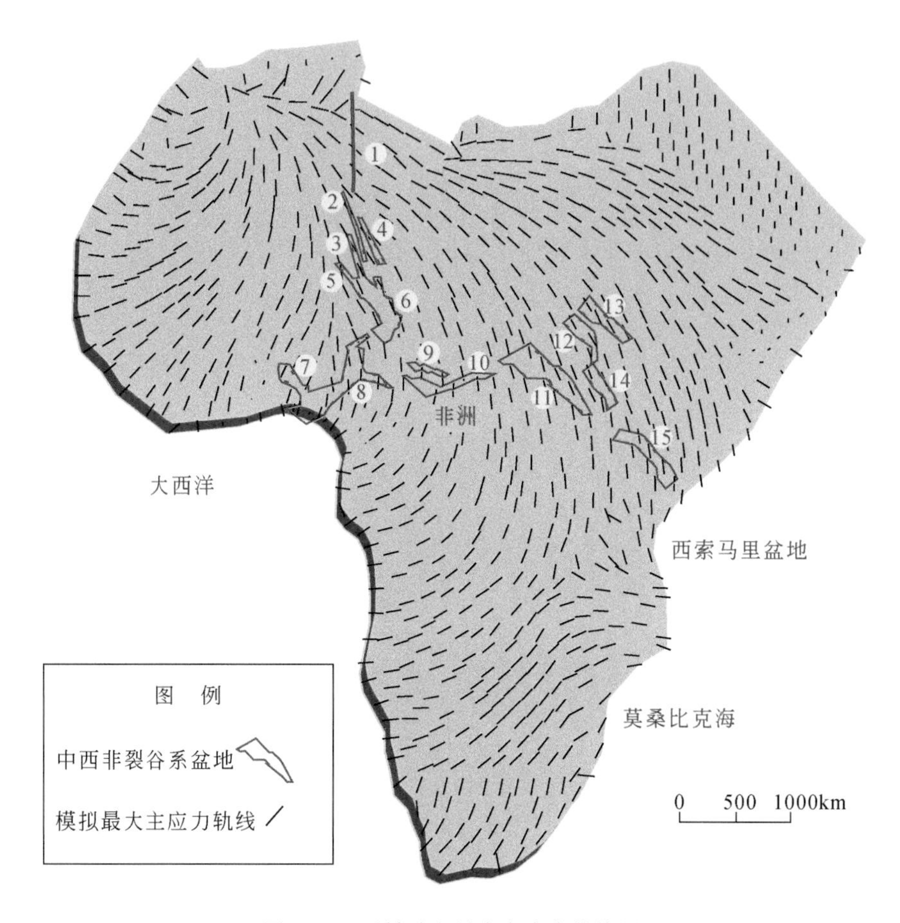

图 5.50　反转阶段最大主应力轨线图

1-北非剪切带；2-Grein 盆地；3-Tenere 盆地；4-Kafra 盆地；5-Tefidet 盆地；6-Termit 盆地；7-Bida 盆地；8-Benue 盆地；9-Bongor 盆地；10-Salamat 盆地；11-Muglad 盆地；12-White Nile 盆地；13-Blue Nile 盆地；14-Melut 盆地；15-Anza 盆地

为左旋走滑（范迎风等，2002；张艺琼等，2015），模拟结果在该地区支持这项地质证据。

在尼日尔地区，Termit 盆地表现为 NNW—SSE 方向的正断层。Santonian 期反转作用在 Termit 盆地处显示比较轻微，存在有轻微的 NE—SW 走向的背斜。模拟所得最大主应力等值线图显示在该地区最大主应力轨线为 NW—SE 方向，最小主应力轨线在该地区为 NE—SW 方向，与该地质证据相吻合。

在苏丹地区，Muglad 盆地、Blue Nile 盆地、White Nile 盆地、Melut 盆地中，Santonian 期反转事件并不显著，而是继续伸展（Guiraud and Bosworth，1997；Fairhead et al.，2013）。模拟所得主应力轨线方向在苏丹地区也呈现 NW—SE 方向，与裂谷走向与控盆断裂走向一致。模拟结果与实际地质证据相吻合。

图 5.51　反转阶段最小主应力轨线图

1-北非剪切带；2-Grein 盆地；3-Tenere 盆地；4-Kafra 盆地；5-Tefidet 盆地；6-Termit 盆地；7-Bida 盆地；8-Benue 盆地；9-Bongor 盆地；10-Salamat 盆地；11-Muglad 盆地；12-White Nile 盆地；13-Blue Nile 盆地；14-Melut 盆地；15-Anza 盆地

5.4.4　结论

Santonian 期反转是非洲中生代裂谷系演化过程中的重要事件，影响了裂谷系中各裂谷的形成演化过程。在该时期，中非剪切带表现为左旋走滑，在各裂谷中表现为不同程度的挤压、褶皱和反转作用，在 Benue 裂谷与南 Chad 裂谷处表现更加突出。我们的模型模拟的主应力轨线方向与这些地质事实能够相互印证，说明该有限元模型是一个良好的、能够解释 Santonian 期非洲中生代裂谷动力学的模型。与之前第一期、第二期的同裂谷作用相比，该模型主要区别源自于大西洋扩张方式的改变，这种改变影响了非洲大陆的应力环境，导致了反转事件的发生。Guiraud 和 Bosworth（1997）认为反转事件的发生源于大西洋扩张方向的改变，这个结论也与我们的模拟结果相吻合。

5.5 小　结

中西非裂谷系是非洲中生代裂谷，其演化分为多期，是区域构造应力场作用下伸展作用的结果，是典型的被动裂谷。本章以中西非裂谷系为例，开展了被动裂谷的动力学成因机制研究。通过有限元数值模拟对其早白垩世第一期同裂谷作用、早白垩世第二期同裂谷作用与晚白垩世同裂谷作用（反转阶段）进行了研究。

模拟表明，早白垩世第一期同裂谷作用中，裂谷的形成和发展的动力学机制同非洲大陆西侧南大西洋的扩张、东侧西索马里盆地和莫桑比克海的扩张，以及几内亚三联支处 St. Helena 地幔柱的上涌相关。其中，地幔柱的上涌影响了 Benue 裂谷区域的应变集中与伸展方向，对尼日尔地区与苏丹地区的应变集中影响不大。两侧的大洋扩张控制了中西非裂谷系大多数裂谷的伸展方向，并对苏丹地区和尼日尔地区的张应变集中有促进作用。

早白垩世第二期同裂谷作用代表了非洲中生代裂谷系在初始形成后的继续发展。在该阶段，非洲大陆东侧洋底扩张由原先的西索马里盆地和莫桑比克海转变为马达加斯加和南极洲之间的洋底扩张，综合考虑非洲大陆西侧南大西洋扩张、非洲大陆东侧马达加斯加和南极洲之间的洋底扩张，以及 St. Helena 地幔柱的上涌，可以解释该期同裂谷作用的动力学过程。

晚白垩世同裂谷作用中，Santonian 期反转是最重要的演化事件。中非剪切带表现为左旋走滑，在各裂谷中表现为不同程度的挤压、褶皱和反转作用，在 Benue 裂谷与南 Chad 裂谷处表现更加突出。与前两期的同裂谷作用相比，该模型的改变源于大西洋扩张方式的改变，影响了非洲大陆的应力环境，导致了反转事件的发生。

第6章　主动裂谷动力学

主动裂谷是超大陆裂解初期的产物，与地幔柱活动密切相关，是地幔柱起主导作用下岩石圈主动减薄的结果，在时空上与热点密切相关。东非裂谷系就是在泛大陆热点裂解的产物。东非裂谷系指新生代在东非地区形成、演化的裂谷，是阿尔法三联支的一个消亡支，发育大火成岩省，因此是典型的主动裂谷。这些裂谷作用除了 Anza 裂谷等白垩纪裂谷作用在古近纪早期重新活化再生外，主要是始新世—渐新世至今形成的裂谷。一般认为东非裂谷系的形成时限和红海是同时期的（Tesfaye et al.，2003）。Dixon 等（1989）认为东非裂谷系初始形成的时间是 29～23Ma，Menzies 等（1992）认为东非裂谷系初始的伸展时间为 25～22Ma。与红海伴生，同时开始形成的 Suez 裂谷盆地初始形成时间在 21±2Ma（Omar and Steckler，1995；Alsharhan，2003）。Ukstins 等（2002）将埃塞俄比亚地区的岩浆作用和构造活动作为伸展的初始时间，为 26～25Ma。与此同时，亚丁湾的形成时间为早中生代，29.9～28.7Ma（Baker and McConnell，1970；Hughes et al.，1991）。

前人对东非裂谷的成因提出了地幔柱成因和东非隆起成因等模式（Zeyen et al.，1997；Medvedev，2016；Chang and Van der Lee，2011），东非裂谷的动力学成因机制并不单一，可能与大洋中脊的扩张、地幔柱的上涌以及非洲大陆的非均质性相关，本章将通过有限元数值模拟的方法，来探究东非裂谷动力学成因机制。

6.1　几何模型

与前文中生代非洲裂谷系的研究一样，对新生代东非裂谷系的动力学机制数值模拟研究中，采用与地球曲率一致的球壳模型。同时，鉴于在 30Ma 时，大西洋与印度洋已经扩展较长的地质时间，洋壳面积较大。为避免边界效应的影响，本章研究将非洲大陆嵌套入非洲板块进行建模。与中生代裂谷作用研究一致，非洲大陆由太古宙克拉通核心与泛非期造山带组成的“二元结构”在新生代继续保持，形成了非洲大陆的基底格架（Meert and Lieberman，2008；Globig et al.，2016）。

在这样地质背景下的有限元模型中，我们划分了三个不同的地质单元：大洋地壳、太古宙克拉通以及泛非期造山带，分别赋予玄武岩、结晶花岗岩以及火山凝灰岩的岩石力学参数（表6.1）（Wang et al.，2012；Gu et al.，2014；Min and Hou，2018）。

表 6.1 新生代有限元模型岩石力学参数

单元类型	岩石类型	杨氏模量 E/GPa	泊松比 μ
大洋地壳	玄武岩	90	0.25
太古宙克拉通	结晶花岗岩	80	0.25
泛非期造山带	火山凝灰岩	45	0.27

6.2 动力学模型

东非裂谷形成的动力学机制，可能源于大西洋、印度洋的洋中脊扩张，东非地区的地幔柱上涌以及非洲大陆的非均质特性。由于特提斯洋的关闭与特提斯造山带的形成，非洲板块的北部在接下来的模型讨论中设定为固定边界。

6.2.1 模型 I

该模型同时考虑非洲板块东西两侧洋底扩张、地幔柱上涌、非洲大陆非均质性三个因素。

如图 6.1 所示，非洲板块北界为特提斯洋关闭所形成的 Atlas-Taurus-Zagros 造山带，非洲大陆的漂移速度一直大于汇聚速度，直到 30Ma 时发生显著的降低（Jolivet and Faccenna，2000；Jolivet et al.，2009），因此我们将北部板块边界设定为固定边界。西界为大西洋中脊，早侏罗世古冈瓦纳古陆开始裂解，早白垩世南美洲和非洲开始分离，大西洋形成。在大西洋的裂解过程中，非洲大陆有逆时针的旋转趋势。大西洋洋中脊扩张速度由北向南加快（Seton et al.，2012）。金双根和朱文耀（2002）通过现今的 GPS（全球定位系统）实测资料指出，南大西洋洋中脊的扩张速度大于赤道大西洋洋中脊的扩张速度。因此可以推断，非洲板块西界由北向南大洋扩张作用力增大，在模型中我们将其设定为 50 ~ 100MPa。东界、南界为印度洋中脊，印度洋中脊分为三支，分别作为非洲板块、南极洲板块和澳大利亚板块间的分界，西南印度洋中脊段作为南极洲板块和非洲板块的分界线，在 100Ma 之前已经开始活动（Patriat et al.，1997），属于超慢速洋中脊，中印度洋中脊段为澳大利亚与非洲板块的分界，扩张时间约为 90Ma，扩张速度略大于西南印度洋中脊段。因此，在模型中，统一将印度洋洋中脊扩张作用力设定为 50MPa（图 6.2）。

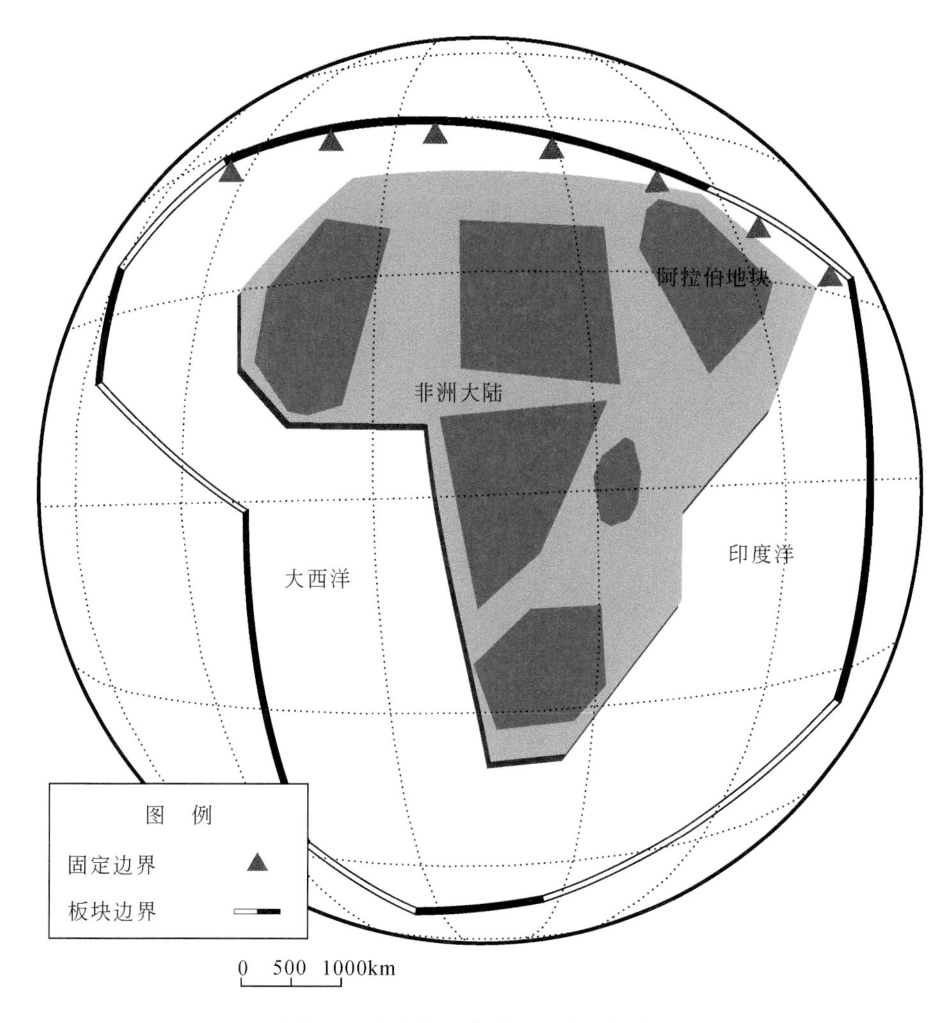

图6.1　东非新生代裂谷研究几何模型

阿尔法三联支处地幔柱的上涌在东非裂谷的形成过程中起到很大的作用。重力测量和地震成像也证实了在东非地区存在起源于核幔边界的地幔柱（Corti，2009；Nyblade，2011；Hansen et al.，2012；Halldórsson et al.，2014）。在阿尔法地区、坦桑尼亚克拉通地区存在两个地幔柱的认识已经为大家所接受（Rogers et al.，2000；Pik et al.，2006；Furman et al.，2006；Nelson，2008；Nelson et al.，2007）。因此在模型中，我们在埃塞俄比亚的阿尔法地区与坦桑尼亚克拉通下分别施加了半径为750km的地幔柱（图6.2）。地幔对于弹性岩石圈的影响包括垂向挤压和切向牵引（Burov and Gerya，2014）。为了简化模型，在垂向上加载等效于地幔柱上涌的偏应力，大小为75MPa（Bott，1992，1993；Hou et al.，2010a，2010b；Min and Hou，2018）。切向的牵引作用力设置为在岩石圈底部施加的切向作用力，大小为75MPa（Bott，1992，1993；Min and Hou，2018）。

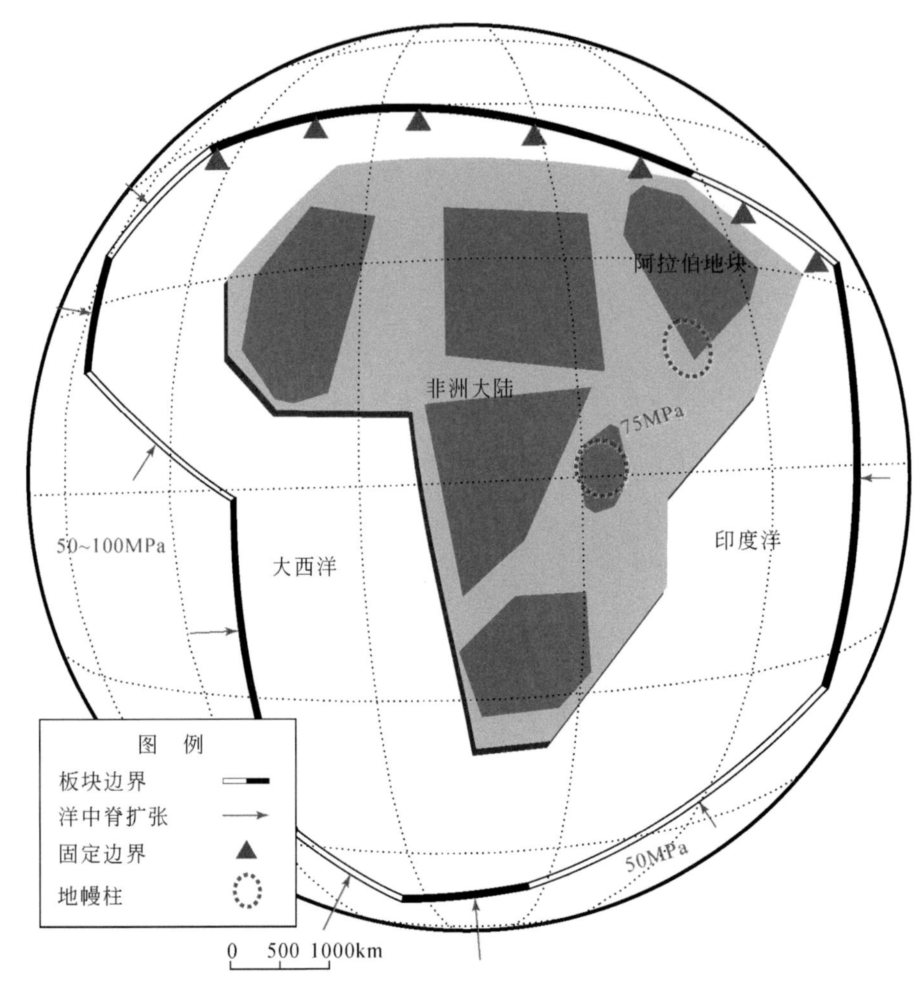

图 6.2　东非裂谷模型 I 动力学模型

图 6.3 是模型 I 模拟所得位移矢量图，表现了非洲板块在该时期各质点可能的位移矢量。从图中可以看出，非洲板块在新生代，东非裂谷的初始形成时期，模拟所得移动方向是由南向北。在该时期，非洲板块的实际移动方向确实是由南向北（Moulin et al., 2010; Seton et al., 2012; Gaina et al., 2013）。因此，模型 I 模拟所得位移场能够与该时期非洲大陆的实际运动轨迹相吻合。

图 6.4 是模型 I 模拟所得最大主应力轨线图，图 6.5 是模型 I 模拟所得最小主应力轨线图。其中，黑色线段在图 6.4 和图 6.5 中分别显示最大主应力轨线与最小主应力轨线，红色线段代表非洲板块边界，紫色线段代表东非裂谷，具体湖盆名称见图注。

一般认为，岩墙和裂谷代表了伸展构造，其走向与区域最大主应力轨线方向平行，垂直于最小主应力方向（Pollard, 1987; Hou et al., 2006a, 2006b, 2010a, 2010b; Ju et al., 2013）。

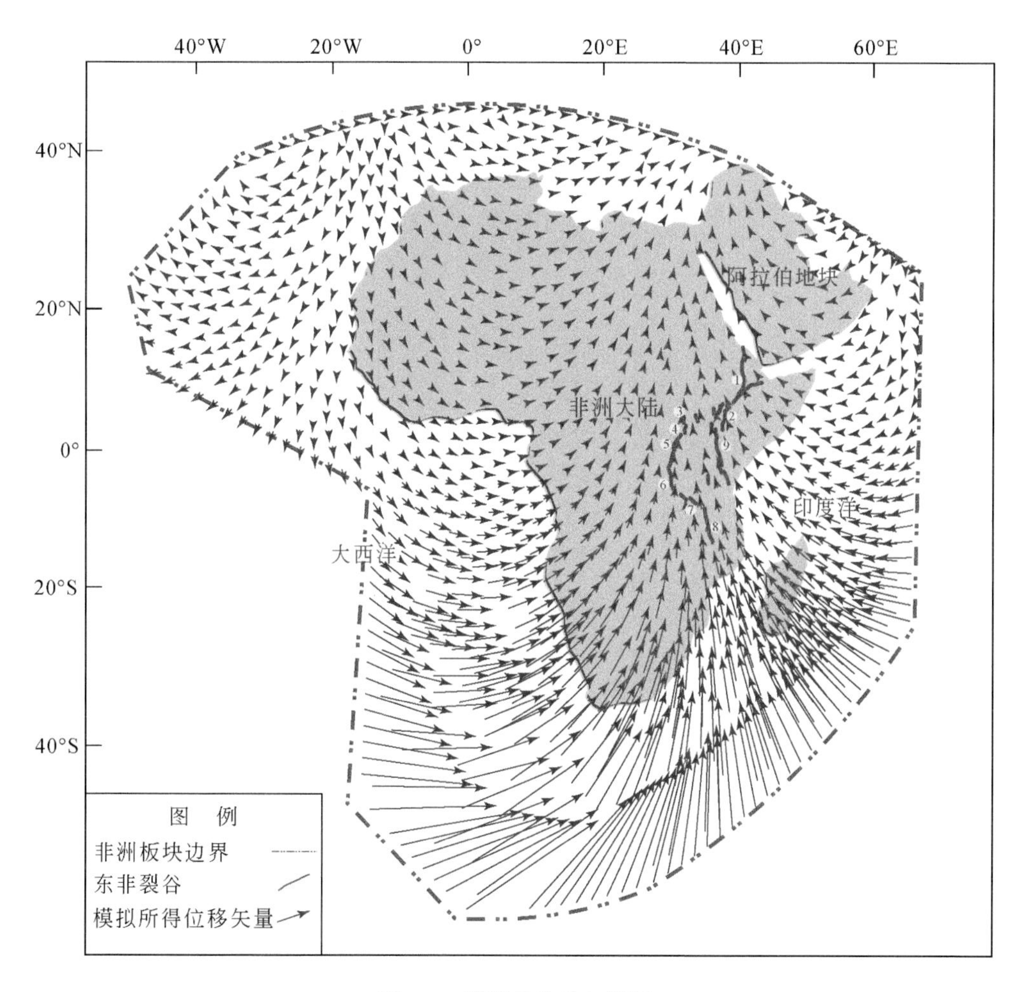

图6.3　模型Ⅰ位移矢量图

1-Main Ethiopian 裂谷；2-Turkana 湖；3-Albert 湖；4-Edward 湖；5-Kivu 湖；6-Tanganyika 湖；7-Rukwa 湖；8-Malawi 湖；9-Gregory 湖

在模型Ⅰ中，模拟所得最大主应力轨线和东非裂谷系大多数裂谷盆地的走向相一致。具体而言，Main Ethiopian 裂谷、Albert 湖、Edward 湖、Kivu 湖、Turkana 湖、Gregory 湖、Tanganyika 湖与 Malawi 湖的控盆断裂总体上为近 N—S 走向的正断层（Strecker et al., 1990）。在这些地区，模型Ⅰ模拟所得最大主应力轨线方向为 N—S 方向（图6.4），与控盆断裂走向相一致，模拟所得最小主应力方向为 W—E 方向（图6.5），与控盆断裂走向相垂直。模拟结果与实际地质证据吻合良好。

在 Main Ethiopian 裂谷，部分控盆断裂为 NE—SW 方向，与模拟所得最大主应力轨线不平行。Corti 等（2013）针对该地区建立了模拟模型，证明了东非的先存薄弱带导致了局部的伸展方向的旋转，认为 NE—SW 走向的边界断层可以形成于 N—S 方向的最大主应

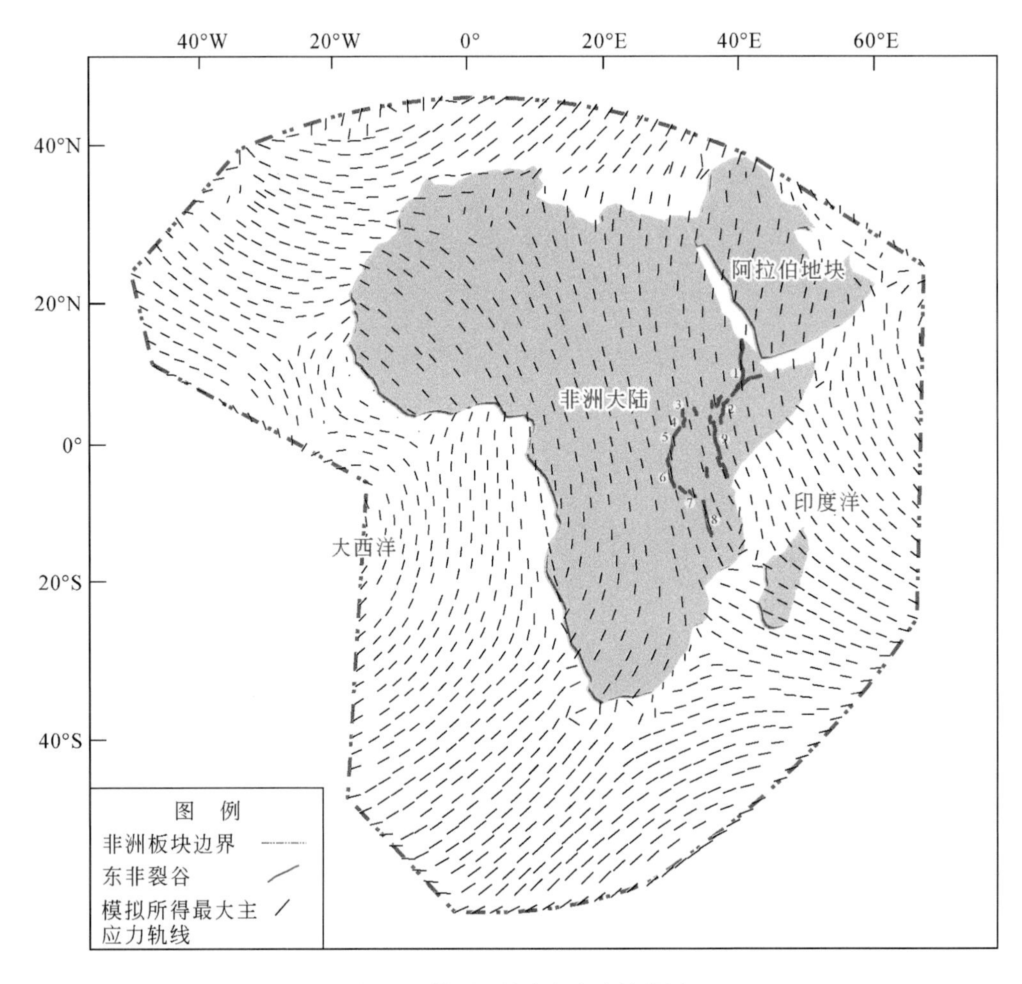

图 6.4　模型 I 最大主应力轨线图

1-Main Ethiopian 裂谷；2-Turkana 湖；3-Albert 湖；4-Edward 湖；5-Kivu 湖；6-Tanganyika 湖；7-Rukwa 湖；8-Malawi 湖；9-Gregory 湖

力环境，与模型 I 的最大主应力方向模拟结果吻合。

在 Tanganyika 湖和 Rukwa 湖中，其边界断层是 NW—SE 走向。Delvaux 等（2012）指出在该区域边界断层应为正断层而非右旋走滑断层；Morley（2010）指出，N—S 方向的最大主应力方向因为局部的先存前寒武纪地层基底构造，可以转为 NW—SE 方向，与该控盆断裂伸展方向相匹配，与模型 I 的最大主应力方向模拟结果吻合。

图 6.6 是模型 I 模拟所得张应变等值线图，张应变代表了张应力所影响的伸长率及该区域的张性变形情况。在张应变的集中区，更容易发生张性破裂。在图 6.6 中，模拟所得的张应变高值区主要集中在红海和亚丁湾地区，导致大陆裂解形成狭窄洋盆红海和亚丁湾及东非裂谷。

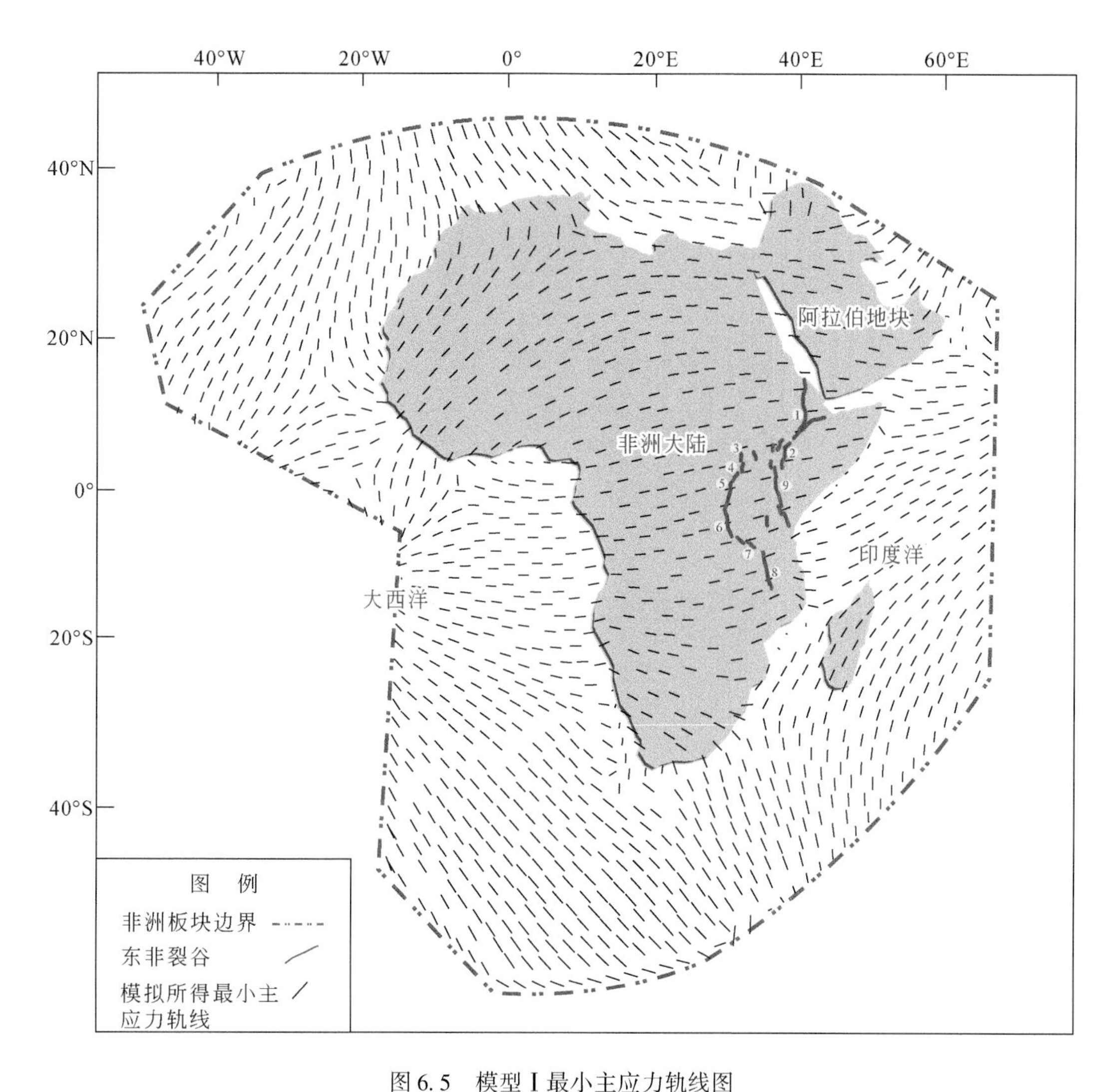

图6.5　模型Ⅰ最小主应力轨线图

1-Main Ethiopian 裂谷；2-Turkana 湖；3-Albert 湖；4-Edward 湖；5-Kivu 湖；6-Tanganyika 湖；7-Rukwa 湖；8-Malawi 湖；9-Gregory 湖

亚丁湾和红海是两个狭窄洋盆，东非裂谷系是阿尔法三联支的一个消亡支。很明显，相比于东非裂谷系，红海和亚丁湾是更加强烈的伸展构造，在形成时应该有着更加强烈的应变值。模拟所得的张应变在亚丁湾和红海相比于东非裂谷系更大，与实际的地质证据相一致。

在东非裂谷的中段，在坦桑尼亚克拉通两侧分成了东西两支，两支的裂谷发育程度存在区别。从图6.6中可见，东非裂谷的东支相比于西支拥有更多的控盆断裂。在东支，仅分布有零星的独立火山活动区，而东支则可以观测到大的火山岩省。从岩石圈脆性厚度来看，东非裂谷东支为10km，而东非裂谷西支为18km，提示东支有更强的裂谷作用

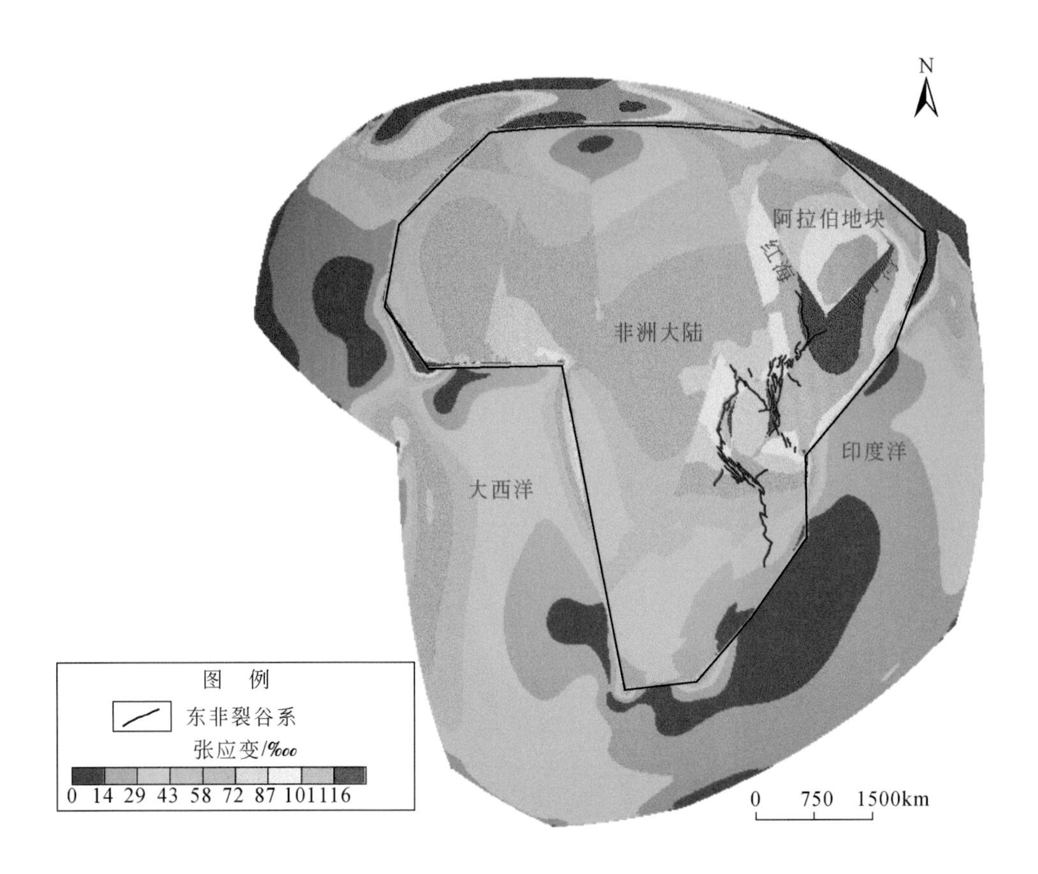

图 6.6　模型 I 张应变等值线图

(Fadaie and Ranalli, 1990)。从热流值来看，东支拥有相比西支更高的热流值（Morley, 1989）。从裂谷的伸展量来看，位于东支的 Turkana 地区，伸展量最多达到了 40km，而西支地区最多只有 10 ~ 12km（Morley and Ngenoh, 1999）。Koptev 等（2015, 2016）对坦桑尼亚克拉通两侧的裂谷发育进行了热-机械的数值模拟，认为东侧的地幔作用更加集中。从这些证据上来看，东非裂谷的东支相比于西支有着更大的张性构造作用，在形成时期拥有更大的张应变。这与我们的数值模拟结果一致。

综上所述，模型 I 能够解释张应变在红海、亚丁湾与东非裂谷系东西两支的分布规律，其主应力轨线方向能够解释东非裂谷系各裂谷的伸展方向与控盆断裂的走向，其位移矢量与非洲大陆该时期的运动方向吻合。因此，模型 I 是一个能够合理解释东非裂谷系动力学成因机制的模型。

6.2.2　模型Ⅱ

模型 I 综合考虑了地幔柱的上涌、东西两侧大洋中脊的扩张与非洲板块的非均质性三个因素，模拟结果与实际地质证据契合良好，能够解释东非裂谷系初始形成的动力学过程，是一个良好的模型。为探讨模型中这三个因素的敏感性与作用方式，我们建立一系列模型与模型Ⅰ进行对比。

在模型Ⅱ中，为探讨地幔柱上涌作用的敏感性与影响方式，我们仅考虑非洲板块东西两侧洋底扩张以及非洲板块的非均质性两个因素（图6.7）。其中，北部的Atlas-Taurus-Zagros与模型Ⅰ保持一致作为固定边界，西部大西洋的海底扩张作用力与模型Ⅰ一致，设定为50～100MPa，东部、南部印度洋扩张作用力与模型Ⅰ一致，设定为50MPa。阿尔法三联支处与坦桑尼亚克拉通下部的地幔柱在本模型中不予考虑。

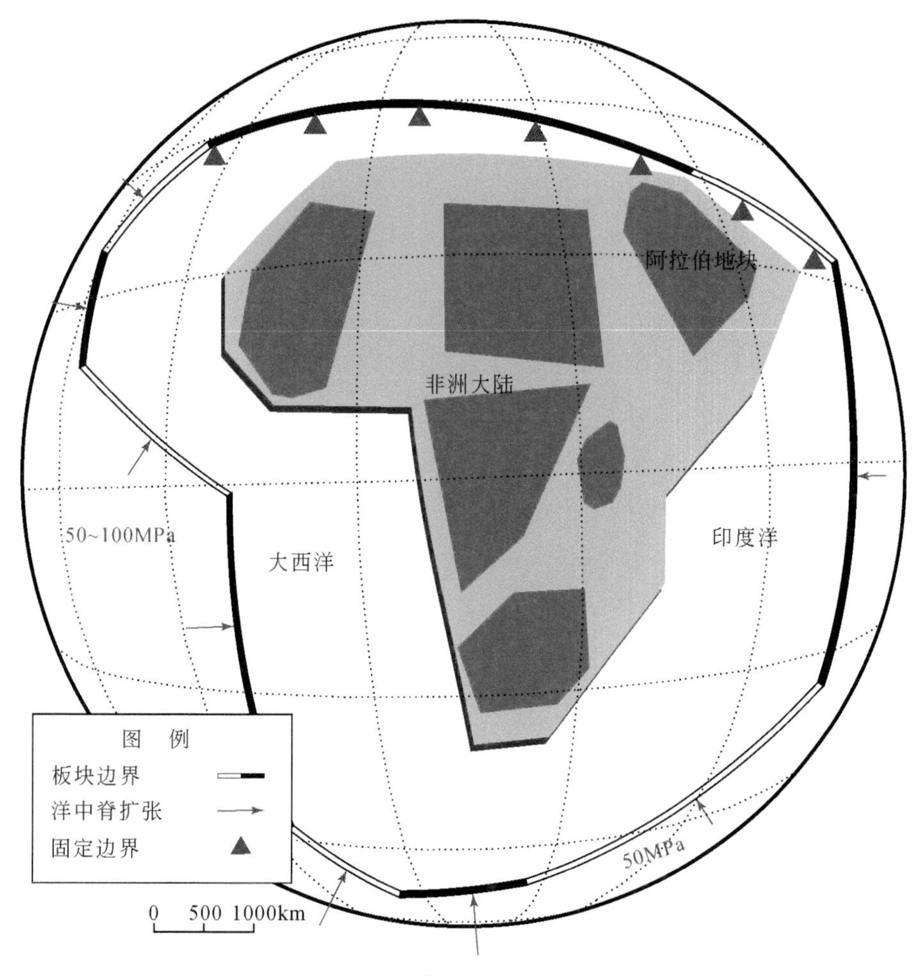

图6.7 模型Ⅱ动力学模型

图6.8是模型Ⅱ模拟所得位移矢量图，表现了非洲板块在该时期各质点可能的位移矢量。从图中可以看出，非洲板块在新生代，东非裂谷的初始形成时期，模拟所得移动方向是由南向北。在该时期，非洲板块的实际移动方向确实是由南向北（Moulin et al.,

2010；Seton et al.，2012；Gaina et al.，2013）。因此，模型Ⅱ模拟所得位移场能够与非洲大陆该时期的实际运动轨迹吻合。

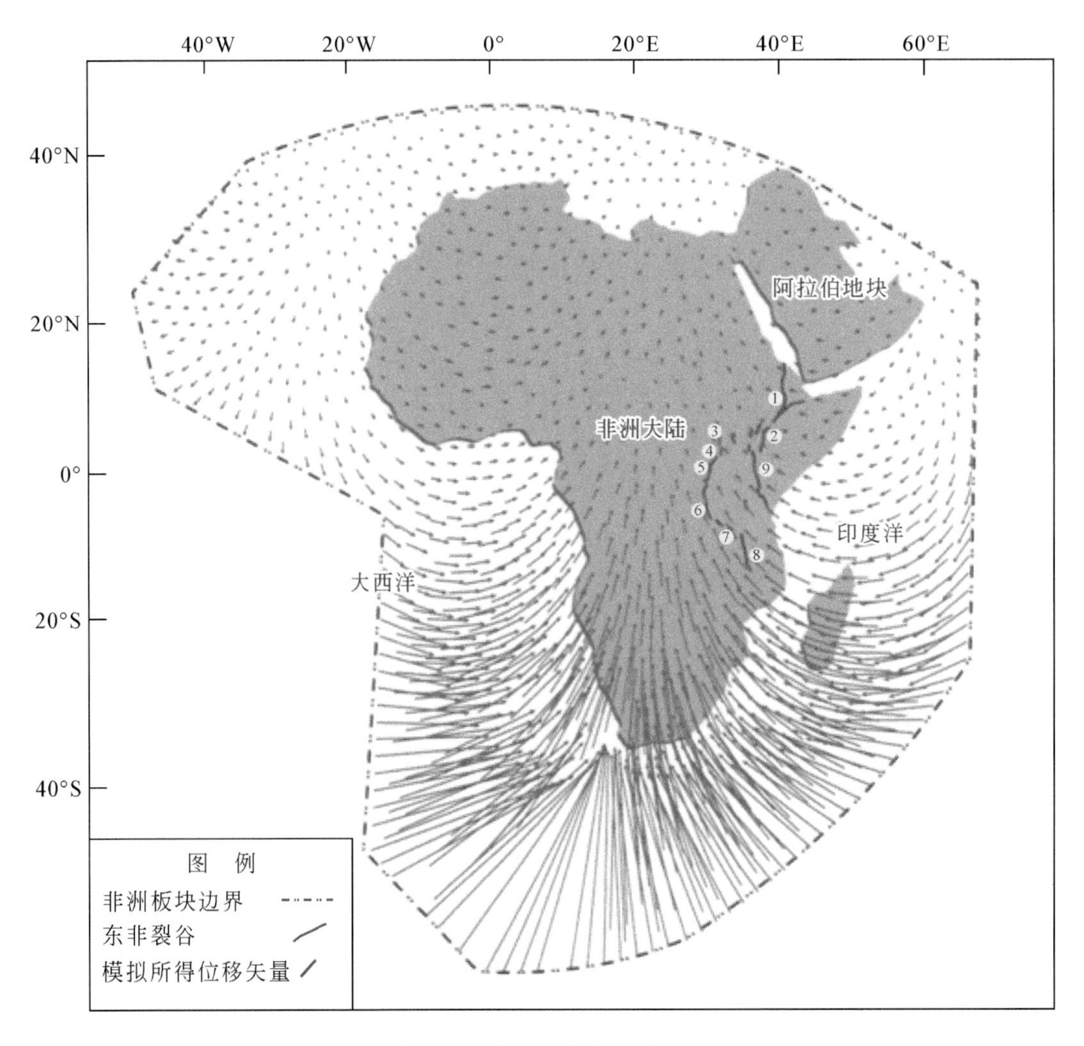

图 6.8　模型Ⅱ位移矢量图

1-Main Ethiopian 裂谷；2-Turkana 湖；3-Albert 湖；4-Edward 湖；5-Kivu 湖；6-Tanganyika 湖；7-Rukwa 湖；8-Malawi 湖；9-Gregory 湖

图 6.9 是模型Ⅱ模拟所得最大主应力轨线图，图 6.10 是模型Ⅱ模拟所得最小主应力轨线图。其中，黑色线段在图 6.9 和图 6.10 中分别显示最大主应力轨线与最小主应力轨线，红色线段代表非洲板块边界，紫色线段代表东非裂谷，具体盆地名称见图注。同模型Ⅰ一样，判定模拟结果与地质事实的吻合程度主要看裂谷的走向是否与区域最大主应力轨线方向平行，是否垂直于最小主应力方向（Pollard，1987；Hou et al.，2006a，2006b，2010a，2010b；Ju et al.，2013）。

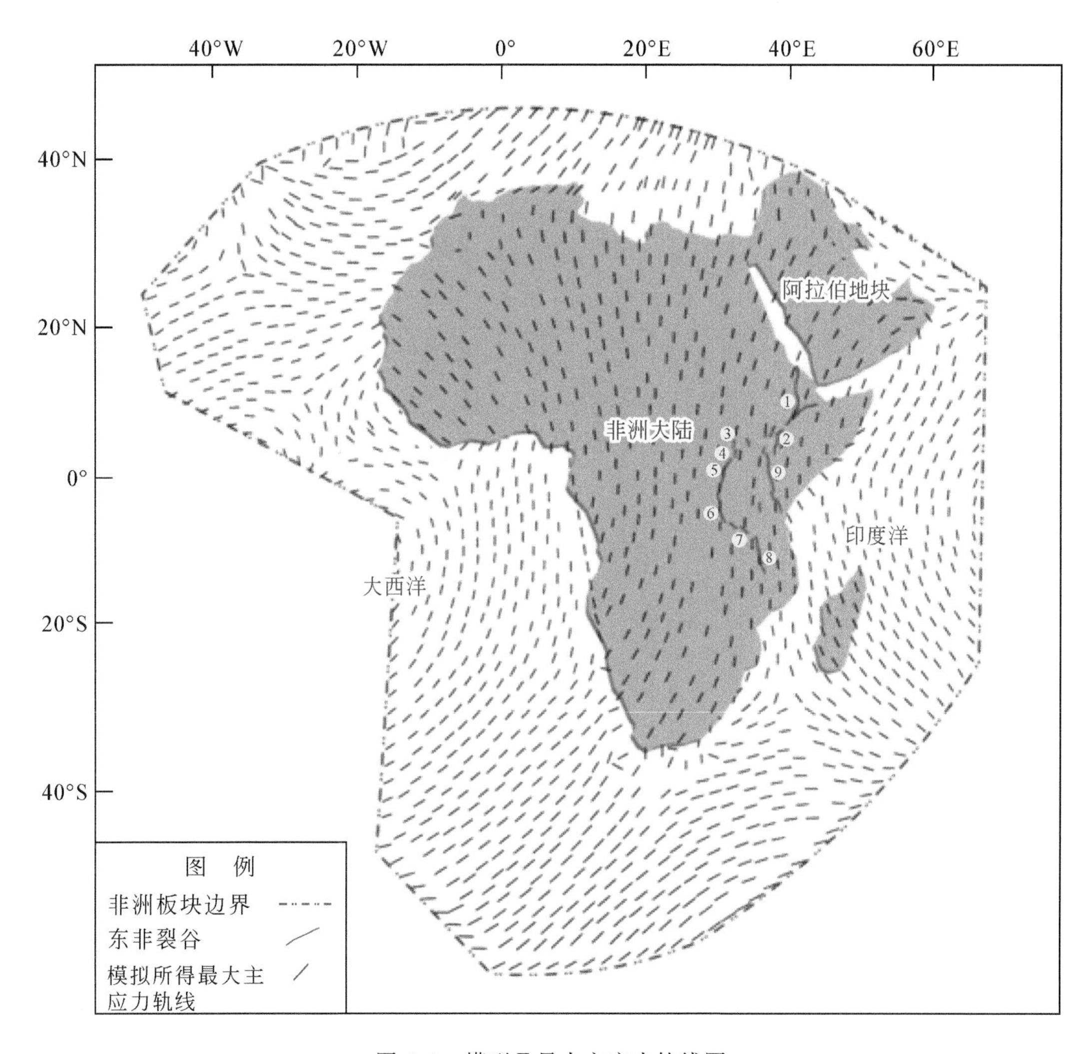

图6.9　模型Ⅱ最大主应力轨线图

1-Main Ethiopian 裂谷；2-Turkana 湖；3-Albert 湖；4-Edward 湖；5-Kivu 湖；6-Tanganyika 湖；7-Rukwa 湖；8-Malawi 湖；9-Gregory 湖

在模型Ⅱ中，模拟所得最大主应力轨线和东非裂谷系大多数裂谷盆地的走向相一致，为N—S方向。具体而言，Albert 湖、Edward 湖、Kivu 湖、Turkana 湖、Tanganyika 湖与 Malawi 湖的控盆断裂均为N—S走向的正断层。在这些地区，模型Ⅱ模拟所得最大主应力轨线方向为N—S方向（图6.9），与控盆断裂走向相一致，模拟所得最小主应力方向为W—E方向（图6.10），与控盆断裂走向相垂直。模拟结果与实际地质证据吻合良好。

同模型Ⅰ一样，Tanganyika 湖和 Rukwa 湖中，其边界断层是NW—SE走向，可以在模型Ⅱ模拟所得的N—S方向最大主应力方向环境中形成，与模型Ⅱ模拟结果吻合。

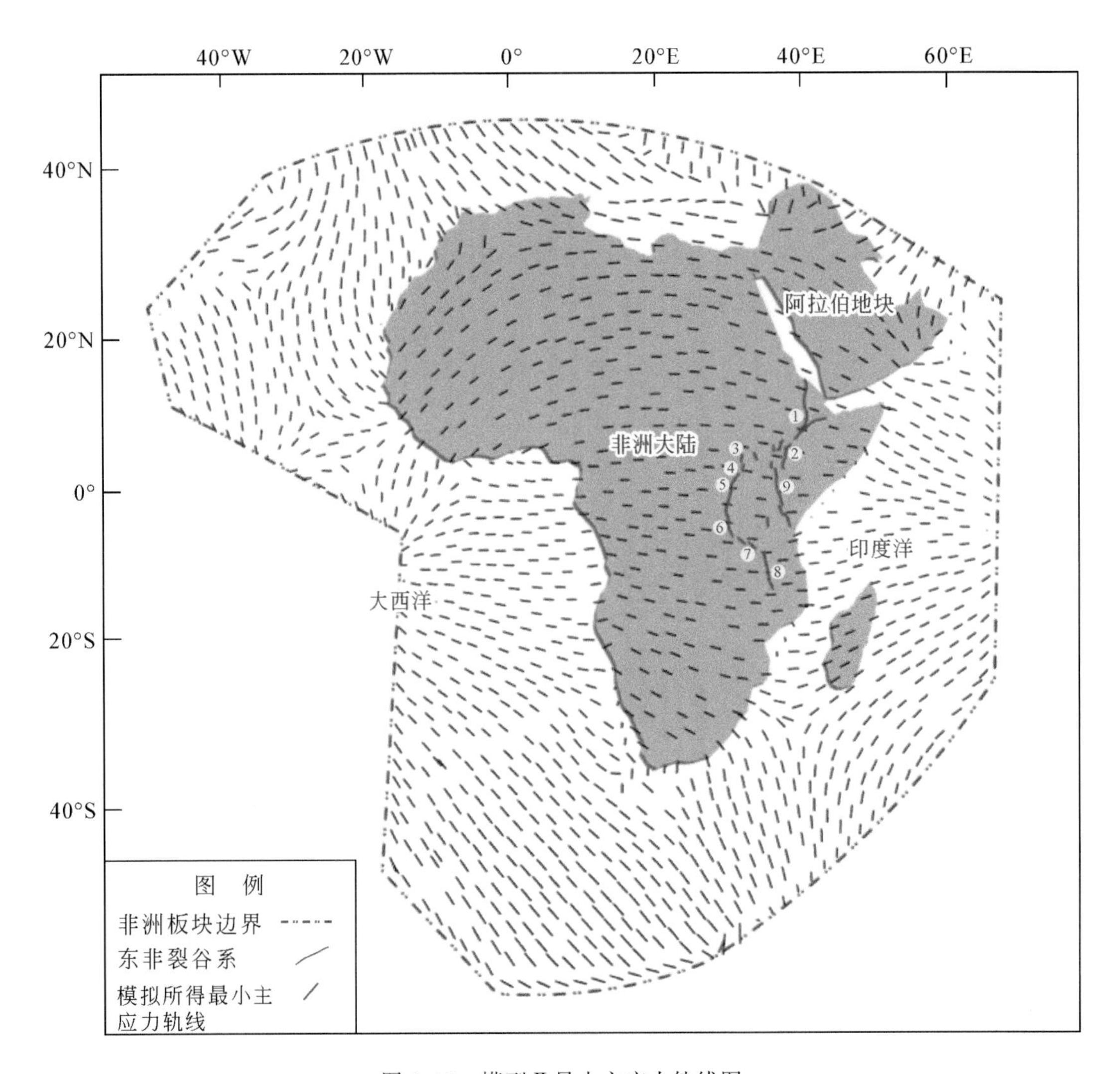

图 6.10　模型Ⅱ最小主应力轨线图

1-Main Ethiopian 裂谷；2-Turkana 湖；3-Albert 湖；4-Edward 湖；5-Kivu 湖；6-Tanganyika 湖；7-Rukwa 湖；8-Malawi 湖；9-Gregory 湖

与模型Ⅰ不同，值得注意的是，在 Main Ethiopian 裂谷中，模型Ⅱ模拟所得最大主应力轨线方向为 NE—SE 方向，与实际裂谷反映出来的 N—S 方向最大主应力方向有一定偏差。在 Gregory 湖中，模拟所得最大主应力轨线方向实际的控盆断裂走向亦稍有偏差。

综上所述，整体来看，模型Ⅱ模拟所得最大主应力轨线方向与东非裂谷系各裂谷盆地控盆断裂走向吻合良好，个别盆地中稍有偏差，基本能够解释东非裂谷系各裂谷盆地的伸展方向与控盆断裂走向。

图 6.11 是模型Ⅱ模拟所得张应变等值线图。可以看出，模型Ⅱ模拟所得张应变在研究区域显著低于模型Ⅰ，说明模型Ⅱ相对于模型Ⅰ处于更弱的拉张环境，产生张性破裂的

可能性相对较低。同时，在研究区域内，张应变的集中区位于东非裂谷系西支，红海、亚丁湾、东非裂谷东支的张应变集中均相对较小。

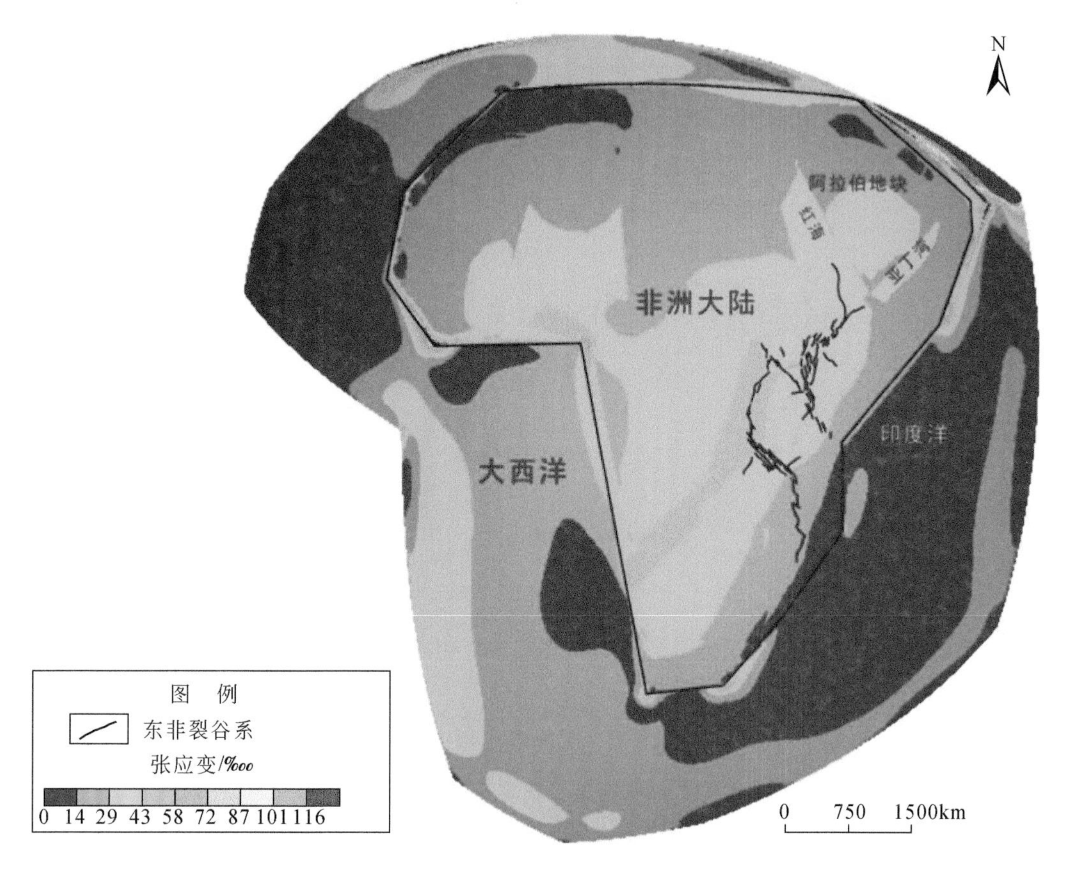

图6.11　模型Ⅱ张应变等值线图

如前文所述，亚丁湾和红海是两个狭窄洋盆，东非裂谷系是阿尔法三联支的一个消亡支。在红海、亚丁湾、东非裂谷的初始形成中，红海、亚丁湾应该具有更大的应变值。模拟所得的张应变与实际地质证据不吻合。在东非裂谷系西支、东支中，如前文所述，东支相对于西支发育更多的伸展构造，有着更多的岩浆作用，从而应当有更大的模拟张应变值。模型Ⅱ的张应变值在西支高于东支，与实际地质证据不吻合。

综上所述，模型Ⅱ模拟所得主应力轨线方向能解释东非裂谷系绝大多数裂谷的伸展方向与控盆断裂的走向，仅在个别裂谷盆地中存在少许偏差。其位移矢量与非洲大陆该时期的运动方向吻合。但值得注意的是，模型Ⅱ模拟所得张应变不能解释红海、亚丁湾与东非裂谷系东西两支伸展程度强弱的区别，并且在研究区的张应变值相较模型Ⅰ显著偏小。因此，模型Ⅱ在不考虑阿尔法三联支与坦桑尼亚克拉通下地幔柱上涌的情况下，不能合理解释东非裂谷系动力学成因机制。

6.2.3　模型Ⅲ

综合考虑了地幔柱的上涌、非洲板块东西两侧洋底扩张与非洲大陆非均质性三个因素的模型Ⅰ是一个良好的模型。为探讨洋底扩张的敏感性与作用方式，建立模型Ⅲ与模型Ⅰ对比。

在模型Ⅲ中，为探讨洋底扩张作用，我们仅考虑阿尔法三联支与坦桑尼亚克拉通下地幔柱的上涌以及非洲板块的非均质性两个因素（图6.12）。其中，北部的Atlas-Taurus-Zagros作为固定边界，与模型Ⅰ保持一致。阿尔法三联支与坦桑尼亚克拉通下地幔柱的上涌作用力与模型Ⅰ保持一致，设定为75MPa。非洲板块东西两侧大西洋、印度洋的洋中脊扩张在本模型中不予考虑。

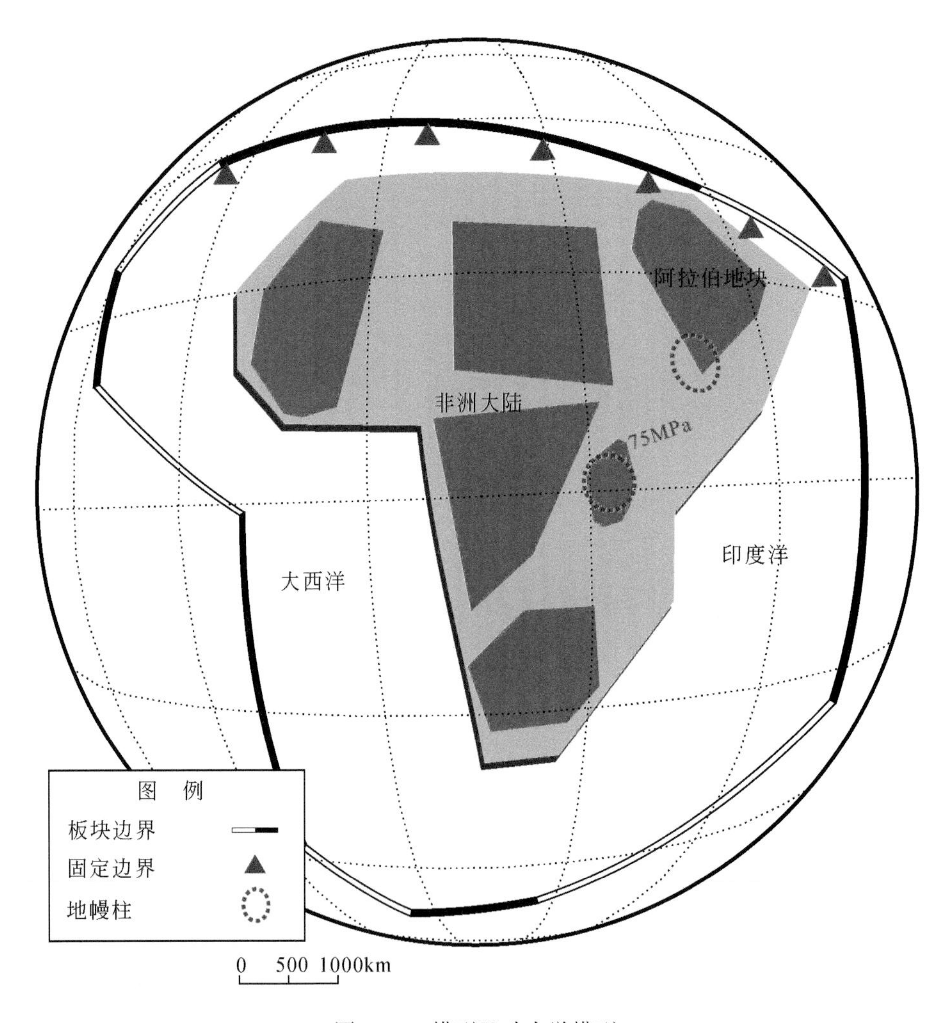

图6.12　模型Ⅲ动力学模型

图6.13是模型Ⅲ模拟所得位移矢量图，表现了非洲板块在该时期各质点可能的位移矢量。从图中可以看出，非洲板块在新生代，东非裂谷的初始形成时期，模拟所得移动方向是由南向北。在该时期，非洲板块的实际移动方向确实是由南向北（Moulin et al., 2010；Seton et al., 2012；Gaina et al., 2013）。因此，模型Ⅲ模拟所得位移场能够与非洲大陆该时期的实际运动轨迹吻合，与实际地质证据相吻合。

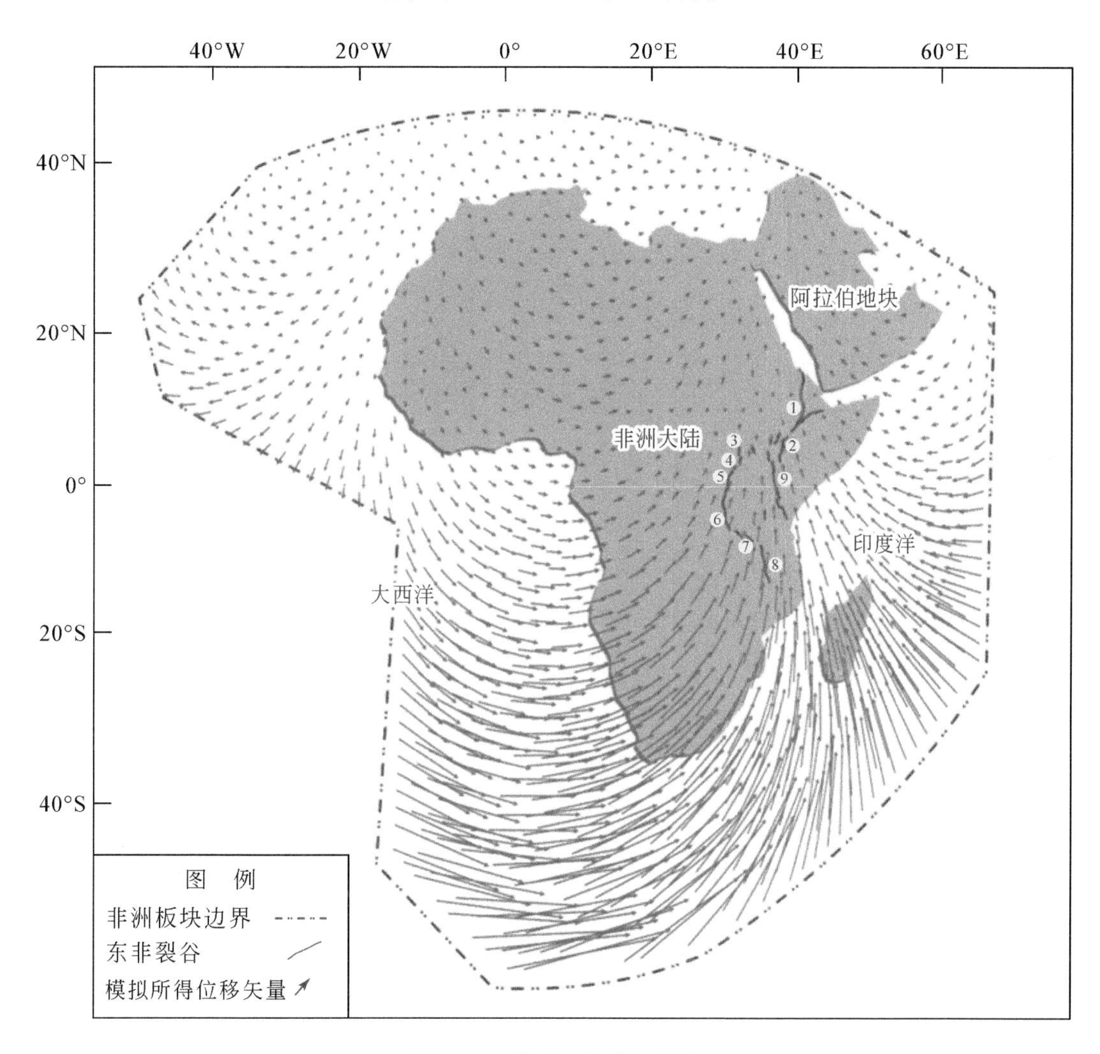

图6.13　模型Ⅲ位移矢量图

1-Main Ethiopian 裂谷；2-Turkana 湖；3-Albert 湖；4-Edward 湖；5-Kivu 湖；6-Tanganyika 湖；7-Rukwa 湖；8-Malawi 湖；9-Gregory 湖

图6.14是模型Ⅲ模拟所得最大主应力轨线图，图6.15是模型Ⅲ模拟所得最小主应力轨线图。其中，黑色线段在图6.14和图6.15中分别代表最大主应力轨线与最小主应力轨线，红色线段代表非洲板块边界，紫色线段代表东非裂谷，具体盆地名称见图注。同前述

模型一样，判定模拟结果与地质事实的吻合程度主要看裂谷的走向是否与区域最大主应力轨线方向平行，是否垂直于最小主应力方向（Pollard，1987；Hou et al.，2006a，2006b，2010a，2010b；Ju et al.，2013）。

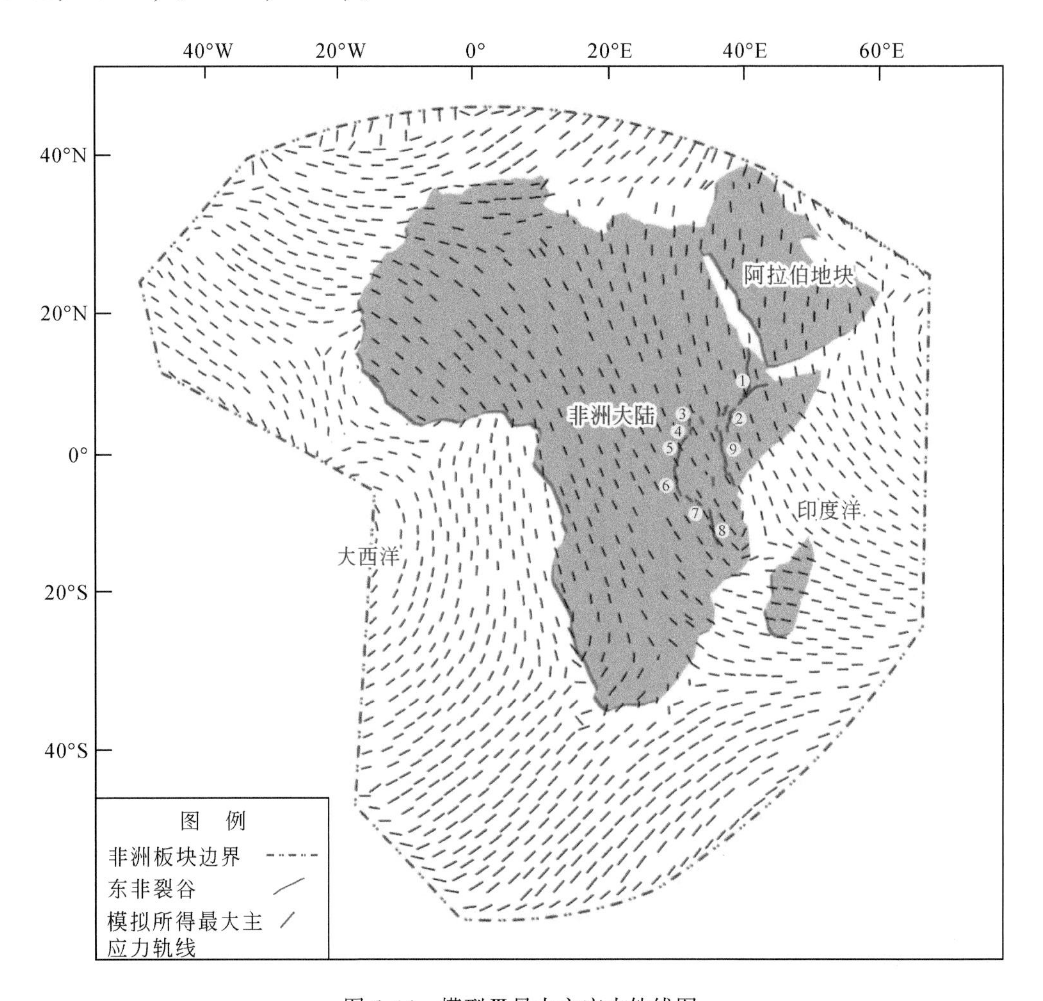

图6.14　模型Ⅲ最大主应力轨线图

1-Main Ethiopian 裂谷；2-Turkana 湖；3-Albert 湖；4-Edward 湖；5-Kivu 湖；6-Tanganyika 湖；7-Rukwa 湖；8-Malawi 湖；9-Gregory 湖

在模型Ⅲ中，模拟所得最大主应力轨线方向为NW—SE方向，和东非裂谷系大多数裂谷盆地的走向不一致。具体而言，Albert 湖、Edward 湖、Kivu 湖、Turkana 湖、Tanganyika 湖与 Malawi 湖区域，这些湖盆的控盆断裂均为N—S走向的正断层，而在这些地区，模型Ⅲ模拟所得最大主应力轨线方向为NW—SE方向，与控盆断裂走向不一致（图6.14），最小主应力方向为NS—WE方向，与控盆断裂走向斜交而非垂直（图6.15）。模拟结果与实际地质证据不能良好契合。

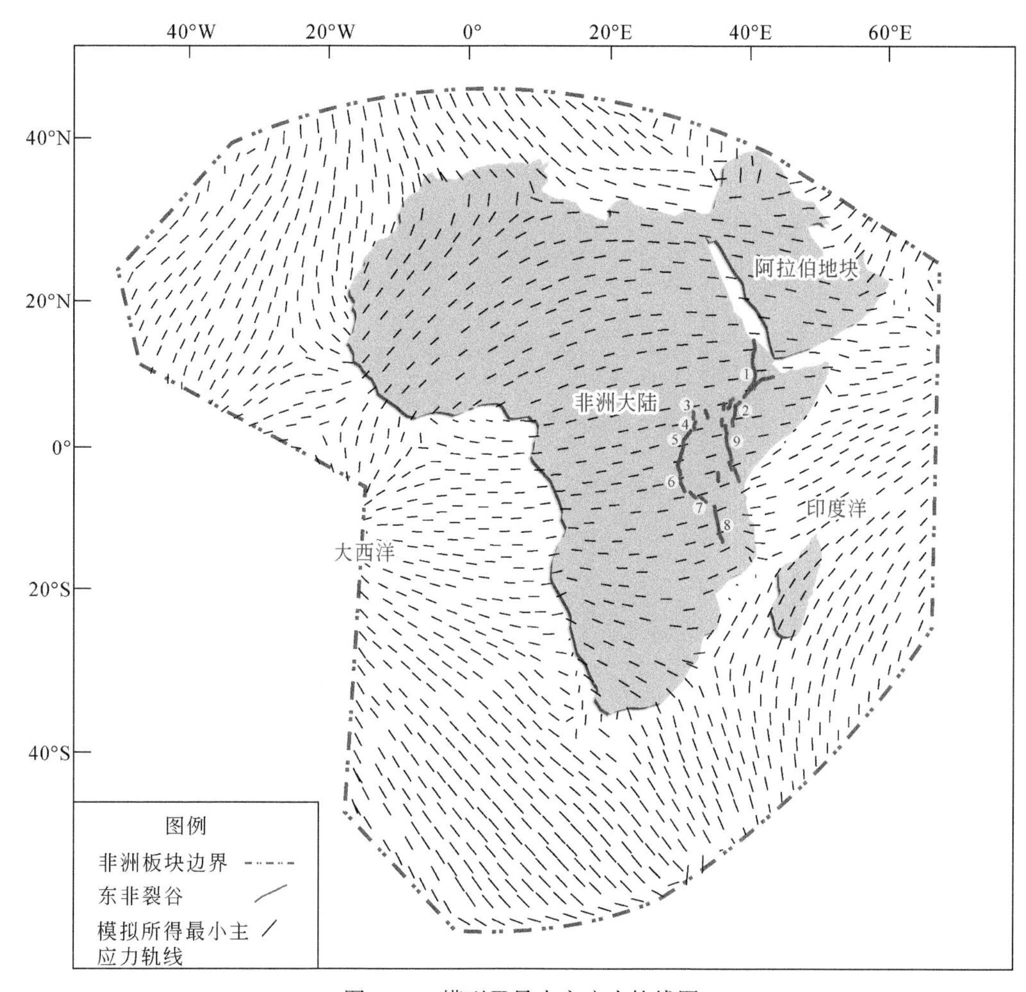

图6.15　模型Ⅲ最小主应力轨线图

1-Main Ethiopian 裂谷；2-Turkana 湖；3-Albert 湖；4-Edward 湖；5-Kivu 湖；6-Tanganyika 湖；7-Rukwa 湖；8-Malawi 湖；9-Gregory 湖

在 Tanganyika 湖和 Rukwa 湖研究区域中，Morley（2010）指出，N—S 方向的最大主应力方向因为局部的先存前寒武纪地层基底构造，可以转为 NW—SE 方向，而非 NW—SE 方向的最大主应力方向导致。因此，虽然模型Ⅲ模拟所得最大主应力方向为 NW—SE 方向，与裂谷控盆断裂走向一致，但也无法说明其与实际地质证据相吻合。

综上所述，整体上来看，模型Ⅲ模拟所得最大主应力轨线方向与东非裂谷系各裂谷盆地的控盆断裂走向不平行，模拟所得最小主应力轨线方向与东非裂谷系各裂谷盆地的控盆断裂走向不垂直，因此无法解释东非裂谷系各裂谷盆地的伸展方向与控盆断裂走向。

图6.16是模型Ⅲ模拟所得张应变等值线图。从图中可以看出，模型Ⅲ模拟所得张应变在研究区域内的集中程度显著大于模型Ⅱ，稍小于模型Ⅰ。这说明模型Ⅲ研究区域的拉

张环境显著大于模型Ⅱ，稍小于模型Ⅰ。同样，与模型Ⅰ相似，在研究区域内，张应变的集中区位于红海、亚丁湾、东非裂谷系西支与东非裂谷系东支。

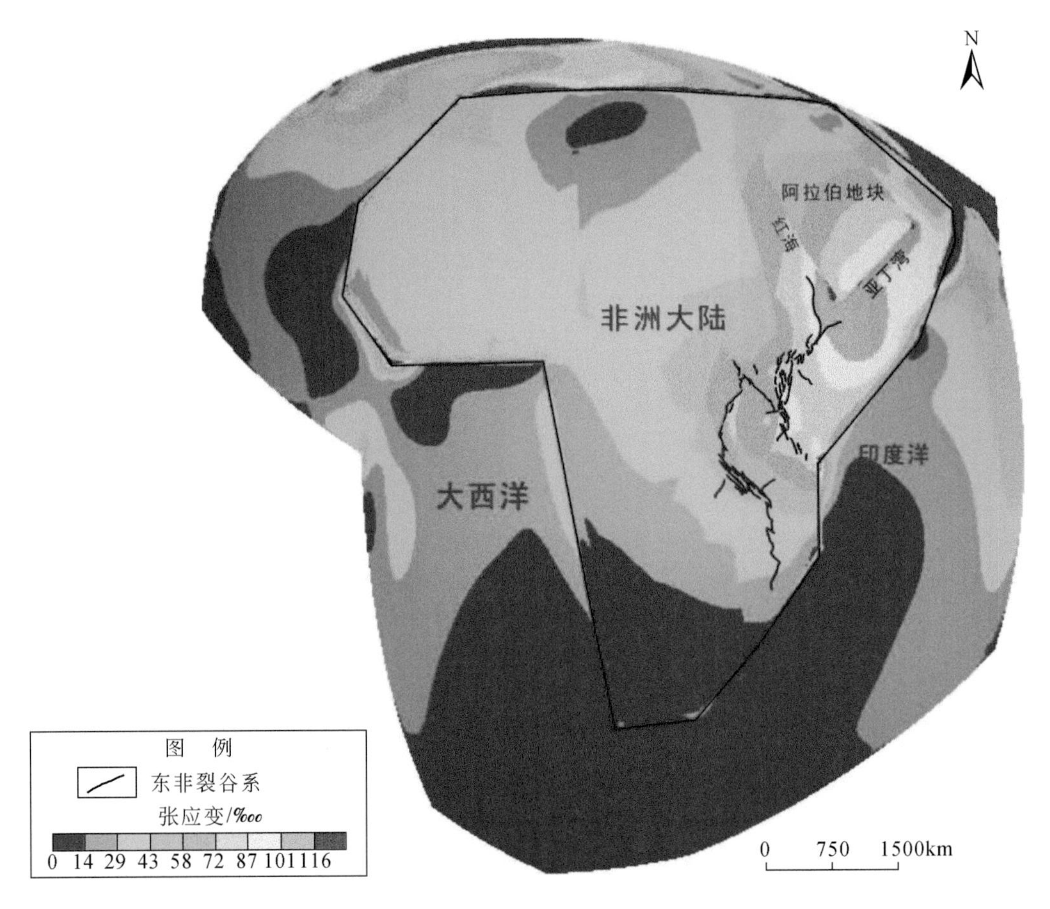

图 6.16　模型Ⅲ张应变等值线图

如前文所述，亚丁湾和红海是两个狭窄洋盆，东非裂谷系是阿尔法三联支的一个消亡支。在红海、亚丁湾、东非裂谷的初始形成中，红海、亚丁湾应该具有更大的张应变值。在图 6.16 中，张应变在红海、亚丁湾的集中程度显著大于东非裂谷系的东西两支，反映出在模型Ⅲ中，红海、亚丁湾处应当拥有更强烈的伸展构造，与实际的地质证据相一致。

同时，东非裂谷系的东支相对于西支发育更多的伸展构造，更大的伸展量，并有着更多的岩浆作用，反映出其处于更强烈的拉张环境中，应当拥有更大的张应变值。模型Ⅲ的张应变模拟值在东非裂谷系东支大于东非裂谷西支，与实际地质证据相吻合。

综上所述，模型Ⅲ模拟所得张应变仅比模型Ⅰ稍小，能够解释红海、亚丁湾、东非裂谷系东支与东非裂谷系西支伸展构造发育程度的不同与其张应变强度的差异。但是值得注意的是，模型Ⅲ模拟所得最大主应力方向与最小主应力方向无法解释东非裂谷系各裂谷盆地的控盆断裂走向。因此，模型Ⅲ在不考虑非洲板块东西两侧大西洋与印度洋扩张的情况下，不能合理解释东非裂谷系成因的动力学机制。

6.2.4　模型Ⅳ

模型Ⅰ综合考虑了地幔柱的上涌、非洲板块东西两侧洋底扩张与非洲大陆的非均质性三个因素，模拟结果与实际地质证据契合良好，能够解释东非裂谷初始形成的动力学过程，是一个解释东非裂谷系初始成因的良好的模型。模型Ⅱ、模型Ⅲ分别探讨了地幔柱的上涌、非洲板块东西两侧洋底扩张的敏感性与影响方式。为继续探讨非洲大陆因泛非期拼合形成的太古宙克拉通与泛非期造山带二元结构造成的非均质性因素的敏感性与影响方式，我们建立模型Ⅳ进行探讨。

为探讨非洲大陆的非均质性的影响因素，我们建立了与模型Ⅰ不同的模型Ⅳ。模型Ⅰ将非洲板块分为三个不同的地质单元，赋予三种不同的岩石力学参数（表6.1和图6.1）。在模型Ⅳ中，为排除非洲大陆“二元结构”导致的非均质性的影响，我们将三个不同的地质单元赋予两种不同的岩石力学参数（表6.2和图6.17）。其中，模型Ⅰ中的泛非期造山带单元，调整为和太古宙克拉通一致的结晶花岗岩，杨氏模量为80GPa，泊松比为0.25。而太古宙克拉通与大洋地壳的岩石类型及岩石力学参数均和模型Ⅰ保持一致。

表6.2　模型Ⅳ有限元模型岩石力学参数

单元类型	岩石类型	杨氏模量 E/GPa	泊松比 μ
太古宙克拉通	结晶花岗岩	80	0.25
泛非期造山带	结晶花岗岩	80	0.25
大洋地壳	玄武岩	90	0.25

模型Ⅳ中，边界条件与模型Ⅰ保持一致，具体而言，北部的Atlas-Taurus-Zagros作为固定边界，与模型Ⅰ一致，西部大西洋的海底扩张作用力与模型Ⅰ一致，设定为50～100MPa，东部、南部印度洋扩张作用力与模型Ⅰ一致，设定为50MPa。阿尔法三联支和坦桑尼亚克拉通下地幔柱的上涌作用力与模型Ⅰ一致，设定为75MPa。

图6.18是模型Ⅳ模拟所得位移矢量图，表现了非洲板块在该时期各质点可能的位移矢量。从图中可以看出，非洲板块在新生代，东非裂谷的初始形成时期，模拟所得移动方向是由南向北。在该时期，非洲板块的实际移动方向确实是由南向北（Moulin et al., 2010；Seton et al., 2012；Gaina et al., 2013）。因此，模型Ⅳ模拟所得位移场能够与非洲大陆该时期的实际运动轨迹吻合。

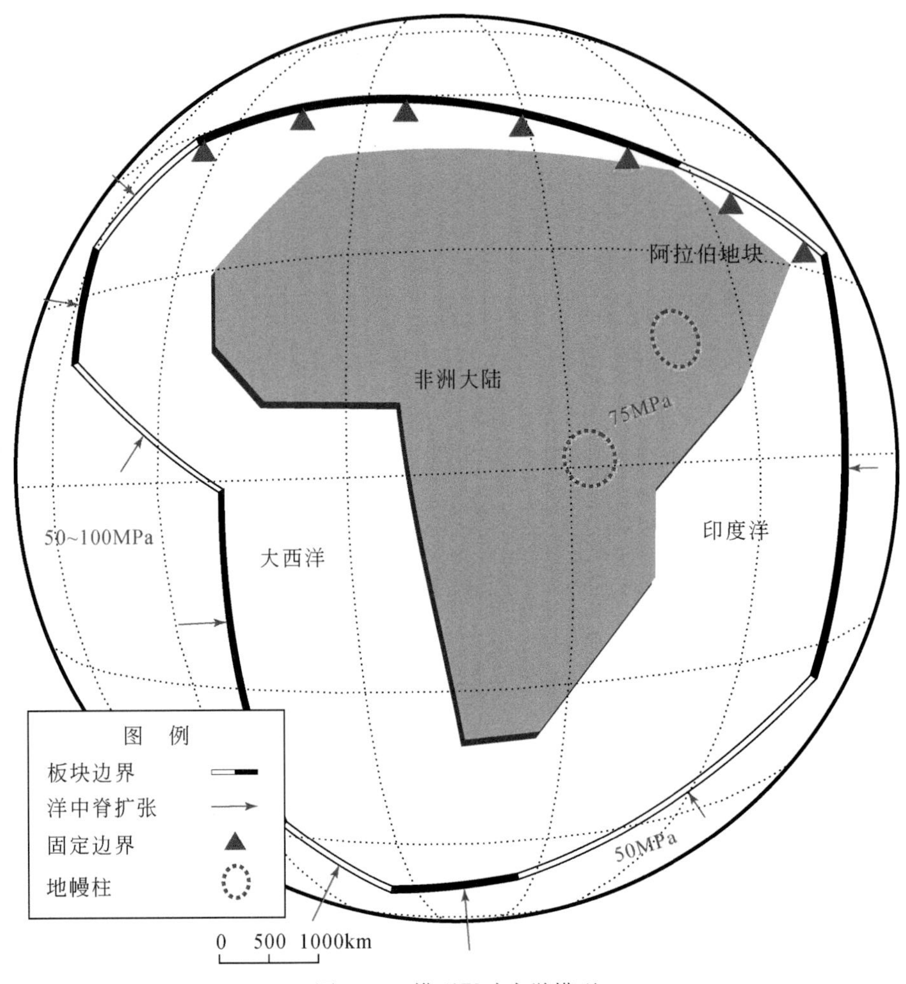

图 6.17　模型Ⅳ动力学模型

图 6.19 是模型Ⅳ模拟所得最大主应力轨线图，图 6.20 是模型Ⅳ模拟所得最小主应力轨线图。其中，黑色线段在图 6.19 和图 6.20 中分别代表最大主应力轨线与最小主应力轨线，红色线段代表非洲板块边界，紫色线段代表东非裂谷，具体盆地名称见图注。同模型Ⅰ一样，判定模拟结果是否与地质事实吻合主要看裂谷的走向是否与区域最大主应力轨线方向平行，是否垂直于最小主应力方向（Pollard，1987；Hou et al.，2006a，2006b，2010a，2010b；Ju et al.，2013）。

在模型Ⅳ中，模拟所得最大主应力轨线和模型Ⅰ中基本保持一致，与东非裂谷系大多数裂谷盆地的走向相一致。具体而言，Main Ethiopian 裂谷、Albert 湖、Edward 湖、Kivu 湖、Turkana 湖、Gregory 裂谷、Tanganyika 湖与 Malawi 湖的控盆断裂均为 N—S 走向的正断层。在这些地区，模型Ⅳ模拟所得最大主应力轨线方向为 N—S 方向（图 6.19），与控盆断裂走向相一致，模拟所得最小主应力方向为 W—E 方向（图 6.20），与控盆断裂走向

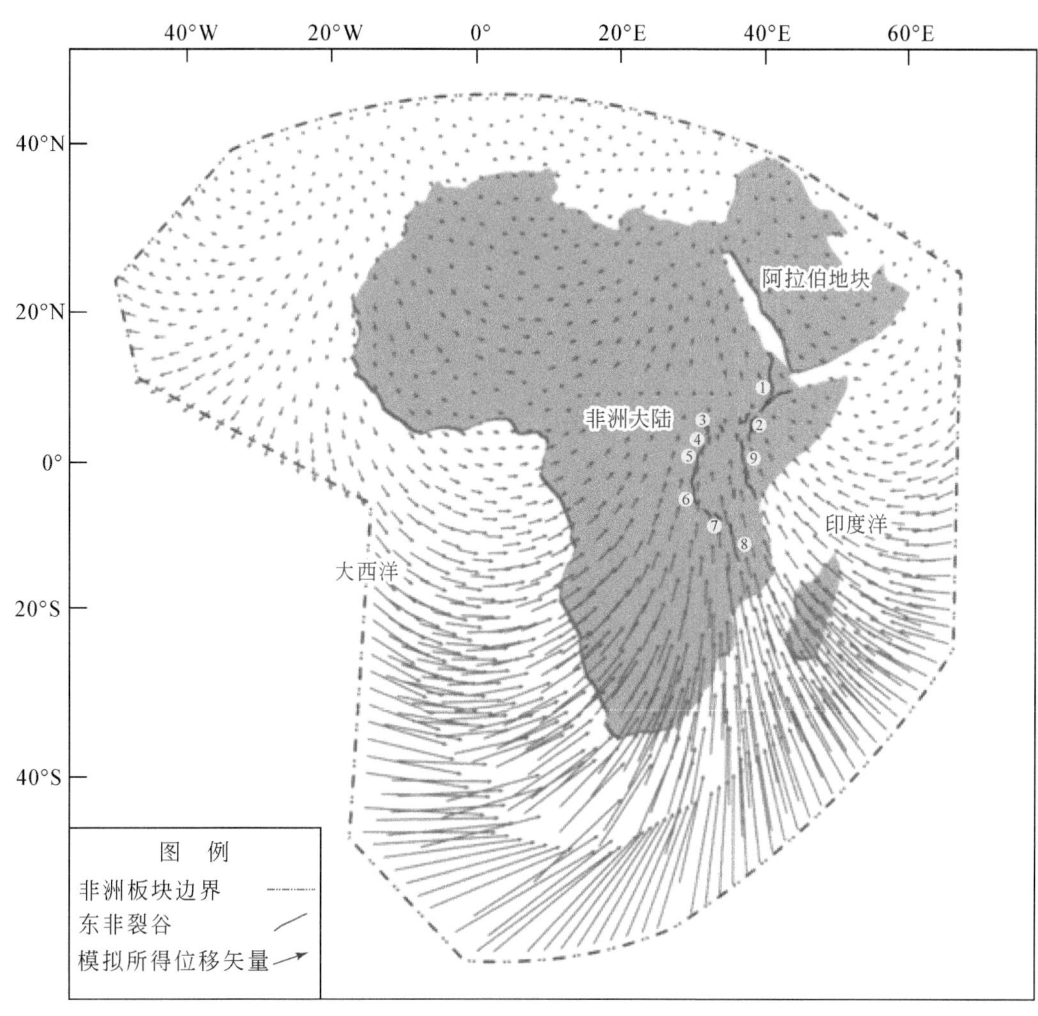

图 6.18　模型Ⅳ位移矢量图

1-Main Ethiopian 裂谷；2-Turkana 湖；3-Albert 湖；4-Edward 湖；5-Kivu 湖；6-Tanganyika 湖；7-Rukwa 湖；8-Malawi 湖；9-Gregory 湖

相垂直。模拟结果与实际地质证据吻合良好。

在 Main Ethiopian 裂谷，部分控盆断裂为 NE—SW 方向，与模拟所得最大主应力轨线不平行。Corti 等（2013）证明了东非的先存薄弱带导致了局部的伸展方向的旋转，认为 NE—SW 走向的边界断层可以形成于 N—S 方向的最大主应力环境，与模型Ⅳ的最大主应力方向模拟结果吻合。

在 Tanganyika 湖和 Rukwa 湖中，其边界断层是 NW—SE 走向。Morley（2010）证明了 N—S 方向的最大主应力方向因局部的先存前寒武纪地层基底构造，可以转为 NW—SE 方向，与模型Ⅰ的最大主应力方向模拟结果吻合。

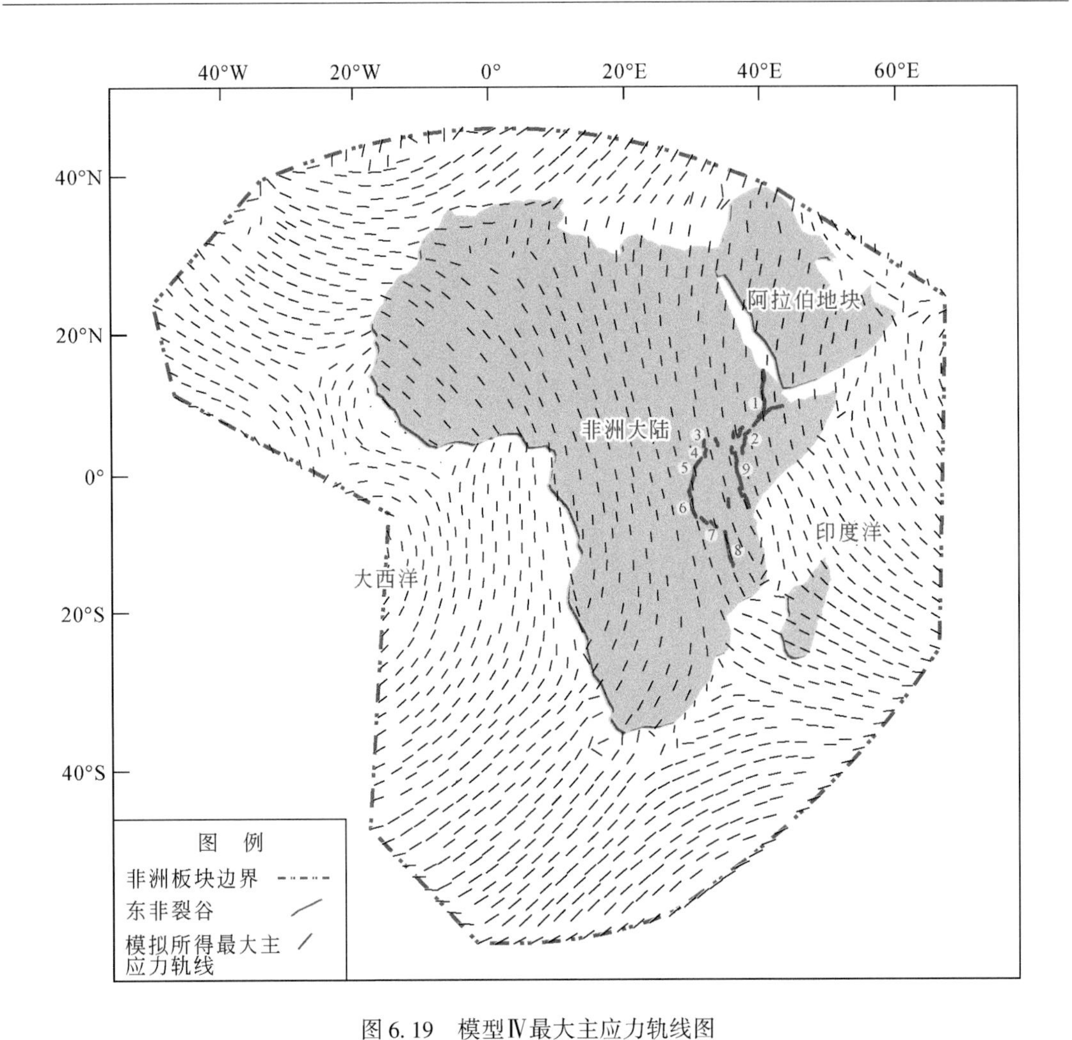

图 6.19　模型Ⅳ最大主应力轨线图

1-Main Ethiopian 裂谷；2-Turkana 湖；3-Albert 湖；4-Edward 湖；5-Kivu 湖；6-Tanganyika 湖；7-Rukwa 湖；8-Malawi 湖；9-Gregory 湖

综上所述，模型Ⅳ的主应力轨线方向与模型Ⅰ基本一致，能够解释东非裂谷系各裂谷盆地的伸展方向与控盆断裂走向。

图 6.21 是模型Ⅳ模拟所得张应变等值线图。可以看出，模型Ⅳ模拟所得张应变在研究区域显著低于模型Ⅰ，说明模型Ⅳ相对于模型Ⅰ处于更弱的拉张环境，产生张性破裂的可能性相对较低。张应变有两个集中区，一个是阿尔法地区，一个是坦桑尼亚克拉通地区。在红海、亚丁湾、东非裂谷系的东西两支没有明显的集中。

综上所述，模型Ⅳ模拟所得主应力轨线方向能够解释东非裂谷系的裂谷伸展方向与控盆断裂走向，其位移矢量与非洲大陆该时期的运动方向吻合。但值得注意的是，模型Ⅳ模拟所得张应变集中区不在红海、亚丁湾与东非裂谷系东西两支，无法解释红海、亚丁湾与

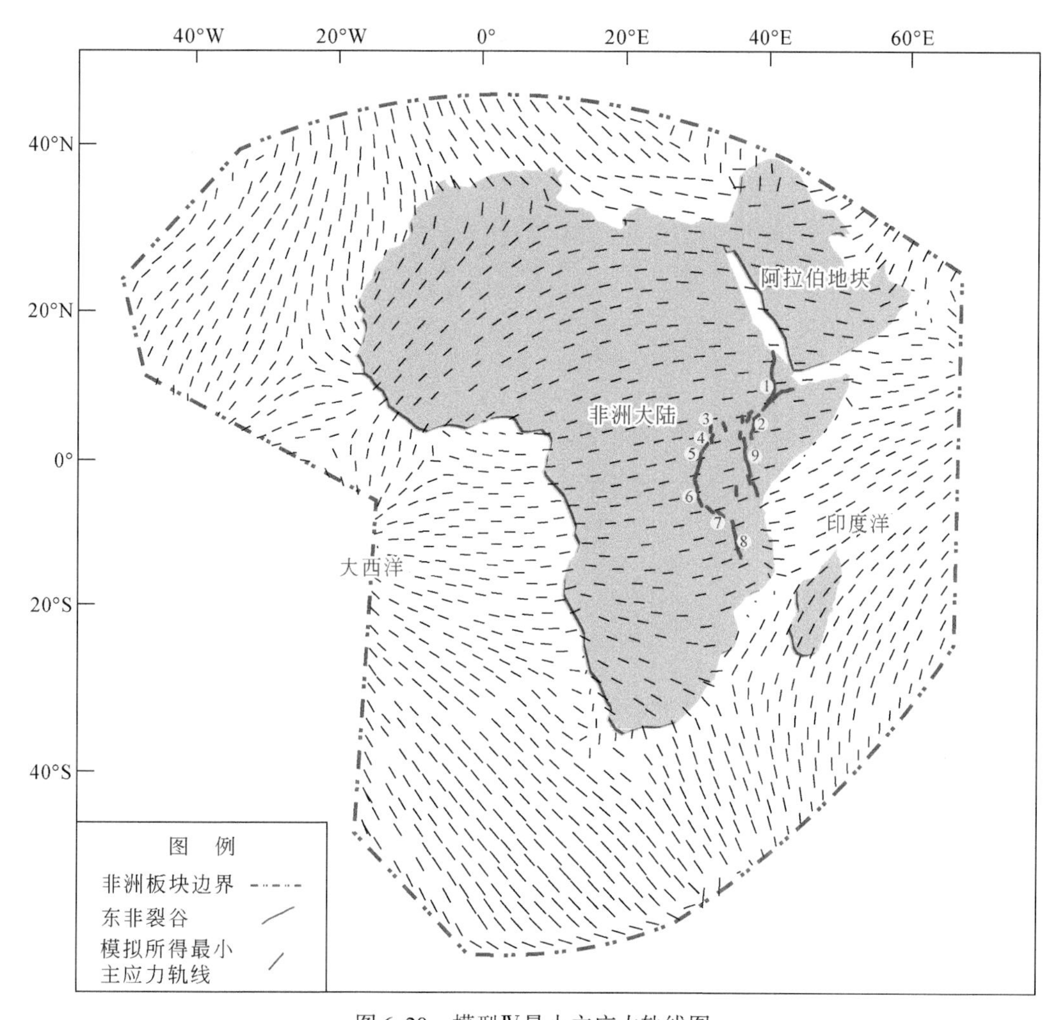

图6.20　模型Ⅳ最小主应力轨线图

1-Main Ethiopian 裂谷；2-Turkana 湖；3-Albert 湖；4-Edward 湖；5-Kivu 湖；6-Tanganyika 湖；7-Rukwa 湖；8-Malawi 湖；9-Gregory 湖

东非裂谷系的形成。同时，研究区的应变值相较于模型Ⅰ亦偏小。因此，模型Ⅳ在不考虑非洲大陆“二元结构”所导致的非洲大陆非均质性的情况下，不能合理解释东非裂谷系动力学成因机制。

6.2.5　模型总结

模型Ⅰ综合考虑了非洲板块东西两侧洋底扩张、阿尔法三联支与坦桑尼亚克拉通下地幔柱的上涌以及非洲大陆的非均质性三个因素，模拟结果与实际地质证据吻合良好，是一个理想的解释东非裂谷动力学成因机制的模型。

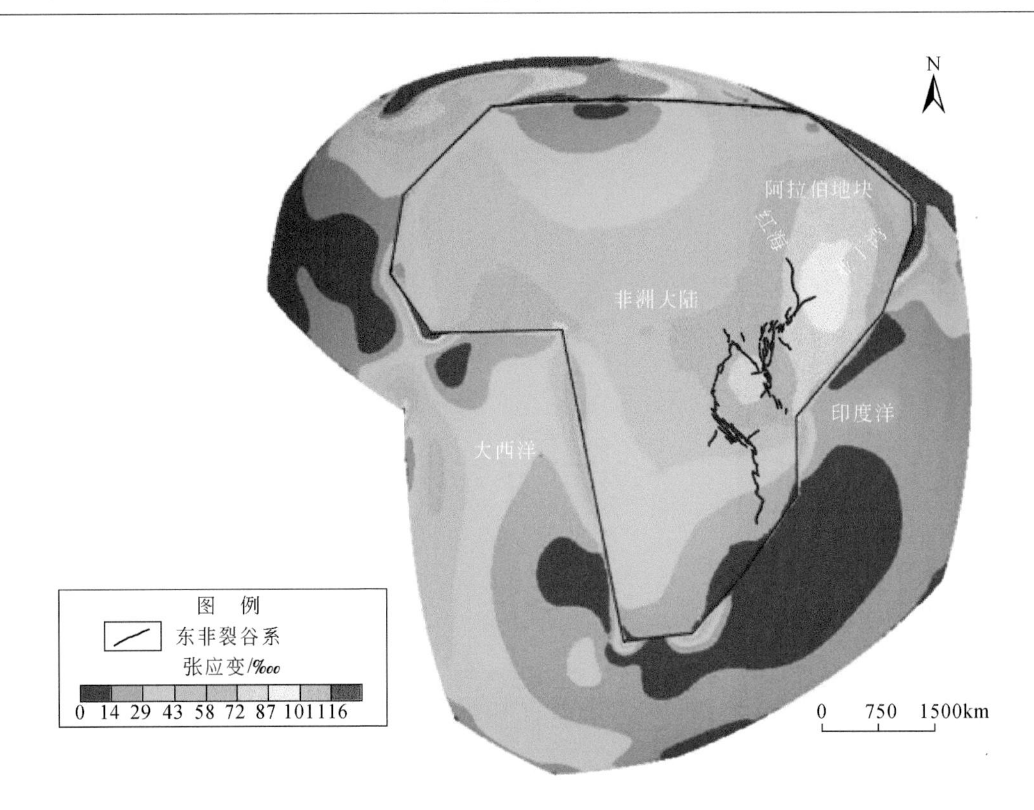

图 6.21　模型Ⅳ张应变等值线图

模型Ⅱ测试了阿尔法三联支与坦桑尼亚克拉通下地幔柱上涌的影响方式与敏感性。在模拟结果中，主应力轨线方向与模型Ⅰ基本一致，说明地幔柱的上涌对东非裂谷系的裂谷伸展方向与控盆断裂走向影响有限。模型Ⅱ模拟所得张应变等值线图中，张应变在研究区显著小于模型Ⅰ，且无法解释红海、亚丁湾与东非裂谷系两支的伸展强度，说明地幔柱的上涌作用对于张应变的集中起到重要作用。

模型Ⅲ测试了非洲大陆东西两侧洋底扩张的影响方式与敏感性。在模拟结果中，张应变模拟结果稍小于模型Ⅰ，且能够解释红海、亚丁湾与东非裂谷系两支的伸展强度，说明洋底扩张对于东非地区的应变的集中起不到主要作用，但是有一定程度的增强。模型Ⅲ模拟所得最大主应力轨线与模型Ⅰ相比显著不同，且无法解释东非裂谷系各裂谷的伸展方向与控盆断裂走向，说明非洲板块东西两侧洋底扩张对裂谷的伸展方向与控盆断裂走向起到决定性作用。

模型Ⅳ测试了非洲大陆因太古宙克拉通和泛非期造山带的“二元结构”所体现的非均质性的影响方式与敏感性。在模拟结果中，主应力轨线方向与模型Ⅰ基本一致，说明非洲大陆的非均质性对东非裂谷系裂谷的伸展方向与控盆断裂走向影响有限。模型Ⅳ模拟所得张应变等值线在阿尔法三联支与坦桑尼亚克拉通处集中，不体现在红海、亚丁湾与东非裂谷系的东西两支，且应变值小于模型Ⅰ模拟结果，说明非洲大陆的“二元结构”导致的非均质性对裂谷生成的位置与东非裂谷系在中段分异为东西两支的地质事实起到重要作用。

6.3　小　　结

东非裂谷系是世界上最典型的主动裂谷，也是正在进行的大陆裂解的实例。本章以东非裂谷系为例，通过有限元模型探讨了主动裂谷的动力学成因机制。

从模拟结果中，我们认识到，东非裂谷系的初始形成，源于三个影响因素：非洲板块东西两侧的洋底扩张、地幔柱的上涌以及非洲大陆的非均质性。模拟结果与前人通过热-机械试验得到的结论一致：在局部的地幔柱-岩石圈相互作用的场景中，局部的应变集中与地幔柱的上涌及远场的地质应力的共同作用是分不开的（Burov and Gerya，2014；Koptev et al.，2018）。

地幔柱的上涌在东非的大陆裂解与东非裂谷系的形成中起到了决定性的作用，导致了局部的应变集中，引发了大陆裂解与裂谷系的形成，这也是所有主动裂谷的重要动力来源。

大西洋洋中脊与印度洋洋中脊的扩张在东非的大陆裂解与裂谷系的形成中的作用也是不可或缺的，它控制了东非地区伸展的方向，是东非裂谷系整体呈现N—S向延伸的影响因素。同时，其在球壳上的应力加载使得非洲板块与褶皱的力学机制类似，在东非地区产生了一定的应变增强（图6.22）。

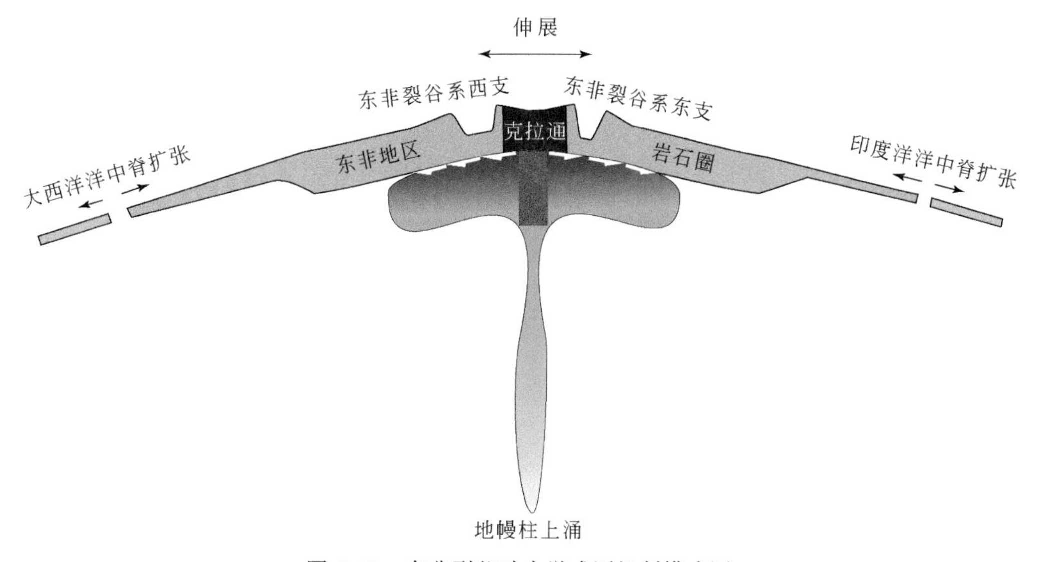

图6.22　东非裂谷动力学成因机制模式图

非洲大陆的非均质性反映在太古宙克拉通与泛非期造山带“二元结构”中，决定了东非裂谷系的裂谷位置与中段东西两支的分异。

第7章　结　　论

1. 通过对裂谷类型的归纳整理分析提出裂谷的分类方案

主动裂谷与被动裂谷是基于裂谷形成动力学机制的分类方式，本书对主动裂谷与被动裂谷的识别进行了归纳整理，得出以下区别：

（1）主动裂谷的控盆断裂易形成易滑面、铲式结构，被动裂谷主断裂陡立，无深层滑脱面。

（2）主动裂谷滚动背斜发育，而被动裂谷少见滚动背斜。

（3）主动裂谷的拗陷构造层沉积厚度大，而被动裂谷较小。

（4）主动裂谷断陷期为完整湖相，岩性为大套厚层泥岩，多见火山岩发育，而被动裂谷多为湖相与河流相的叠置，岩性为砂泥互层，少见火山岩发育。

（5）主动裂谷盆地拗陷期沉降曲线较平直，被动裂谷表现为周期性锯齿形。

（6）主动裂谷冷却速率较大而被动裂谷冷却速率较小。

2. 依据大地构造成因将被动裂谷进一步分为了五个亚类

五个亚类是：①内克拉通伸展裂谷盆地；②造山后伸展的被动裂谷盆地；③走滑相关的被动裂谷盆地；④碰撞诱导型裂谷盆地；⑤冲断带后缘伸展裂谷盆地。

3. 基于叠合盆地进行了裂谷盆地的分类

不同阶段的盆地在纵向上组合形成叠合盆地，为更好反映叠合盆地的成盆演化机制，对叠合盆地进行了如下分类：①多次断拗叠合的裂谷盆地；②下伏裂谷上叠被动陆缘的盆地；③下伏被动陆缘上叠裂谷的盆地；④下伏裂谷上叠克拉通盆地；⑤下伏克拉通盆地上叠裂谷；⑥下伏裂谷上叠前陆盆地；⑦下伏前陆盆地上叠裂谷。

4. 根据裂谷的演化方向可以分为大陆裂谷、陆缘裂谷和拗拉谷三大类

大陆裂谷有两个进化方向，一是进化为大西洋型盆地，另一个是消亡转为拗陷盆地或克拉通盆地。

以非洲大陆的裂谷为例，中生代以来，非洲大陆内形成了三个典型的大陆裂谷系——中生代的中非裂谷系、西非裂谷系与新生代的东非裂谷系。它们形成于不同的地质时期，发育于不同的构造地质环境，有着不同的演化特点。其中中西非裂谷系是典型的走滑相关的被动裂谷盆地，具有多期裂谷作用叠合的特征。本书通过对中西非裂谷系与东非裂谷系的地质资料进行收集、整理、分析，厘清了它们的演化期次与地质构造特征，得到了如下

几点认识：

（1）中西非裂谷系可以分为两组不同的裂谷，一组为位于中非剪切带两侧的盆地，包括Chad盆地、Melut盆地、Muglad盆地，主要发育NW、NNW走向正断层作为控盆断裂。这些裂谷盆地经历了三期同裂谷作用，分别为早白垩世、晚白垩世、古近纪—新近纪。裂谷早期伸展作用强烈，控盆断裂垂直、断距大，并发育明显的楔形裂谷。另一组为位于中非剪切带内的盆地，包括Doba盆地、Doseo盆地、Bongor盆地。这些盆地的控盆断裂以走滑断层为主，并发育有NW方向的次级断裂。盆地剖面中可见典型的花状构造、半地堑。这些裂谷盆地经历了两期裂谷作用，分别为早白垩世与晚白垩世，而对应第一组的第三期同裂谷作用（古近纪—新近纪时期）构造活动不明显。晚白垩世，发生Satonian期挤压事件，在裂谷盆地中表现为反转构造，同时中非剪切带也由右旋走滑转换为左旋走滑。

（2）中西非裂谷系各盆地中，早期同裂谷阶段主要发育冲积相，同时正断层陡立、断距大，说明早期同裂谷阶段是强烈断陷期的快速沉积。在中非剪切带内的盆地中，晚白垩世发育有海相沉积，说明在该时期存在海侵。

（3）中西非裂谷系盆地是典型的叠合裂谷盆地，无论是表现出三期同裂谷作用的中非剪切带两侧盆地还是表现出两期同裂谷作用的中非剪切带内部盆地，都是典型的后期裂谷盆地在前期的裂谷盆地上的叠加。裂谷的伸展方向在各期次区别较小，可以认为中西非裂谷系盆地是多期裂谷盆地叠加的继承型裂谷盆地。

（4）东非裂谷系盆地不同于中西非裂谷系，是新生代开始发育的裂谷盆地，仅有一期同裂谷作用并发育至今。裂谷盆地内有大量的正断层与半地堑发育，基性火山岩分布广泛且沿裂谷走向发育，指示火山岩是同裂谷阶段的产物。这些地质证据说明东非裂谷系在同裂谷阶段处于强烈的伸展环境。

（5）东非裂谷系在中段分异为东西两支，其中东支的裂谷发育更为成熟，表现出更强烈的裂谷作用，说明其相较于西支处于更强烈的伸展环境之中。地质证据表现为其岩石圈厚度更小、大火成岩省发育更加广泛、热流值更高。

5. 提出了中生代中西非裂谷盆地的地球动力学成因模式

本书以中生代中西非裂谷系为例，建立了有限元弹性球壳模型，对中生代形成的中西非裂谷系的演化进行了研究，重点探讨了不同的动力学因素对于其形成演化的影响，得到了如下认识：

（1）在裂谷的初始形成时期，其形成演化的动力学机制同非洲大陆西侧的南大西洋的扩张，东侧的西索马里盆地、莫桑比克海的扩张，以及几内亚三联支处St. Helena地幔柱的上涌相关。其中，地幔柱的上涌决定了尼日利亚区域的应变集中于裂谷的伸展方向，但对尼日尔地区与苏丹地区的应变集中影响不大。两侧的大洋扩张控制了中西非裂谷系多数裂谷的伸展方向，并对苏丹地区和尼日尔地区的张应变集中有一定的促进作用。

（2）在裂谷初始形成之后，非洲大陆东侧的大洋扩张由西索马里盆地和莫桑比克海的扩张变化为南极洲和马达加斯加之间的洋底扩张，从模拟结果来看，这种改变可以维持中西非裂谷系的继续发育。

（3）晚白垩世的裂谷演化阶段中，Santonian 期反转使得中非剪切带由右旋走滑转换为左旋走滑，同时在部分裂谷中表现为不同程度的挤压、褶皱和反转作用。反转阶段的动力学机制来源于大西洋扩张方式的改变对非洲大陆的应力环境的影响。

6. 提出了新生代东非裂谷盆地的地球动力学成因模式

本书以新生代东非裂谷系为例，提出了新生代东非裂谷系形成、演化的动力学机制，得到了如下认识：

（1）东非裂谷系的初始形成，源于两个动力学因素，即非洲板块东西两侧的洋底扩张、阿尔法三联支与坦桑尼亚克拉通下地幔柱的上涌。

（2）地幔柱的上涌在东非裂谷系的初始形成过程中起到了决定性的作用，促使了应变的局部集中，以及大陆裂解与东非裂谷系的形成。

（3）非洲板块东西两侧的洋底扩张控制了东非地区的伸展方向，使得东非裂谷系整体上呈现 N—S 方向的走向，伸展方向为 W—E 方向。

（4）非洲大陆具有非均质性，其“二元结构”决定了东非裂谷的发育位置与东非裂谷系中段东西两支的分异。

7. 提出裂谷形成演化的地球动力学模式

通过构造地质学和沉积过程的分析，利用有限元数值模拟的定量分析，本书认为无论是主动裂谷（如东非裂谷系）还是被动裂谷（如中西非裂谷群），都是在所处地块非均质性的基础上，在来自板块边缘的动力作用下，因裂谷所处区域形成的应力场导致局部伸展作用而形成的。主动裂谷与被动裂谷的主要动力源区别是主动裂谷与地幔柱作用有密切的成因联系，而被动裂谷与地幔柱作用没有成因联系，仅与板块边界的作用力有关。

参考文献

蔡永恩，1997. 热弹性问题的有限元方法及程序设计［M］. 北京：北京大学出版社.

陈晓娜，2012. Bongor 盆地 Baobab 构造带烃源岩评价及油源分析［D］. 荆州：长江大学.

戴黎明，李三忠，楼达，等，2013. 渤海湾盆地黄骅坳陷应力场的三维数值模拟分析［J］. 地球物理学报，56（3）：929-942.

窦立荣，潘校华，田作基，等，2006. 苏丹裂谷盆地油气藏的形成与分布——兼与中国东部裂谷盆地对比分析［J］. 石油勘探与开发，（3）：255-262.

范乐元，温银宇，金博，等，2013. 穆格莱德盆地凯康坳陷西斜坡地层剥蚀与埋藏史研究［J］. 西安石油大学学报（自然科学版），28（3）：21-28.

范迎风，苌衡，龙翔，等，2002. 转换型 Muglad 盆地的走滑特征［J］. 石油勘探与开发，3：107-110.

侯贵廷，2014. 渤海湾盆地地球动力学［M］. 北京：科学出版社.

侯贵廷，钱祥麟，蔡东升，2000. 渤海中、新生代盆地构造活动与沉积作用的时空关系［J］. 石油与天然气地质，21（3）：201-206.

侯贵廷，钱祥麟，蔡东升，2001. 渤海湾盆地中、新生代构造演化研究［J］. 北京大学学报（自然科学版），37（6）：845-851.

侯贵廷，钱祥麟，蔡东升，2003. 渤海-鲁西地区白垩-早第三纪裂谷活动——火山岩的地球化学证据［J］. 地质科学，38（1）：13-21.

黄超，余朝华，肖高杰，等，2012. 中西非裂谷系 B 盆地构造演化及其对油气成藏的影响研究［J］. 科学技术与工程，17：4079-4085.

贾东，武龙，闫斌，等，2011. 全球大型油气田的盆地类型与分布规律［J］. 高校地质学报，2：170-184.

贾屾，2017. 肯尼亚北部裂谷盆地类型和演化及其对烃源岩的控制作用［J］. 海洋地质前沿，33（2）：19-25.

贾屾，邱春光，胡滨，等，2018. 东非裂谷东支 South Lokichar 盆地油气成藏规律［J］. 海洋地质前沿，425（4）：36-43.

金双根，朱文耀，2002. 南美板块的运动和活动形变［J］. 武汉大学学报（信息科学版），27（4）：358-363.

李德生，1982. 中国含油气盆地的构造类型［J］. 石油学报，3（3）：1-12.

李德生，薛叔浩，1983. 中国东部中. 新生代盆地与油气分布［J］. 地质学报，57（3）：224-234.

李三忠，索艳慧，戴黎明，等，2010. 渤海湾盆地形成与华北克拉通破坏［J］. 地学前缘，17（4）：64-89.

李三忠，周立宏，刘建忠，等，2004. 华北板块东部新生代断裂构造特征与盆地成因［J］. 海洋地质与第四纪地质，(3)：60-69.
李思田，解习农，王华，2004. 沉积盆地分析的基础与应用 [M]. 北京：高等教育出版社.
刘邦，潘校华，万仑坤，等，2012. 东尼日尔 Termit 盆地叠置裂谷的演化：来自构造和沉积充填的制约 [J]. 现代地质，2：115-123.
刘和甫，李晓清，刘立群，等，2005. 伸展构造与裂谷盆地成藏区带 [J]. 石油与天然气地质，26 (5)：537-551.
刘康宁，2012. 尼日尔 Termit 拗陷白垩系层序地层、沉积体系与有利储层预测研究 [D]. 北京：中国地质大学（北京）.
刘为付，2016. 乍得 Doseo 盆地白垩系层序地层与沉积体系 [J]. 中南大学学报（自然科学版），47 (6)：1-9.
吕彩丽，赵阳，2018. 中非裂谷盆地构造演化差异性与构造动力学机制 [J]. 西南石油大学学报（自然科学版），6：23-34.
吕明胜，薛良清，苏永地，等，2012. 裂谷作用对层序地层充填样式的控制——以西非裂谷系 Termit 盆地下白垩统为例 [J]. 吉林大学学报（地球科学版），42 (3)：647-656.
马杏垣，刘和甫，王维襄，等，1983. 中国东部中、新生代裂陷作用和伸展构造 [J]. 地质学报，1：24-34.
欧阳文生，曹代勇，孙开江，等，2004. 非洲 Muglad 盆地高孔高渗储层成因机制探讨 [J]. 中国矿业大学学报，33 (6)：708-711.
潘校华，2019. 中西非被动裂谷盆地石油地质理论与勘探实践 [M]. 北京：石油工业出版社.
漆家福，陈发景，1995. 渤海湾新生代裂陷盆地的伸展模式及其动力学过程 [J]. 石油实验地质，17 (4)：316-323.
漆家福，于福生，陆克政，2003. 渤海湾地区的中生代盆地构造概论 [J]. 地学前缘，10 (1)：199-206.
宋红日，窦立荣，肖坤叶，等，2009. Bongor 盆地油气成藏地质条件及分布规律初探 [J]. 石油与天然气地质，30 (6)：762-767.
田在艺，张庆春，1996. 中国含油气沉积盆地论 [M]. 北京：石油工业出版社.
童晓光，窦立荣，田作基，等，2004. 苏丹穆格莱特盆地的地质模式和成藏模式 [J]. 石油学报，25 (1)：19-25.
王仁，何国琦，殷有泉，等，1980. 华北地区地震迁移规律的数学模拟 [J]. 地震学报，2 (1)：32-42.
许长春，2012. Bongor 盆地反转构造特征及其与油气聚集关系 [D]. 北京：中国地质大学（北京）.
许立青，李三忠，索艳慧，等，2015. 渤海湾盆地大歧口凹陷断裂系统与陆内拉分断陷 [J]. 地质科学，50 (2)：489-502.
叶先灯，2006. 苏丹 Melut 盆地构造、沉积和油气成藏研究 [D]. 广州：中国科学院广州地球化学研究所.
衣学磊，侯贵廷，2002. 济阳坳陷中、新生代断裂活动强度研究 [J]. 北京大学学报（自然科学版），38 (4)：504-509.
张光亚，赵健，余朝华，等，2018. 非洲地区盆地演化与油气分布 [J]. 地学前缘，25 (2)：1-14.

张进江，黄天立，2019. 大陆伸展构造综述［J］. 地球科学，44（5）：1705-1715.

张庆莲，侯贵廷，潘校华，等，2013a. Muglad 盆地形成力学机制的有限元数值模拟［J］. 北京大学学报（自然科学版），49（6）：981-985.

张庆莲，侯贵廷，潘校华，等，2013b. Termit 盆地构造变形的力学机制［J］. 大地构造与成矿学，33（3）：377-383.

张庆莲，侯贵廷，潘校华，2018. 中西非裂谷系形成的动力学机制［J］. 地质力学学报，24（2）：29-36.

张文佑，1984. 断块构造导论［M］. 北京：石油工业出版社.

张亚敏，陈发景，2006. 穆格莱德盆地构造调节带与勘探前景［J］. 中国石油勘探，3：87-91.

张亚敏，漆家福，2007. 穆格莱德盆地构造地质特征与油气富集［J］. 石油与天然气地质，28（5）：669-675.

张燕，田作基，温志新，等，2017. 东非裂谷系东支油气成藏主控因素及勘探潜力［J］. 石油实验地质，1：83-89.

张艺琼，何登发，童晓光，2015. 中非剪切带含油气盆地成因机制与构造类型［J］. 石油学报，36（10）：1234-1247.

赵艳军，韩宇春，刘秀年，等，2008. Muglad 盆地 Sufyan 凹陷石油地质特征及勘探潜力分析［J］. 石油天然气学报，30（3）：19-23.

周立宏，李三忠，刘建忠，等，2003. 渤海湾盆地区燕山期构造特征与原型盆地［J］. 地球物理学进展，18（4）：692-699.

朱守彪，邢会林，谢富仁，等，2008. 地震发生过程的有限单元法模拟——以苏门答腊俯冲带上的大地震为例［J］. 地球物理学报，51（2）：460-468.

朱夏，1984. 多旋回构造运动与含油气盆地［J］. 中国地质科学院院报，9：122-132.

Alkmim F F，Marshak S，Fonseca M A，2001. Assembling West Gondwana in the Neoproterozoic：clues from the San Francisco craton region，Brazil［J］. Geology，29（4）：319-322.

Allen P A，Allen J R，2005. Basin analysis：principles and applications to petroleum play assessment［M］. Hoboken：John Wiley & Sons.

Allken V，Huismans R S，Thieulot C，2012. Factors controlling the mode of rift interaction in brittle-ductile coupled systems：a 3D numerical study［J］. Geochemistry Geophysics Geosystem，13，Q05010：1-18.

Alsharhan A S，2003. Petroleum geology and potential hydrocarbon plays in the Gulf of Suez rift basin，Egypt［J］. AAPG Bulletin，87（1）：143-180.

Andrew D M，2002. An introduction to rift basins and their sediments［J］. Sedimentary Geology，147（1）：3-8.

Artyushkov E V，1992. Role of crustal stretching on subsidence of the continental crust［J］. Tectonophysics，215（1-2）：187-207.

Aslanian D，Moulin M，Olivet J L，et al.，2009. Brazilian and African passive margins of the central segment of the South Atlantic Ocean：kinematic constraints［J］. Tectonophysics，468（1-4）：98-112.

Baker B H, McConnell R B, 1970. The structural pattern of the Afro-Arabian rift system in relation to plate tectonics [J]. Philosophical Transactions for the Royal Society of London Series A, 267: 383-391.

Baker B H, Wohlenberg J, 1971. Structure and evolution of the Kenya Rift Valley [J]. Nature, 229 (5286): 538-542.

Baker B H, Mohr P A, Williams L A J, 1972. Geology of the eastern rift system of Africa [M]. Geological Society of America.

Balázs A, Matenco L, Vogt K, et al., 2018. Extensional polarity change in continental rifts: inferences from 3-D numerical modeling and observations [J]. Journal of Geophysical Research-Solid Earth, 123 (9): 8073-8094.

Barbier F, Duvergé J, Le P X, 1986. Structure profonde de la marge Nord-Gascogne. Implications sur le mécanisme de rifting et de formation de la marge continentale [J]. Bulletin des Centres de Recherches Exploration-Production Elf-Aquitaine, 10 (1): 105-121.

Bertotti G, Podladchikov Y, Daehler A, 2000. Dynamic link between the level of ductile crustal flow and style of normal faulting of brittle crust [J]. Tectonophysics, 320 (3-4): 195-218.

Binks R M, Fairhead J D, 1992. A plate tectonic setting for Mesozoic rifts of west and central Africa [J]. Tectonophysics, 213 (1-2): 141-151.

Bischke R, 1973. A viscoelastic model of convergent plate margins based on the recent tectonics of Shikoku, Japan [D]. Boulder, USA: University of Colorado at Boulder.

Bott M H, 1992. The stress regime associated with continental break-up [J]. Geological Society, London, Special Publications, 68 (1): 125-136.

Bott M H, 1993. Modelling the plate-driving mechanism [J]. Journal of the Geological Society, 150 (5): 941-951.

Brune S, Austin J, 2013. The rift to break- up evolution of the Gulf of Aden: insights from 3D numerical lithospheric-scale modelling [J]. Tectonophysics, 607: 65-79.

Brune S, Corti G, Ranalli G, 2017. Controls of inherited lithospheric heterogeneity on rift linkage: numerical and analog models of interaction between the Kenyan and Ethiopian rifts across the Turkana depression Rift Linkage Modeling, Turkana Region [J]. Tectonics, 36 (9): 1767-1786.

Bumby A J, Guiraud R, 2005. The geodynamic setting of the Phanerozoic basins of Africa [J]. Journal of African Earth Sciences, 43 (1-3): 1-12.

Burke K, 1980. Intracontinental rifts and aulacogens [J]. Continental Tectonics, 42: 49.

Burov E, Gerya T, 2014. Asymmetric three-dimensional topography over mantle plumes [J]. Nature, 513 (7516): 85-89.

Cai Y, Ligi M, Bobatti E, et al., 2015. Oceanization starts from below during continental rupturing in the northern Red Sea [C]. AGU Fall Meeting Abstracts: 8105-8106.

Chang S J, Van der Lee S, 2011. Mantle plumes and associated flow beneath Arabia and East Africa [J]. Earth and Planetary Science Letters, 302 (3-4): 448-454.

Chorowicz J, Le Fournier J, Vidal G, et al., 1987. Model for rift development in eastern Africa [J]. Geological Journal, 22 (s2): 495-513.

Cloos H, 1937. Grosstectonic Hochafrikas and seiner Umgc-bung [J]. Geological Rundsch, 28: 333-348.

Cloos H, 1939. Hebung-Spaltung-Vulkanismus [J]. Geological Rundsch, 30: 401-519.

Coleman R G, 1984. The Red Sea: a small ocean basin formed by continental extension and sea floor spreading [C]. Mezhdunarodnyj Geologicheskij Kongress, 27: 21-22.

Corti G, 2009. Continental rift evolution: from rift initiation to incipient break-up in the Main Ethiopian Rift, East Africa [J]. Earth-Science Reviews, 96 (1-2): 1-53.

Corti G, Philippon M, Sani F, et al., 2013. Re- orientation of the extension direction and pure extensional faulting at oblique rift margins: comparison between the Main Ethiopian Rift and laboratory experiments [J]. Terra Nova, 25 (5): 396-404.

Daly M C, Chorowicz J, Fairhead J D, 1989. Rift basin evolution in Africa: the influence of reactivated steep basement shear zones [J]. Geological Society, London, Special Publications, 44 (1): 309-334.

Delvaux D, 2001. Tectonic and palaeostress evolution of the Tanganyika-Rukwa-Malawi rift segment, East African rift system [J]. Peri-Tethys Memoir, 6: 545-567.

Delvaux D, Kervyn F, Macheyeki A S, et al., 2012. Geodynamic significance of the TRM segment in the East African Rift (W-Tanzania): active tectonics and paleostress in the Ufipa plateau and Rukwa basin [J]. Journal of Structural Geology, 37: 161-180.

Dixon T H, Ivins E R, Franklin B J, 1989. Topographic and volcanic asymmetry around the Red Sea: constraints on rift models [J]. Tectonics, 8 (6): 1193-1216.

Dou L, Xiao K, Cheng D, et al., 2007. Petroleum geology of the Melut Basin and the Great Palogue Field, Sudan [J]. Marine and Petroleum Geology, 24 (3): 129-144.

Dou L, Cheng D, Li M, et al., 2008. Unusual high acidity oils from the Great Palogue Field, Melut Basin, Sudan [J]. Organic Geochemistry, 39 (2): 210-231.

Eagles G, 2007. New angles on South Atlantic opening [J]. Geophysical Journal International, 168 (1): 353-361.

Eagles G, König M, 2008. A model of plate kinematics in Gondwana breakup [J]. Geophysical Journal International, 173 (2): 703-717.

Ebinger C J, 1989. Tectonic development of the western branch of the East African rift system [J]. Geological Society of America Bulletin, 101 (7): 885-903.

Ebinger C J, 2001. Continental breakup in magmatic provinces: an Ethiopian example [J]. Geological Society of America, 29 (6): 527-530.

Ebinger C J, Crow M J, Rosendahl B R, et al., 1984. Structural evolution of Lake Malaŵi, Africa [J]. Nature, 308 (5960): 627-629.

Ebinger C J, Rosendahl B R, Reynolds D J, 1987. Tectonic model of the Malaŵi rift, Africa [J]. Tectonophysics, 141 (1-3): 215-235.

Ebinger C J, Sleep N H, 1998. Cenozoic magmatism throughout east Africa resulting from impact of a single plume [J]. Nature, 395 (6704): 788-791.

Ebinger C J, Yemane T, Harding D J, et al., 2000. Rift deflection, migration, and propagation: linkage of the Ethiopian and Eastern rifts, Africa [J]. Geological Society of America Bulletin, 112 (2): 163-176.

Eisawi A, Schrank E, 2008. Upper Cretaceous to Neogene palynology of the Melut Basin, southeast Sudan [J]. Palynology, 32: 101-129.

Ellis S M, Little T A, Wallace L M, et al., 2011. Feedback between rifting and diapirism can exhume ultrahigh-pressure rocks [J]. Earth and Planetary Science Letters, 311: 427-438.

Eyles N, 2008. Glacio-epochs and the supercontinent cycle after ~3.0 Ga: tectonic boundary conditions for glaciation [J]. Palaeogeography, Palaeoclimatology, Palaeoecology, 258 (1-2): 89-129.

Fadaie K, Ranalli G, 1990. Rheology of the lithosphere in the East African Rift System [J]. Geophysical Journal International, 102 (2): 445-453.

Fairhead J D, 1976. The structure of the lithosphere beneath the Eastern Rift, East Africa, deduced from gravity studies [J]. Tectonophysics, 30 (3-4): 269-298.

Fairhead J D, 1986. Geophysical controls on sedimentation within the African rift systems [J]. Geological Society, London, Special Publications, 25 (1): 19-27.

Fairhead J D, 1988. Mesozoic plate tectonic reconstructions of the central South Atlantic Ocean: the role of the West and Central African rift system [J]. Tectonophysics, 155 (1-4): 181-191.

Fairhead J D, Binks R M, 1991. Differential opening of the Central and South Atlantic Oceans and the opening of the West African rift system [J]. Tectonophysics, 187 (1-3): 191-203.

Fairhead J D, Girdler R W, 1972. The seismicity of the East African rift system [J]. Developments in Geotectonics, 7: 115-122.

Fairhead J D, Green C M, 1989. Controls on rifting in Africa and the regional tectonic model for the Nigeria and East Niger rift basins [J]. Journal of African Earth Sciences (and the Middle East), 8 (2-4): 231-249.

Fairhead J D, Henderson N B, 1977. The seismicity of southern Africa and incipient rifting [J]. Tectonophysics, 41 (4): T19-T26.

Fairhead J D, Okereke C S, 1988. Depths to major density contrast beneath the West African rift system in Nigeria and Cameroon based on the spectral analysis of gravity data [J]. Journal of African Earth Sciences (and the Middle East), 7 (5-6): 769-777.

Fairhead J D, Green C M, Masterton S M, et al., 2013. The role that plate tectonics, inferred stress changes and stratigraphic unconformities have on the evolution of the West and Central African Rift System and the Atlantic continental margins [J]. Tectonophysics, 594 (3): 118-127.

Furman T, Bryce J, Rooney T, et al., 2006. Heads and tails: 30 million years of the Afar plume [J]. Geological Society, London, Special Publications, 259 (1): 95-119.

Gaina C, Torsvik T H, van Hinsbergen D J J, et al., 2013. The African Plate: a history of oceanic crust accretion and subduction since the Jurassic [J]. Tectonophysics, 604: 4-25.

Gao S S, Liu K H, Reed C A, et al., 2013. Seismic arrays to study African rift initiation [J]. Eos, Transactions American Geophysical Union, 94 (24): 213-214.

Genik G J, 1993. Petroleum geology of cretaceous-tertiary rift basins in Niger, Chad, and Central African Republic [J]. AAPG Bulletin, 77 (8): 1405-1434.

George R, Rogers N, Kelley S, 1998. Earliest magmatism in Ethiopia: evidence for two mantle plumes in one flood basalt province [J]. Geology, 26 (10): 923-926.

Ghosh A, Holt W E, Wen L, 2013. Predicting the lithospheric stress field and plate motions by joint modeling of lithosphere and mantle dynamics [J]. Journal of Geophysical Research: Solid Earth, 118 (1): 346-368.

Girdler R W, Sowerbutts W T C, 1970. Some recent geophysical studies of the rift system in East Africa [J]. Journal of Geomagnetism and Geoelectricity, 22 (1-2): 153-163.

Globig J, Fernàndez M, Torne M, et al., 2016. New insights into the crust and lithospheric mantle structure of Africa from elevation, geoid, and thermal analysis [J]. Journal of Geophysical Research: Solid Earth, 121 (7): 5389-5424.

Gregory J W, 1896. The great Rift Valley [M]. London: John Murray.

Gu S, Liu Y, Chen Z, 2014. Numerical study of dynamic fracture aperture during production of pressure-sensitive reservoirs [J]. International Journal of Rock Mechanics and Mining Sciences, 70: 229-239.

Guiraud R, Bosworth W, 1997. Senonian basin inversion and rejuvenation of rifting in Africa and Arabia: synthesis and implications to plate-scale tectonics [J]. Tectonophysics, 282 (1-4): 39-82.

Guiraud R, Maurin J C, 1992. Early Cretaceous rifts of Western and Central Africa: an overview [J]. Tectonophysics, 213 (1-2): 153-168.

Guiraud R, Bellion Y, Benkhelil J, et al., 1987. Post- Hercynian tectonics in northern and western Africa [J]. Geological Journal, 22 (S2): 433-466.

Guiraud R, Bosworth W, Thierry J, et al., 2005. Phanerozoic geological evolution of Northern and Central Africa: an overview [J]. Journal of African Earth Sciences, 43 (1-3): 83-143.

Halldórsson S A, Hilton D R, Scarsi P, et al., 2014. A common mantle plume source beneath the entire East African Rift System revealed by coupled helium-neon systematics [J]. Geophysical Research Letters, 41 (7): 2304-2311.

Hansen S E, Nyblade A A, Benoit M H, 2012. Mantle structure beneath Africa and Arabia from adaptively parameterized P-wave tomography: implications for the origin of Cenozoic Afro-Arabian tectonism [J]. Earth and Planetary Science Letters, 319: 23-34.

Harris P G, 1969. Basalt type and African rift valley tectonism [J]. Tectonophysics, 8 (4-6): 427-436.

Hoffman P F, 1991. Did the breakout of Laurentia turn Gondwanaland inside-out? [J]. Science, 252 (5011): 1409-1412.

Holt P J, Allen M B, Van Hunen J, et al., 2010. Lithospheric cooling and thickening as a basin forming mechanism [J]. Tectonophysics, 495 (3-4): 184-194.

Hou G, Hari K R, 2014. Mesozoic-Cenozoic extension of the Bohai Sea: contribution to the destruction of North

China Craton [J]. Frontiers of Earth Science, 8 (2): 202-215.

Hou G, Liu Y, Li J, 2006a. Evidence for ~1.8 Ga extension of the Eastern Block of the North China Craton from SHRIMP U-Pb dating of mafic dyke swarms in Shandong Province [J]. Journal of Asian Earth Sciences, 27 (4): 392-401.

Hou G, Wang C, Li J, et al., 2006b. Late Paleoproterozoic extension and a paleostress field reconstruction of the North China Craton [J]. Tectonophysics, 422 (1-4): 89-98.

Hou G, Kusky T M, Wang C, et al., 2010a. Mechanics of the giant radiating Mackenzie dyke swarm: a paleaostress field modeling [J]. Journal of Geophysical Research Solid Earth, 115, B02402, doi: 10.1029/2007JB005475.

Hou G, Wang Y, Hari K R. 2010b. The Late Triassic and Late Jurassic stress fields and tectonic transmission of North China craton [J]. Journal of Geodynamics, 50 (3-4): 318-324.

Hughes G W, Varol O, Beydoun Z R, 1991. Evidence for Middle Oligocene rifting of the Gulf of Aden and for Late Oligocene rifting of the southern Red Sea [J]. Marine and Petroleum Geology, 8 (3): 354-358.

IHS (Information Handling Service), 2009. World Basins [DB]. IHS Energy Data Base.

Janssen M E, Stephenson R A, Cloetingh S, 1995. Temporal and spatial correlations between changes in plate motions and the evolution of rifted basins in Africa [J]. Geological Society of America Bulletin, 107 (11): 1317-1332.

Jokat W, Ritzmann O, Schmidt-Aursch M C, et al., 2003. Geophysical evidence for reduced melt production on the Arctic ultraslow Gakkel mid-ocean ridge [J]. Nature, 423 (6943): 962-965.

Jolivet L, Faccenna C, 2000. Mediterranean extension and the Africa-Eurasia collision [J]. Tectonics, 19 (6): 1095-1106.

Jolivet L, Faccenna C, Piromallo C, 2009. From mantle to crust: stretching the mediterranean [J]. Earth and Planetary Science Letters, 285 (1-2): 198-209.

Ju W, Hou G, Hari K R, 2013. Mechanics of mafic dyke swarms in the Deccan Large Igneous Province: palaeostress field modelling [J]. Journal of Geodynamics, 66: 79-91.

Kamgang P, Chazot G, Njonfang E, et al., 2013. Mantle sources and magma evolution beneath the Cameroon Volcanic Line: geochemistry of mafic rocks from the Bamenda Mountains (NW Cameroon) [J]. Gondwana Research, 24 (2): 727-741.

Kampunzu A B, Mohr P, 1991. Magmatic evolution and petrogenesis in the East African rift system [M] // Kampunzu A B et al. Magmatism in Extensional Structural Settings. Heidelberg: Springer.

Kampunzu A B, Bonhomme M G, Kanika M, 1998. Geochronology of volcanic rocks and evolution of the Cenozoic Western Branch of the East African Rift System [J]. Journal of African Earth Sciences, 26 (3): 441-461.

Keller G R, Wendlandt R F, Bott M H P, 1995. Chapter 13 West and central african rift system [J]. Developments in Geotectonics, 25 (6): 437-449.

Kendall J M, Lithgow-Bertelloni C, 2016. Why is Africa rifting? [J]. Geological Society, 420 (1): 11-30.

Khain V Y, 1976. Destruction tectonics and global rift project [J]. Moscow: Tectonics and Structural Geology, Reports of Soviet Geologists: 5-13.

Khain V Y, 1992. The role of rifting in the evolution of the Earth's crust [J]. Tectonophysics, 215: 1-7.

Koehn D, Steiner A, Aanyu K, 2019. Modeling of extension and dyking-induced collapse faults and fissures in rifts [J]. Journal of Structural Geology, 118 (1): 21-31.

Koopmann H, Brune S, Franke D, et al., 2014. Linking rift propagation barriers to excess magmatism at volcanic rifted margins [J]. Geology, 42 (12): 1071-1074.

Koptev A, Burov E, Gerya T, 2015. Impact of lithosphere rheology on 3D continental rift evolution in presence of mantle plumes: insights from numerical models [C]. Vienna: EGU General Assembly.

Koptev A, Burov E, Calais E, et al., 2016. Contrasted continental rifting via plume-craton interaction: applications to Central East African Rift [J]. Geoscience Frontiers, 7 (2): 221-236.

Koptev A, Burov E, Gerya T, et al., 2018. Plume-induced continental rifting and break-up in ultra-slow extension context: insights from 3D numerical modeling [J]. Tectonophysics, 746: 121-137.

Kusznir N J, Egan S S, 1989. Simple-Shear and Pure-Shear Models of Extensional Sedimentary Basin Formation: Application to the Jeanne d'Arc Basin, Grand Banks of Newfoundland: Chapter 20: North American Margins [M] //Kusznir N J, Egan S S. Extensional Tectonics and Stratigraphy of the North Atlantic Margins. The American Association of Petroleum Geologists and The Canadian Geological Foundation.

Kusznir N J, Ziegler P A, 1992. The mechanics of continental extension and sedimentary basin formation: a simple-shear/pure-shear flexural cantilever model [J]. Tectonophysics, 215 (1-2): 117-131.

Kusznir N J, Marsden G, Egan S S, 1991. A flexural-cantilever simple-shear/pure-shear model of continental lithosphere extension: applications to the Jeanne d'Arc Basin, Grand Banks and Viking Graben, North Sea [J]. Geological Society, London, Special Publications, 56 (1): 41-60.

Lambiase J J, 1989. The framework of African rifting during the Phanerozoic [J]. Journal of African Earth Sciences (and the Middle East), 8 (2-4): 183-190.

Lemna O S, Stephenson R, Cornwell D G, 2019. The role of pre-existing precambrian structures in the development of Rukwa Rift Basin, southwest Tanzania [J]. Journal of African Earth Sciences, 150: 607-625.

Liao J, Gerya T, 2015. From continental rifting to seafloor spreading: insight from 3D thermo-mechanical modeling [J]. Gondwana Research, 28: 1329-1343.

Lindenfeld M, Rümpker G, 2011. Detection of mantle earthquakes beneath the East African Rift [J]. Geophysical Journal International, 186 (1): 1-5.

Lister G S, Etheridge M A, Symonds P A, 1986. Detachment faulting and the evolution of passive continental margins [J]. Geology, 14 (3): 246-250.

Loule J P, Pospisil L, 2013. Geophysical evidence of Cretaceous volcanics in Logone Birni Basin (Northern Cameroon), Central Africa, and consequences for the West and Central African Rift System [J]. Tectonophysics, 583 (11): 88-100.

Macdonald D, Gomez-Perez I, Franzese J, et al., 2003. Mesozoic break-up of SW Gondwana: implications for regional hydrocarbon potential of the southern South Atlantic [J]. Marine and Petroleum Geology, 20 (3-4): 287-308.

Macgregor D, 2015. History of the development of the East African Rift System: a series of interpreted maps through time [J]. Journal of African Earth Sciences, 101: 232-252.

Marks K M, Tikku A A, 2001. Cretaceous reconstructions of East Antarctica, Africa and Madagascar [J]. Earth and Planetary Science Letters, 186 (3-4): 479-495.

Marsden G, Yielding G, Roberts A M, et al., 1990. Application of a flexural cantilever simple-shear/pure-shear model of continental lithosphere extension to the formation of the northern North Sea basin [M] //Blundell D J, Gibbs A D. Tectonic Evolution of the North Sea Rifts. Oxford: Oxford University Press.

Mascle J, Blarez E, Marinho M, 1988. The shallow structures of the Guinea and Ivory Coast-Ghana transform margins: their bearing on the Equatorial Atlantic Mesozoic evolution [J]. Tectonophysics, 155 (1): 193-209.

Mascle J, Basile C, Pontoise B, et al., 1995. The Côte d'Ivoire-Ghana transform margin: an example of an ocean-continent transform boundary [M]. Dordrecht: Springer: 737-747.

McClusky S, Reilinger R, Mahmoud S, et al., 2003. GPS constraints on Africa (Nubia) and Arabia plate motions [J]. Geophysical Journal International, 155 (1): 126-138.

McHargue T R, Heidrick T L, Livingston J E, 1992. Tectonostratigraphic development of the Interior Sudan rifts, Central Africa [J]. Tectonophysics, 213 (1): 187-202.

McKenzie D, 1978. Some remarks on the development of sedimentary basins [J]. Earth and Planetary Science Letters, 40 (1): 25-32.

Medvedev S, 2016. Understanding lithospheric stresses: systematic analysis of controlling mechanisms with applications to the African Plate [J]. Geophysical Journal International, 207 (1): 393-413.

Meert J G, Lieberman B S, 2008. The Neoproterozoic assembly of Gondwana and its relationship to the Ediacaran-Cambrian radiation [J]. Gondwana Research, 14 (1-2): 5-21.

Melosh H J, Raefsky A, 1981. A simple and efficient method for introducing faults into finite element computations [J]. Bulletin of the Seismological Society of America, 71 (5): 1391-1400.

Menzies M A, Baker J, Bosence D, et al., 1992. The timing of magmatism, uplift and crustal extension: preliminary observations from Yemen [J]. Geological Society, London, Special Publications, 68 (1): 293-304.

Min G, Hou G, 2018. Geodynamics of the East African Rift System ~30 Ma ago: a stress field model [J]. Journal of Geodynamics, 117: 1-11.

Min G, Hou G, 2019. Mechanism of the Mesozoic African rift system: palaeostress field modeling [J]. Journal of Geodynamics, 132: 101655.

Mohamed A Y, Pearson M J, Ashcroft W A, et al., 1999. Modeling petroleum generation in the Southern Muglad rift basin, Sudan [J]. AAPG Bulletin, 83 (12): 1943-1964.

Mohr P A, 1970a. Plate tectonics of the Red Sea and East Africa [J]. Nature, 226: 243-248.

Mohr P A, 1970b. The Afar Triple Junction and sea- floor spreading [J]. Journal of Geophysical Research, 75 (35): 7340-7352.

Mohr P A, 1983. Volcanotectonic aspects of the ethiopian rift evolution [J]. Bulletin Centre Recherches Elf Aquitaine Exploration Production, 7: 175-189.

Mondy L, Rey P F, Duclux G, et al., 2018. The role of asthenospheric flow during rift propagation and breakup [J]. Geology, 46 (2): 103-106.

Montelli R, Nolet G, Dahlen F A, et al., 2006. A catalogue of deep mantle plumes: new results from finite-frequency tomography [J]. Geochemistry, Geophysics, Geosystems, 7 (11): 1-69.

Morley C K, 1988. Variable extension in lake Tanganyika [J]. Tectonics, 7 (4): 785-801.

Morley C K, 1989. Extension, detachments, and sedimentation in continental rifts (with particular reference to East Africa) [J]. Tectonics, 8 (6): 1175-1192.

Morley C K, 1999. Patterns of displacement along large normal faults: implications for basin evolution and fault propagation, based on examples from East Africa [J]. AAPG Bulletin, 83 (4): 613-634.

Morley C K, 2010. Stress re-orientation along zones of weak fabrics in rifts: an explanation for pure extension in "oblique" rift segments? [J]. Earth and Planetary Science Letters, 297 (3-4): 667-673.

Morley C K, Ngenoh D K, 1999. Introduction to the East African Rift System [J]. AAPG Bulletin, 44: 1-12.

Morley C K, Cunningham S M, Harper R M, et al., 1992a. Geology and geophysics of the Rukwa rift, East Africa [J]. Tectonics, 11 (1): 69-81.

Morley C K, Wescott W A, Stone D M, et al., 1992b. Tectonic evolution of the northern Kenyan Rift [J]. Journal of the Geological Society, 149 (3): 333-348.

Moulin M, Aslanian D, Unternehr P, 2010. A new starting point for the South and Equatorial Atlantic Ocean [J]. Earth-Science Reviews, 98 (1-2): 1-37.

Müller R D, Roest W R, Royer J Y, et al., 1997. Digital isochrons of the world's ocean floor [J]. Journal of Geophysical Research: Solid Earth, 102 (B2): 3211-3214.

Müller R D, Sdrolias M, Gaina C, et al., 2008. Age, spreading rates, and spreading asymmetry of the world's ocean crust [J]. Geochemistry, Geophysics, Geosystems, 9 (4): 1-19.

Naliboff J, Buiter S J H, 2015. Rift reactivation and migration during multiphase extension [J]. Earth and Planetary Science Letters, 421: 58-67.

Nelson W R, 2008. Sr, Nd, Pb and Hf evidence for two-plume mixing beneath the East African Rift System [C]. Goldschmidt 2008 Conference Abstracts.

Nelson W R, Furman T, Van Keken P E, et al., 2007. Two plumes beneath the East African Rift system: a geo-chemical investigation into possible interactions in Ethiopia [C]. AGU Fall Meeting Abstracts.

Neugebauer H J, Breitmayer G, 1975. Dominant creep mechanism and the descending lithosphere [J]. Geophysical Journal International, 43 (3): 873-895.

Nikishin A M, Ziegler P A, Abbott D, et al., 2002. Permo-Triassic intraplate magmatism and rifting in Eurasia:

implications for mantle plumes and mantle dynamics [J]. Tectonophysics, 351 (1-2): 3-39.

Nottvedt A, Gabrielsen R H, Steel R J, 1995. Tectonostratigraphy and sedimentary architecture of rift basins, with reference to the northern North Sea [J]. Marine and Petroleum Geology, 12 (8): 881-901.

Nyblade A A, 2011. The upper-mantle low-velocity anomaly beneath Ethiopia, Kenya, and Tanzania: constraints on the origin of the African super swell in eastern Africa and plate versus plume models of mantle dynamics [J]. Geological Society of America Special Papers, 478: 37-50.

Omar G I, Steckler M S, 1995. Fission track evidence on the initial rifting of the Red Sea: two pulses, no propagation [J]. Science, 270 (5240): 1341-1344.

Patriat P, Segoufin J, Schlich R, et al., 1982. Les mouvements relatifs de l'Inde, de l'Afrique et de l'Eurasie [J]. Bulletin de la société géologique de france, 7 (2): 363-373.

Patriat P, Sauter D, Munschy M, et al., 1997. A survey of the Southwest Indian ridge axis between Atlantis II fracture zone and the Indian Ocean triple junction: regional setting and large scale segmentation [J]. Marine Geophysical Researches, 19 (6): 457-480.

Patricia C, Gabriela F V, 2017. The Asturian Basin within the North Iberian margin (Bay of Biscay): seismic characterisation of its geometry and its Mesozoic and Cenozoic cover [J]. Basin Research, 29 (4): 521-541.

Pavoni N, 1993. Pattern of mantle convection and Pangaea break-up, as revealed by the evolution of the African plate [J]. Journal of the Geological Society, 150 (5): 953-964.

Pickford M, Senut B, Hadoto D, 1993. Geology and palaeobiology of the Albertine Rift Valley Uganda-Zaire [J]. Geology, 24 (24): 1-190.

Pik R, Marty B, Hilton D R, 2006. How many mantle plumes in Africa? The geochemical point of view [J]. Chemical Geology, 226 (3-4): 100-114.

Pindell J, Dewey J F, 1982. Permo-Triassic reconstruction of western Pangea and the evolution of the Gulf of Mexico/Caribbean region [J]. Tectonics, 1 (2): 179-211.

Pollard D D, 1987. Elementary fracture mechanics applied to the structural interpretation of dykes [J]. Geological Association of Canada, 34: 5-24.

Polyansky O P, Prokopiev A V, Koroleva O V, et al., 2018. The nature of the heat source of mafic magmatism during the formation of the Vilyui rift based on the ages of dike swarms and results of numerical modeling [J]. Russian Geology and Geophysics, 59: 1217-1236.

Popoff M, Benkhelil J, Simon B, et al., 1983. Approche géodynamique du fosse de la Benoué (NE Nigeria) é partir des données de terrain et de télédétection [J]. Bulletin of Central Research in Exploration and Production, Elf-Aquitaine, Paris, 7: 323-337.

Rabinowitz P D, Coffin M F, Falvey D, 1983. The separation of Madagascar and Africa [J]. Science, 220 (4592): 67-69.

Razvalyaev A V, 1991. Continental rift formation and its prehistory [M]. Netherlands: AA Balkema.

Richardson R M, 1992. Ridge forces, absolute plate motions, and the intraplate stress field [J]. Journal of Geo-physical Research: Solid Earth, 97 (B8): 11739-11748.

Richardson R M, Solomon S C, Sleep N H, 1979. Tectonic stress in the plates [J]. Reviews of Geophysics, 17 (5): 981.

Ring U, 1994. The influence of preexisting structure on the evolution of the Cenozoic Malawi Rift (East-African Rift System) . Tectonics, 13 (2): 313-326.

Roeser H A, Fritsch J, Hinz K, 1996. The development of the crust off Dronning Maud Land, East Antarctica [J]. Geological Society, London, Special Publications, 108 (1): 243-264.

Rogers N, Macdonald R, Fitton J G, et al., 2000. Two mantle plumes beneath the East African rift system: Sr, Nd and Pb isotope evidence from Kenya Rift basalts [J]. Earth and Planetary Science Letters, 176 (3-4): 387-400.

Rosendahl B R, Reynolds D J, Lorber P M, et al., 1986. Structural expressions of rifting: lessons from Lake Tanganyika, Africa [J]. Geological Society, London, Special Publications, 25 (1): 29-43.

Rosendahl B R, Kilembe E, Kaczmarick K, 1992. Comparison of the Tanganyika, Malawi, Rukwa and Turkana rift zones from analyses of seismic reflection data [J]. Tectonophysics, 213 (1-2): 235-256.

Sacek V, 2017. Post- rift influence of small- scale convection on the landscape evolution at divergent continental margins [J]. Earth and Planetary Science Letters, 459: 48-57.

Sachau T, Koehn D, 2010. Faulting of the lithosphere during extension and related rift-flank uplift: a numerical study [J]. International Journal of Earth Sciences, 99: 1619-1632.

Sander S, Rosendahl B R, 1989. The geometry of rifting in Lake Tanganyika, East Africa [J]. Journal of African Earth Sciences (and the Middle East), 8 (2-4): 323-354.

Schettino A, Scotese C R, 2005. Apparent polar wander paths for the major continents (200 Ma to the present day): a palaeomagnetic reference frame for global plate tectonic reconstructions [J]. Geophysical Journal International, 163 (2): 727-759.

Schull T J, 1988. Rift basins of interior Sudan: petroleum exploration and discovery [J]. AAPG Bulletin, 72 (10): 1128-1142.

Searle R C, 1970. Evidence from gravity anomalies for thinning of the lithosphere beneath the rift valley in Kenya [J]. Geophysical Journal International, 21 (1): 13-31.

Segoufin J, Patriat P, 1980. Existence d'anomalies mesozoîques dans le bassin de Mozambique [J]. Comptes Rendus de l'Academie des Sciences, 287: 109-112.

Sengör A M C, Burke K, 1978. Relative timing of rifting and volcanism on Earth and its tectonic implications [J]. Geophysical Research Letters, 5 (6): 419-421.

Seton M, Müller R D, Zahirovic S, et al., 2012. Global continental and ocean basin reconstructions since 200 Ma [J]. Earth-Science Reviews, 113 (3-4): 212-270.

Shatsky N S, 1964. Progibakh donetskogo tipa [J]. Izbrannye Trudy, Nauka, Moscow, 2: 544-553.

Shen Y B, Zhang G W, 2019. Numerical simulation on the dynamics of continental lithosphere extension and break-up [J]. Geological Journal, 54 (2): 1107-1114.

Skobelev S F, Hanon M, Klerkx J, et al., 2004. Active faults in Africa: a review [J]. Tectonophysics,

380 (3-4): 131-137.

Smith B, Rose J, 2002. Uganda's Albert graben due first serious exploration test [J]. Oil & Gas Journal, 100 (23): 42.

Stamps D S, Flesch L M, Calais E, 2010. Lithospheric buoyancy forces in Africa from a thin sheet approach [J]. International Journal of Earth Sciences, 99 (7): 1525-1533.

Stamps D S, Flesch L M, Calais E, et al., 2014. Current kinematics and dynamics of Africa and the East African Rift System [J]. Journal of Geophysical Research: Solid Earth, 119 (6): 5161-5186.

Starostenko V I, Danilenko V A, Vengrovitch D B, et al., 1996. A fully dynamic model of continental rifting applied to the syn-rift evolution of sedimentary basins [J]. Tectonophysics, 268 (1-4): 211-220.

Strecker M R, Blisniuk P M, Eisbacher G H, 1990. Rotation of extension direction in the central Kenya Rift [J]. Geology, 18 (4): 299-302.

Suess E, 1891. Die Brüche des östlichen Afrika [M]. Vienna: Tempsky Press.

Sun S, Hou G, Hari K R, et al., 2017. Mechanism of Paleo-Mesoproterozoic rifts related to breakup of Columbia supercontinent: a paleostress field modeling [J]. Journal of Geodynamics, 107: 46-60.

Sun Z, Xu Z, Sun L, et al., 2014. The mechanism of post-rift fault activities in Baiyun sag, Pearl River Mouth basin [J]. Journal of Asian Earth Sciences, 89: 76-87.

Tesfaye S, Harding D J, Kusky T M, 2003. Early continental breakup boundary and migration of the Afar triple junction, Ethiopia [J]. Geological Society of America Bulletin, 115 (9): 1053-1067.

Tiercelin J J, Soreghan M, CohenA S, et al., 1992. Sedimentation in large rift lakes: example from the Middle Pleistocene——Modern deposits of the Tanganyika Trough, East African Rift System [J]. Bulletin of Centural Research in Exploration and Production, Elf Aquitaine, Paris, 16: 83-111.

Ukstins I A, Renne P R, Wolfenden E, et al., 2002. Matching conjugate volcanic rifted margins: $^{40}Ar/^{39}Ar$ chrono-stratigraphy of pre-and syn-rift bimodal flood volcanism in Ethiopia and Yemen [J]. Earth and Planetary Science Letters, 198 (3-4): 289-306.

Ulvrova M M, Brune S, Williams S, 2019. Breakup without borders: how continents speed up and slowdown during rifting [J]. Geophysical Research Letters, 46: 1338-1347.

Unternehr P, Curie D, Olivet J L, et al., 1988. South Atlantic fits and intraplate boundaries in Africa and South America [J]. Tectonophysics, 155 (1-4): 169-179.

Uwe R, 2014. The east african rift system [J]. Austrian Journal of Earth Sciences, 107 (1): 132-148.

Veevers J J, 2004. Gondwanaland from 650-500 Ma assembly through 320 Ma merger in Pangea to 185-100 Ma breakup: supercontinental tectonics via stratigraphy and radiometric dating [J]. Earth-Science Reviews, 68 (1-2): 1-132.

Vetel W, Le Gall B, 2006. Dynamics of prolonged continental extension in magmatic rifts: the Turkana Rift case study (North Kenya) [J]. Geological Society London Special Publications, 259 (1): 209-233.

Wang X Q, Schubnel A, Fortin J, et al., 2012. High Vp/Vs ratio: saturated cracks or anisotropy effects? [J]. Geophysical Research Letters, 39 (11): 11307.

Wernicke B, 1981. Low-angle normal faults in the Basin and Range Province: nappe tectonics in an extending orogen [J]. Nature, 291 (5817): 645-648.

Wichura H, Bousquet R, Oberhänsli R, et al., 2011. The Mid-Miocene East African Plateau: a pre-rift topographic model inferred from the emplacement of the phonolitic Yatta lava flow, Kenya [J]. Geological Society, London, Special Publications, 357 (1): 285-300.

Williams L A J, 1970. The volcanics of the gregory rift valley, east Africa [J]. Bulletin of Volcanology, 34 (2): 439-453.

Wilson M, Guiraud R, 1992. Magmatism and rifting in Western and Central Africa, from late Jurassic to recent times [J]. Tectonophysics, 213 (1-2): 203-225.

Wohlenberg J, 1969. Remarks on the seismicity of East Africa between 4° N-12° S and 23° E-40° E [J]. Tectonophysics, 8 (4-6): 567-577.

Wolfenden E, Ebinger C, Yirgu G, et al., 2004. Evolution of the northern Main Ethiopian rift: birth of a triple junction [J]. Earth and Planetary Science Letters, 224 (1-2): 213-228.

Yielding G, Roberts A, 1992. Footwall uplift during normal faulting—implications for structural geometries in the North Sea [J]. Norwegian Petroleum Society Special Publications, 1: 289-304.

Zeyen H, Volker F, Wehrle V, et al., 1997. Styles of continental rifting: crust-mantle detachment and mantle plumes [J]. Tectonophysics, 278 (1-4): 329-352.

Ziegler P A, 1988. Evolution of the Arctic-North Atlantic and the Western Tethys: a visual presentation of a series of Paleogeographic-Paleotectonic maps [J]. AAPG Memoir, 43: 164-196.

Ziegler P A, 1992. Plate tectonics, plate moving mechanisms and rifting [J]. Tectonophysics, 215 (1-2): 9-34.

Ziegler P A, Cloetingh S, 2004. Dynamic processes controlling evolution of rifted basins [J]. Earth-Science Reviews, 64 (1-2): 1-50.